面向物联网的无线传感网

李秀红 刘 璐 陆彦蓉 编著

中国环境出版集团·北京

图书在版编目（CIP）数据

面向物联网的无线传感网/李秀红，刘璐，陆彦蓉编著.
—北京：中国环境出版集团，2020.5
ISBN 978-7-5111-4337-2

Ⅰ．①面… Ⅱ．①李… ②刘… ③陆… Ⅲ．①互联
网络—应用—高等学校—教材 ②智能技术—应用—高等学
校—教材 ③无线电通信—传感器—高等学校—教材
Ⅳ．①TP393.4 ②TP18 ③TP212

中国版本图书馆 CIP 数据核字（2020）第 075622 号

出 版 人　武德凯
责任编辑　孔　锦
责任校对　任　丽
封面设计　岳　帅

出版发行　中国环境出版集团
　　　　　（100062　北京市东城区广渠门内大街 16 号）
　　　　　网　　址：http://www.cesp.com.cn
　　　　　电子邮箱：bjgl@cesp.com.cn
　　　　　联系电话：010-67112765（编辑管理部）
　　　　　发行热线：010-67125803，010-67113405（传真）
印　　刷　北京建宏印刷有限公司
经　　销　各地新华书店
版　　次　2020 年 5 月第 1 版
印　　次　2020 年 5 月第 1 次印刷
开　　本　787×1092　1/16
印　　张　16.25
字　　数　340 千字
定　　价　59.00 元

中国环境出版集团郑重承诺：
中国环境出版集团合作的印刷单位、材料单位均具有中国环境标志产品认证；
中国环境出版集团所有图书"禁塑"。

前　言

本书是作者在近 15 年物联网和无线传感器网络学习、研究和应用的基础上，结合实际开发经验进行编撰的。全书共有 8 章，主要介绍了物联网和无线传感器网络的相关理论知识及应用、相关热点技术的应用和物联网的典型应用案例。

本书的特点是在内容的选择上淡化了学科性，按照本科生通识课的特点注重普及知识，避免介绍过多深奥的理论知识；注重理论在具体运用中的要点、方法和技术操作，并结合典型应用，逐层分析和总结；更多地采用图和表的形式有助于学生更好的理解。

在编写过程中除介绍基本理论外，还突出了应用的重要性。尤其是考虑到不同专业学生的特点，补充了计算机网络和计算机等级考试等基本编程能力和基本应用能力的相关内容。此外，专设一章介绍研究和技术热点方面的跟踪内容，使学生能够把握目前与物联网相关的主流技术。

本书可作为高等院校本、专科生通识课的学习教材和参考书，也可作为高等院校研究生非工科专业的补充学习用书。不具备基本的工科知识的人员也可以通过此书较快地了解并掌握物联网和无线传感器网络的原理及其应用技术。本书具有较强的实践指导意义，也可作为相关人员的参考用书。

本书由李秀红、刘璐、陆彦蓉编著。考虑到通识教育课程的特点，在编写过程中力求全面、通俗易懂和具有前沿性等，引用的文献除了各种专著、教材和论文以外，还引用了博客、微博、各种论坛、产业报告等和百度文库、360 搜索、360 问答等网站和网页内容，由于时间仓促、编者水平有限，书中的错误、缺点和遗漏之处在所难免，不足之处，敬请被引用作者和广大读者批评指正。

目　录

1 物联网

1.1 物联网的起源

物联网的起源要从好莱坞两部大片说起：一部是 2006 年上映的《007：大战皇家赌场》，另一部是 2009 年上映的《阿凡达》。在第一部影片中有一个情节：M 夫人在邦德的手臂中植入一个电子芯片，并将个人信息输入电子芯片中，正是这枚能够识别个人身份信息的芯片，在关键时刻救了邦德的性命。这枚电子芯片就是射频标签，在我们现实生活中，它广泛应用于商品，这就是物联网应用的萌芽（图 1-1）。

图 1-1　手臂被注入芯片扫描场景

第二部电影可以说是史上最强的物联网宣传片，呈现了潘多拉星球上各种生物、纳美人历代祖先之间通过神树（物联网节点）来实现连接的盛大场面。在树与树根之间都有着某种类似电流的信息传递，就好像神经连接细胞组织那样，每一棵树之间都有着成千上万个不同的节点。潘多拉星球上有上亿棵树，它像一种全球网络，纳美人可以登录进去，进行信息的上传、下载和存储。圣母化身的神树实际上是潘多拉星球的服务器，星球上所有纳美人和生物都是物联网的传感器节点，物物通信、人机通信通过纳美人和马、龙等生物的精神合体来实现。纳美人的长辫子和树木的根须，是神经接触灵魂沟通的重要媒介，他们通过尾巴进行连接这种独特的方式，达到心灵相通，这简直就是 IBM 描绘的"智慧的地球"的神话版。

物联网的理念最早可以追溯到 1991 年英国剑桥大学的"咖啡壶事件"。剑桥大学特洛伊计算机实验室的科学家们在工作时，要走两层楼梯到楼下看咖啡是否煮好，但常空手而归，这让工作人员很烦恼。为解决这个麻烦，他们编写了一套程序，在咖啡壶旁安装了一个便携式摄像机，镜头对准咖啡壶，利用计算机图像捕捉技术，以 3 帧/s 的速率传递到实验室的计算机上，方便工作人员随时查看咖啡是否煮好，省去了上下楼的麻烦，这就是物联网最早的雏形。就网络数字摄像机而言，确切地说，其市场开发、技术应用以及日后的各种网络扩展都是源于这个世界上最著名的"特洛伊咖啡壶"（图 1-2）。

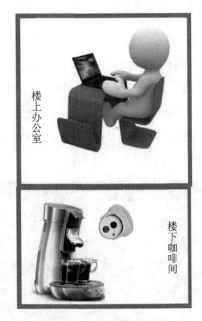

楼上办公室

楼下咖啡间

图 1-2　咖啡壶事件

1995 年，比尔·盖茨撰写了一本在当时轰动全球的书——《未来之路》，书中预测了微软乃至整个科技产业未来的走势，比尔·盖茨提到了"物联网"的构想，即互联网仅仅实现了计算机的联网，而未实现与万事万物的联网。他在书中写道："一对邻居在各自家中收看同一部电视剧，然而在中间插播电视广告的时段，两家电视中却出现完全不同的节目。中年夫妻家中的电视广告节目是退休理财服务的广告，而年轻夫妇的电视中播放的是假期旅行广告。另外，当您驾车驶过机场大门时，电子钱包将会与机场购票系统自动关联，为您购买机票，而机场的检票系统将会自动检测您的电子钱包，查看是否已经购买机票。您可以亲自进入地图中，这样可以方便地找到每一条街道，每一座建筑。"这些"神奇"的想法如今都已经实现，物联网就这样应运而生，成为大家生活中的一部分。

1.2 物联网概述

1.2.1 物联网的定义

物联网（The Internet of Things）的概念是在 1999 年提出的，又名传感网，定义为把所有物品通过射频识别等信息传感设备与互联网连接起来，实现智能化识别与管理（图 1-3）。

图 1-3 物联网与生活

1.2.2 物联网的基本特点

从通信对象和过程来看，物与物之间、人与物之间的信息交互是物联网的核心，因此将物联网基本特征概括为以下三点。

（1）全面感知。利用射频识别（Radio Frequency Identification，RFID）、传感器、二维码及其他感知设备随时随地地采集各种动态对象，全面感知世界。

（2）可靠传送。利用以太网、无线网、移动网将感知的信息进行实时的传送。

（3）智能控制。对物体实现智能化的控制和管理，真正达到人与物的沟通。

1.3 物联网的发展

1.3.1 国外物联网现状

从 1991 年开始物联网概念的提出,其发展过程按时间顺序大致经历了以下阶段:

1991 年,美国麻省理工学院的 Kevin Ash-ton 教授首次提出物联网的概念;

1995 年,比尔·盖茨在《未来之路》一书中提及物联网概念;

1999 年,美国麻省理工学院建立了"自动识别中心",提出"万物皆可通过网络互联",阐明了物联网的基本含义,早期主要指依托射频识别(RFID)技术的物流网络;

2004 年,日本总务省提出 U-Japan 计划,在日本建设一个实现所有物品和人都能在任意时间、任意地点通过互联网接收和发送信息的泛网络;

2005 年,国际电信联盟(ITU)发布的《ITU 互联网报告 2005:物联网》引用了"物联网"概念,并将物联网范围拓展至 RFID 技术以外;

2009 年 1 月,IBM 首席执行官彭明盛提出"智慧地球"构想,其中物联网为"智慧地球"不可或缺的一部分,而美国前总统奥巴马在其就职演讲后对"智慧地球"构想提出积极回应,并将其提升到国家级发展战略。

1.3.2 国内物联网现状

国内物联网的发展从 2009 年开始起步,大致经历了以下阶段:

2009 年 8 月,温家宝总理在无锡调研时,视察了"中科院无锡传感网工程技术研发中心",对研发中心予以高度关注,指示建设"感知中国"中心。至此,物联网的"感知中国"战略正式以无锡为中心向全国拓展;

2010 年,温家宝总理在政府工作报告中提出,大力培育战略性新兴产业,加快物联网的研发应用。物联网等新一代信息技术产业被列为国家战略性新兴产业;

2012 年 3 月,由中国提交的"物联网概述"标准草案经国际电信联盟审议通过,成为全球第一个物联网总体标准,中国在国际物联网领域的话语权进一步加强。

物联网概念虽然起源于国外,但我国物联网的发展基本同步于全球,均处于物联网的起步阶段。目前,我国物联网已初步形成了完整的产业体系,具备了一定的技术、产业和应用基础,发展态势良好。工业协会数据显示,2013 年我国物联网市场规模为 4 896.5 亿元,2018 年市场规模上升到 13 300 亿元,年复合增长率达 22.12%。随着国家政策、经济、社会及技术等快速发展,预测到 2022 年我国物联网产业规模将超 2 万亿元(图 1-4)。从物联网连接数量来看,2018 年 6 月我国已完成 3.8 亿个物联网连接数量目标,其中,中国电信为 7 419 万个,中国联通为 8 423 万个。

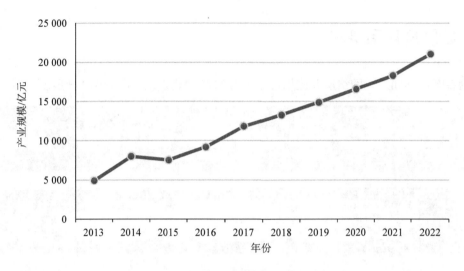

图 1-4　我国物联网产业规模及预测

1.3.3　国外物联网问题

近年来，国外物联网发展快速，同时也存在着一些问题，如基础物联网多系统集成问题、技术标准问题、地址问题以及多种技术融合问题等。首先，技术标准问题是指网络层互联网的 TCP/IP 协议在接入层协议类别多有 GPRS、传感器、TD-SCDMA、有线等多种通道，而物联网是基于网络的多种技术的结合，应该有相关协议标准做支撑。其次，每个物品都需要在物联网中被寻址，这就需要解决地址问题。最后，需要解决传感器技术、射频识别技术、通道技术、控制技术、智能技术等技术的融合问题。

1.3.4　国内物联网问题

我国物联网市场存在"中间强两头弱"的不良现象。目前我国网络层发展较好，但感知层和应用层发展动力不足。

感知层负责信息的采集，主要通过传感器、RFID 标签、数码设备等采集数据，并利用 RFID、红外等技术源源不断地将数据导入信息处理系统。感知层发展不佳有两个原因：一是国内中高端传感器严重依赖进口，其进口占比为 80%，传感器芯片进口占比达 90%，国产化的需求迫切；二是传输技术 RFID 标准不统一，知名企业推出的产品互不兼容。

网络层负责信息的传输。据专家介绍，我国在道路建设中，铺设了大量光纤骨干网，但利用程度不高，而物联网的海量数据正好充分利用这部分光纤网络。

应用层方面，我国物联网应用主要集中在智能工业、智能物流、智能交通、智能电网、智能医疗、智能农业等领域，虽然应用领域非常广阔，但仍处于起步阶段，在我国物联网市场中其产值贡献不足 10%。

1.4 物联网体系架构

物联网由感知层、网络层及应用层三部分组成，其系统架构如图 1-5 所示。

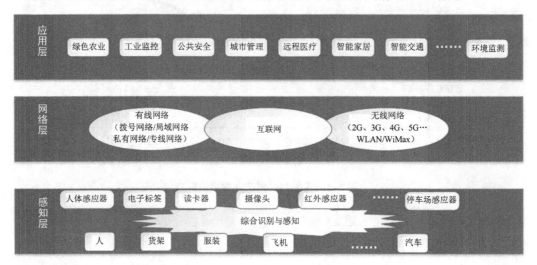

图 1-5　物联网体系架构

1.4.1 感知层功能及其技术

感知层相当于物联网的皮肤和五官，包括二维码标签和识读器、RFID 标签和读写器、摄像头、GPS 等，主要作用是识别物体，采集信息。物联网感知层解决的是人类世界和物理世界的数据获取问题，所需要的关键技术包括检测技术、中低速无线或有线短距离传输技术等，如传感器技术、RFID 技术、二维码技术、ZigBee 技术、蓝牙等。

1.4.1.1 传感器技术

计算机类似于人的大脑，仅有大脑没有感知外界信息的"五官"显然是不够的，计算机也需要它的"五官"——传感器。传感器的功能是传输、处理、存储、显示、记录和控制等。传感器是物联网中不可缺少的信息采集手段，是摄取信息的关键器件，也是采用微电子技术改造传统产业的重要方法。

1.4.1.2 二维码技术

二维码也叫二维条码或二维条形码，是用某种特定的几何形体，按一定规律在平面上分布（黑白相间）的图形来记录信息的应用技术。它的原理比较简单，是使用若干与二进制相对应的几何形体来表示数值信息，并通过图像输入设备或光电扫描设备自动识读以实现信息的自动处理。

目前，二维码的应用前景也很广阔。研究比较多的是二维码与 O2O（Online To Offline）

模式的结合，即利用二维码的读取将线上的用户引流给线下的商家，腾讯很看好这个模式，马化腾称"二维码是线上线下的一个关键入口"。尽管有些人对二维码应用的发展前景不抱期望，但不可否认，只要培养了足够多的用户群，再结合良好的商业模式，二维码将成为桥接现实与虚拟最得力的工具之一。二维码也凭借其信息容量大、编码范围广、容错能力强、译码可靠性高、成本低、易制作、持久耐用等特点，被广大民众广泛使用。

1.4.1.3 ZigBee 技术、蓝牙

ZigBee 是一种短距离、低功耗的无线传输技术，是一种介于无线标记技术和蓝牙之间的技术，它是 IEEE 802.15.4 协议的代名词。同时，ZigBee 是一种低速短距离传输的无线网络协议，适用于短距离范围、数据流量较小的业务。

同样地，蓝牙（Bluetooth）是一种无线数据与话音通信的开放性全球规范，和 ZigBee 一样是一种短距离的无线传输技术。蓝牙采用高速跳频（Frequency Hopping）和时分多址（Time Division Multiple Access，TDMA）等先进技术，支持点对点、点对多点通信。目前，已将蓝牙应用于话音/数据接入、外围设备互联、个人局域网（PAN）等领域。

1.4.2 网络层功能及其技术

网络层主要承担着数据传输的功能。在物联网中，要求网络层能把感知层感知到的数据无障碍、高可靠性、高安全性地进行传送，它解决的是感知层所获得的数据在一定范围内，尤其是远距离的传输问题。网络层的关键技术包含 Internet、移动通信网、无线传感器网络等。

1.4.2.1 Internet、移动通信网

物联网也被认为是 Internet 的进一步延伸。Internet 将作为物联网主要的传输网络之一，将使物联网无处不在地深入社会每个角落。移动通信网由无线接入网、核心网和骨干网三部分组成。无线接入网主要为移动终端提供接入网络服务。核心网和骨干网主要为各种业务提供交换和传输服务。在移动通信网中，当前比较热门的接入技术有 3G、4G、5G、Wi-Fi 和 WiMax。

1.4.2.2 无线传感器网络

无线传感器网络（WSN）的基本功能是将一系列空间分散的传感器单元通过自组织的无线网络进行连接，从而将各自采集的数据通过无线网络进行传输汇总，以实现对空间分散范围内的物理或环境状况的协作监控，并根据这些信息进行相应的分析和处理。

无线传感器网络的特点有以下几点：

- 节点数目更为庞大（上千甚至上万），节点分布更为密集；
- 由于环境影响和存在能量耗尽问题，节点更容易出现故障；
- 环境干扰和节点故障易造成网络拓扑结构的变化；
- 通常情况下，大多数传感器节点是固定不动的；

■ 传感器节点具有的能量、处理能力、存储能力和通信能力等都十分有限。

1.4.3 应用层功能及其技术

应用层的任务是对感知和传输的信息进行分析和处理，做出正确的控制和决策，实现智能化的管理、应用和服务。这一层解决的是信息处理和人机界面的问题。应用层的关键技术有 M2M、云计算、人工智能、数据挖掘、中间件等。

1.4.3.1 人工智能

人工智能（Artificial Intelligence）是探索研究使各种机器模拟人的某些思维过程和智能行为（如学习、推理、思考、规划等），使人类的智能得以物化与延伸的一门学科。

在物联网中，人工智能技术主要负责分析物品所承载的信息内容，从而实现计算机自动处理。

1.4.3.2 数据挖掘

数据挖掘（Data Mining）是从大量的、不完全的、有噪声的、模糊的及随机的实际应用数据中，挖掘出隐含的、未知的、对决策有潜在价值的数据的过程。

在物联网中，数据挖掘只是一个代表性概念，它是一些能够实现物联网"智能化""智慧化"的分析技术和应用的统称。

1.5 物联网产业链

物联网产业链可以细分为标识、感知、处理和信息传送四个环节，每个环节的关键技术分别为 RFID、传感器、智能芯片和运营商的无线传输网络。

EPOSS 在《Internet of Things in 2020》报告中分析预测，未来物联网的发展将经历四个阶段：① 2010 年之前 RFID 被广泛应用于物流、零售和制药领域；② 2010—2015 年物体互联；③ 2015—2020 年物体进入半智能化；④ 2020 年之后物体进入全智能化，进入工业 4.0。

1.5.1 基于 RFID 的物联网产业及应用

RFID 作为物联网产业标识环节的关键技术被广泛应用于日常生活中，其中上海世博会门票、中国移动厦门 e 通卡手机支付以及中小城市局域性年费车辆识别与监控系统是其典型案例。

2010 年 5 月召开的上海世博会的门票系统全部采用 RFID 技术，每张门票内都含有一颗自主知识产权"世博芯"，通过采用特定的密码算法技术，确保数据在传输过程中的安全性，外界无法对数据进行任何篡改或窃取。

中国移动厦门 e 通卡是基于移动 RFID 技术实现的多功能移动电子商务服务，将传统的 e 通卡应用集成到手机中，从而将手机 SIM 卡、公交卡、银行卡、企业管理卡四卡合一，实现一卡多用的作用，只需要掏出手机，就可以顺利地在公车、轮渡等地方轻松刷卡，甚至还可以购物消费。

用 RFID 系统实施年费收费方式管理的城市，为每辆"年费车辆"配发一个不可拆卸、不可修改其 ID 号的无源被动式电子标签，作为车辆唯一的身份标志。实现"年费车"一车一卡，从而彻底堵住用"套牌"的办法偷漏年费的漏洞，既能保证严格监管，又能确保交通的通畅。

1.5.2 基于传感器的物联网产业

传感器的主要优势在于体积小、大规模量产后成本下降快，目前主要应用于汽车和消费电子两大领域。工信部发布的 2014 年物联网工作要点中，2014 年突破核心关键技术，重点推进传感器及芯片、传输、信息处理技术研发。

1.5.3 物联网产业瓶颈

目前我国物联网的应用主要是 RFID、GPS 等，广东在这方面的应用已占到五成，粤港合作和物流信息化是广东在物联网产业中的独特优势。国内物联网产业的发展存在的"瓶颈"问题主要有：一是国内 RFID 产业仍然以低频为主，在 RFID 高端芯片等核心领域无法产业化；二是国内传感器产业化水平较低，高端产品被国外厂商垄断；三是实现物物互联的数据计算量庞大，需要更大的计算平台支撑。

在物联网中，传感是前提，计算是核心，安全是保障，网络是基础，应用服务是牵引。另外，标准是支持物联网产业链的重要基础，如何统一终端和接入标准都是困扰运营商 M2M（Machine-to-Machine/Man）业务发展的首要问题。

1.6 M2M 技术

M2M 是现阶段物联网最普遍的应用形式，是实现物联网的第一步。未来的物联网将是由无数个 M2M 系统构成，不同的 M2M 系统会负责不同的功能处理，通过中央处理单元协同运作，最终组成智能化的社会系统。

M2M 是一种以机器终端智能交互为核心的、网络化的应用与服务。它通过在机器内部嵌入无线通信模块，以无线通信等为接入手段，为客户提供综合的信息化解决方案，以满足客户对监控、指挥调度、数据采集和测量等方面的信息化需求（图 1-6）。

1.6.1 M2M 系统架构

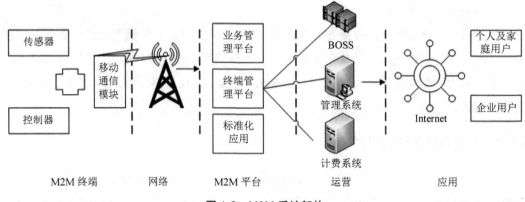

图 1-6　M2M 系统架构

1.6.1.1 M2M 终端具有的功能

（1）M2M 终端类型有以下几种：

行业专用终端
- 终端设备（TE）：主要完成行业数字模拟量的采集和转化。
- 无线模块（MT）：又称为移动终端，主要完成数据传输、终端状态检测、链路检测及系统通信功能。

无线调制解调器：又称为无线模块，具有终端管理模块功能和无线接入能力。用于在行业监控终端与系统间无线收发数据。

手持设备：通常具有查询 M2M 终端设备状态、远程监控行业作业现场和处理办公文件等功能。

（2）M2M 终端具有的功能为：

➢ 接收远程 M2M 平台激活指令；

➢ 本地故障报警；

➢ 数据通信；

➢ 远程升级；

➢ 使用短消息/彩信/GPRS 等几种接口通信协议与 M2M 平台进行通信。

1.6.1.2 M2M 管理平台的功能

（1）M2M 管理平台有以下几个模块：

行业专用终端
- 行业网关接入模块：负责完成行业网关的接入，通过行业网关完成与短信网关、彩信网关的接入，最终完成与 M2M 终端的通信。
- GPRS 接入模块：使用 GPRS 方式与 M2M 终端传送数据。

终端接入模块：负责 M2M 平台系统通过行业网关或 GGSN 与 M2M 终端收发协议消息的解析和处理。

应用接入模块：实现 M2M 应用系统到 M2M 平台的接入。

业务处理模块：是 M2M 平台的核心业务处理引擎，实现 M2M 平台系统的业务消息的集中处理和控制。

数据库模块：保存各类配置数据、终端信息、集团客户（EC）信息、签约信息和黑/白名单、业务数据、信息安全信息、业务故障信息等。

Web 模块：提供 Web 方式操作维护与配置功能。

（2）管理平台的功能如下：

➢ M2M 管理平台为客户提供统一的移动行业终端管理、终端设备鉴权；

➢ 支持多种网络接入方式，提供标准化的接口使得数据传输简单直接；

➢ 提供数据路由、监控、用户鉴权、内容计费等管理功能。

1.6.2 M2M 应用系统

（1）M2M 的应用

在 M2M 系统中，应用的主要功能是通过数据融合、数据挖掘等技术把感知和传输来的信息进行分析和处理，为决策和控制提供依据，实现智能化的 M2M 业务应用和服务。

（2）应用系统

M2M 终端获得了信息以后，本身并不处理这些信息，而是将这些信息集中到应用平台上，由应用系统来实现业务逻辑。

（3）应用系统的主要功能

把感知和传输来的信息进行分析和处理，做出正确的控制和决策，实现智能化的管理、应用和服务。

1.6.2.1 M2M 案例一：汽车救援系统（图 1-7）

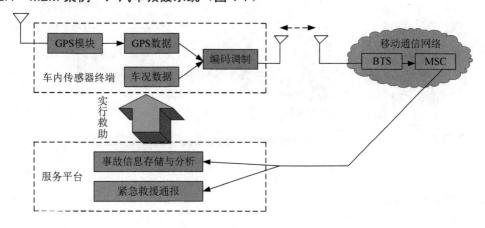

图 1-7 汽车救援系统

1.6.2.2　M2M 案例二：自动抄表系统（图 1-8）

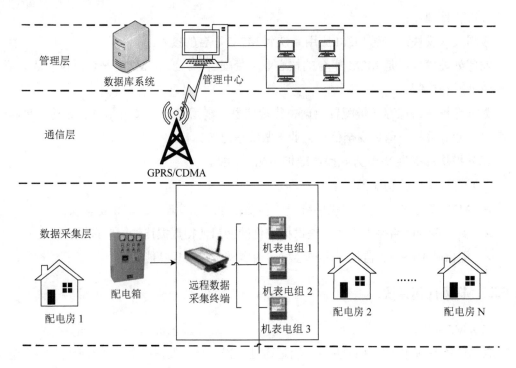

图 1-8　自动抄表系统

1.6.2.3　M2M 案例三：移动 POS 机（图 1-9）

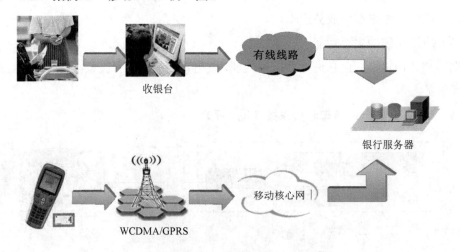

图 1-9　移动 POS 机

1.6.3　M2M 支撑技术

M2M 系统结构中涉及 5 个关键支撑技术：应用（Applications）、中间件（MiddleWare）、通信网络（Communication Network）、M2M 硬件（M2M HardWare）、机器（Machines）。

1.6.3.1 机器

实现 M2M 的第一步就是从机器/设备中获得数据，然后把它们通过网络发送出去。不同于传统通信网络中的终端，M2M 系统中的机器应该是高度智能化的机器。

通过信息感知、信息加工（计算能力）和无线通信能力来实现机器高度智能化——机器具有"开口说话"的能力。

实现方法有生产设备的时候嵌入 M2M 硬件和对已有机器进行改装两种，使其具备与其他 M2M 终端通信/组网的能力。

1.6.3.2 M2M 硬件

M2M 硬件是使机器获得远程通信和联网能力的部件。在 M2M 系统中，M2M 硬件的功能主要是进行信息的提取，从各种机器/设备那里获取数据，并传送到通信网络中。

M2M 硬件产品有以下几种：

➢ 嵌入式硬件；

➢ 可改装硬件；

➢ 调制解调器（Modem）；

➢ 传感器；

➢ 识别标识（Location Tags）。

1.6.3.3 通信网络

通信网络在整个 M2M 技术框架中处于核心地位，包括广域网（无线移动通信网络、卫星通信网络、Internet、公众电话网）、局域网（以太网、WLAN、Bluetooth）、个域网（ZigBee、传感器网络）。

1.6.3.4 中间件

M2M 网关是 M2M 系统中的"翻译员"，它获取来自通信网络的数据，将数据传送给信息处理系统，主要功能是完成不同通信协议之间的转换。数据收集/集成部件的目的是将数据变成有价值的信息。对原始数据进行不同加工和处理，并将结果呈现给需要这些信息的观察者和决策者。

中间件包括数据分析和商业智能部件、异常情况报告和工作流程部件、数据仓库和存储部件等。

1.6.3.5 应用

此部分已在 1.6.2 中阐述，在此不再赘述。

1.6.4 M2M 发展现状

M2M 产业发展在国内主要有中国移动、电信和联通，应用领域涉及电力、水利、交通、金融、气象等行业；国外 Vodafone 目前在 M2M 市场是全球第一，提供 M2M 全球服务平台以及应用业务，为企业客户的 M2M 智能服务部署提供托管，能够集中控制和管理许多国家推出的 M2M 设备，企业客户还可通过广泛的无线智能设备收集有用的客户数据。

1.6.4.1　M2M 标准化现状

技术标准制定主要是在欧洲电信标准协会（European Telecommunication Standards Institute，ETSI）和第三代合作伙伴计划（3rd Generation Partnership Project，3GPP）。国内主要是在中国通信标准化协会（CCSA）的泛在网技术委员会（TC10）。

1.6.4.2　M2M 面临的问题

➤ 缺乏完整的标准体系；

➤ 商业模式不清晰，未形成共赢的、规模化的产业链；

➤ 窄带网络限制了 M2M 业务的发展以及业务信息承载方式的多样性；

➤ M2M 业务运营支撑系统不完善，不能完全有效地支撑 M2M 业务的运营；

➤ M2M 各行业间融合难度大。

1.7　物联网应用

1.7.1　物联网应用领域（图 1-10）

图 1-10　物联网应用领域

1.7.2 物联网应用实例

1.7.2.1 城市市政管理应用

城市基础设施、公共服务设施和社会公共事务的运行构成了城市经济社会发展的环境，因而城市管理在城市经济社会发展中具有基础性的作用。随着我国城市化进程的加快，城市管理的对象和范围更加复杂，如水、电、交通和环保等无一不是复杂的系统。在城市管理中引入物联网技术作为城市管理体系中的信息体系与技术支撑体系，并结合地理信息系统（GIS），为整个系统提供各种感知终端设备数据，并提供感知数据的传送通道，使实时的感知数据能够快速、准确、安全和高效的传送到管理系统中。专家体系进行数据挖掘、分析、应用，进行风险评估，并应用于城市管理系统，提升城市管理水平，实现智能化城市管理（图 1-11）。

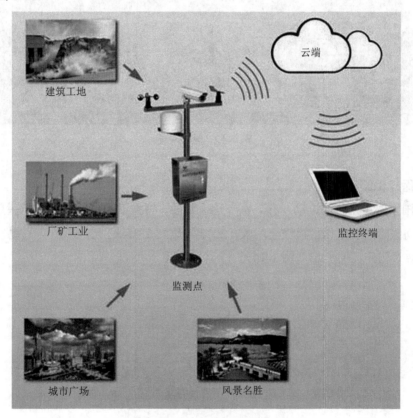

图 1-11　市政环保监控系统

1.7.2.2 农业园林

将无线传感器网络布设于农田、园林、温室等目标区域，网络节点大量实时地收集温度、湿度、光照、气体浓度等物理量，精准地获取土壤水分、压实程度、电导率、pH、氮素等土壤信息（图 1-12）。无线传感器网络有助于实现农业生产的标准化、数字化、网络化。将从增产增收、节约能源、相当于露地栽培产量 10 倍以上这三个方面有效促进农业的发展。

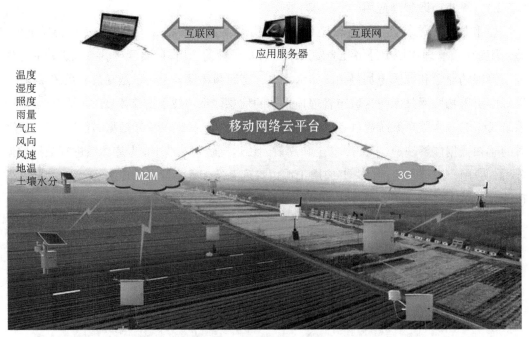

图 1-12　精准农业

1.7.2.3　医疗保健

随着国家医改进程的推动，移动医疗迅速发展。得益于知识付费时代和医药电商政策放开，移动医疗产业市场规模快速增长，2017 年达到 231.4 亿元，2020 年移动医疗市场规模将达 539.6 亿元（图 1-13，图 1-14）。

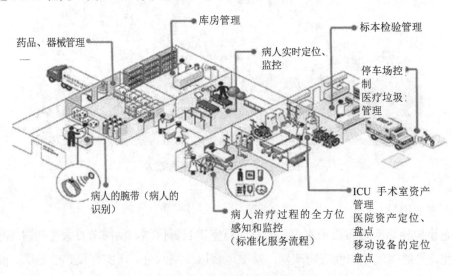

图 1-13　智慧医疗物联网系统

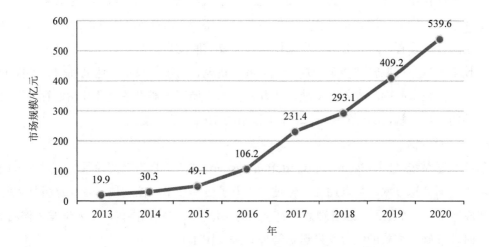

图 1-14 2013—2020 年中国移动医疗市场规模

1.7.2.4 智能楼宇

智能楼宇主要是对楼宇内的机电设备进行监控管理（图 1-15）。随着技术的发展，当前智能楼宇的概念有所延伸，不仅包括传统的机电设备的监测、控制、管理，还包括了智能照明以及楼层房间的自动化、能源管理等。智能楼宇在建筑节能中有着显著作用，尤其是应用新技术以后，可以把整个楼宇里各子系统有机联合成一个整体，有效地降低设备能耗。例如，对智能楼宇中央空调系统、照明系统这两个建筑能耗大头进行有效的管理、控制，在保证节能条件下，做到按需使用，可以显著提高楼宇管理人员使用的舒适性，增强用户体验感，同时降低能耗，使建筑能耗的运行维护具有可持续性。

图 1-15 智能楼宇示意图

　　走进智能楼宇,无论是灯光、温度还是室内空气流通,都与一般的写字楼略有不同,体感更加柔和、舒适,这些正是物联网技术在楼宇集中管理控制方面的应用。如会议室,根据不同的议程设置,灯光会进行自动调节,需要放映幻灯片时,灯光就会相应调暗。通过基础设施平台,可以管理楼宇的灯光、空调、新风、窗帘等设备,达到高效、节能的目的。又如员工在车库刷卡进入写字楼,其办公室的空调等电器设备就会开始运行,下班刷卡则会关闭。据了解,"智慧楼宇"每年可以节约10%的能源支出。

1.7.2.5　交通运输

　　智能交通系统(Intelligent Transportation System,ITS)是未来交通系统的发展方向。它是将先进的信息技术、数据通信传输技术、电子传感技术、控制技术及计算机技术等有效地集成运用于整个地面交通管理系统而建立的,是一种在大范围内、全方位发挥作用的,以及实时、准确、高效的综合交通运输管理系统(图1-16)。

　　ITS可以有效地利用现有交通设施、减少交通负荷和环境污染、保证交通安全、提高运输效率,日益受到各国的重视。

　　在该系统中,车辆靠自己的智能在道路上自由行驶,公路靠自身的智能将交通流量调整至最佳状态,借助于这个系统,管理人员对道路、车辆的行踪将掌握得一清二楚。

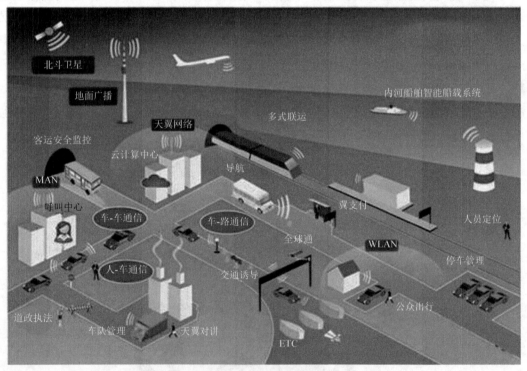

图1-16　智能交通系统

1.7.2.6　其他案例

　　其他案例如建筑物复杂环境室内定位技术(图1-17)。采用无线传感器网络和无线局域网技术，实现对灯、空调设备的远程监控，同时为工作人员配备手持终端，方便工作人员现场处理设备故障。

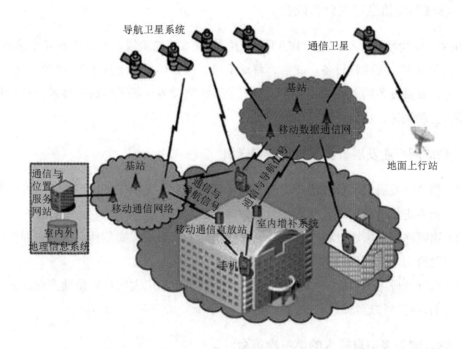

图 1-17　室内定位关键技术

1.8　物联网发展趋势

1.8.1　网络从虚拟走向现实，从局域走向泛在

未来几年是中国物联网相关产业以及应用迅猛发展的时期。以物联网为代表的信息网络产业成为七大新兴战略性产业之一，成为推动产业升级、迈向信息社会的"发动机"。

2020 年，全球物物互联的业务与现有的人人互联业务之比将达到 30∶1，物联网大规模普及，成为一个万亿美元级产业。

构建网络无所不在的信息社会已成为全球趋势，当前世界各国正经历由"e"社会（Electronic Society）过渡到"u"社会（Ubiquitous Society），在泛在信息社会（ubiquitous information society）里，人们将能够在任何地点和任何时刻，随时随地灵活应用各种信息，信息成为生活必需品，且每个人都能够利用信息创造新价值，从而提高了全社会物质财富创造的效率，推动了社会革命性的进步。

与互联网相比，物联网在任何时候、任何人、任何地点的基础上，又拓展到了任何事。

人们不再被局限于网络的虚拟交流，有人与人（P2P），也包括机器与人（M2P）、机器对机器（M2M）之间广泛的通信和信息的交流。

1.8.2 物联网将信息过渡到智能化

2019 年是物联网元年，是万物互联到万物智联过渡的阶段。物联卡在多个领域应用，例如监控和监测、可穿戴设备、交通、移动支付、医疗体系、无线 POS 机等。5G 时代的到来，将有海量设备接入物联网。物联卡用于智能化设备，基于物联网技术搭建物联云应用体系，实现高速、稳定、安全的发展模式。

1.8.3 物联网产业发展最关键的是应用牵引

（1）物联网发展将以行业用户的需求为主要推动力，以需求创造应用，通过应用推动需求，从而促进标准的制定、行业的发展。

（2）物联网是国家通过科技创新并转化为实际生产力的现实载体，也是实现信息化与工业化相融合的一个突破口。

（3）以行业应用为核心，创建示范性的大型项目，利用大项目来带动产业链某个环节或某个方面，将会加速物联网产业在中国的发展。

1.8.4 物联网带来信息技术的第三次革命

物联网将给人们的生活带来重大改变，生活中的物品变得"聪明""善解人意"，通过芯片自动读取信息，并通过互联网进行传递，物品会自动获取信息并进行传递，使得信息的处理—获取—传递整个过程有机地联系在一起，这是对人类生产力又一次重大的解放。条形码的普及花了 30 年时间，RFID 要完全达到条形码的应用程度，还需要 20 年左右。物联网的普及大约需要 20 年的时间，但其发展是随着技术的成熟而逐渐应用到各个方面的，并不是在等待技术完全成熟以后应用才开始，在某些领域，物联网将率先展开应用。随着技术的进步，物联网将逐渐拓展到我们生活的方方面面。

1.8.5 运营商正在引导物联网

事实上，中国移动早已意识到物联网蕴藏的巨大商机。在 2009 年 9 月 19 日的中国国际信息通信展上，电子商务、手机购物、物流信息化、企业一卡通、公交视频、移动安防、校讯通等一批物联网概念的业务已经展示在业界眼前，积极与各方合作，达到整个产业链的构建，成为中国移动的目标之一。

基于移动技术的物联网与嵌入式系统融合，将给中小型企业带来新的机会。中小制造企业可以使产品智能化，提高市场竞争力与利润空间；中小服务型企业可以升级自己的服务，使得服务更加智能化；融合网络与嵌入式系统的结合，可以远程维护与服务，进行智能化的设备管理和调度。

同样，中国电信推出自己的物联网业务——"平安 e 家"与"商务领航"，分别面对家庭与企业用户。此外，中国联通也推出了 3G 污水监测业务，该业务可以通过 3G 网络，实时对水表、灌溉等动态数据进行监测，并对空气质量、碳排放量、噪声进行监测。

2 无线传感器网络技术

2.1 概述

综观计算机网络技术的发展史，应用需求始终是推动和左右全球网络技术进步的动力与源泉。传感器网络是近年来国内外研究和应用非常热门的领域，在国民经济建设和国防军事上具有十分重要的应用价值，目前传感器网络几乎呈爆炸式发展。因此，学习相关知识具有重要的意义。

2.1.1 定义

无线传感器网络的分类如图 2-1 所示。

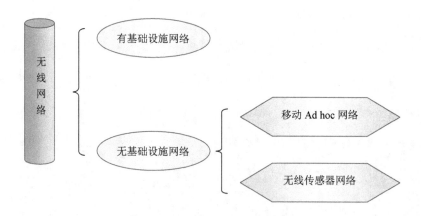

图 2-1　无线传感器网络的分类

（1）有基础设施网络

需要有固定基站，如使用的手机，属于无线蜂窝网，需要高大的天线和大功率基站来支持，基站就是最重要的基础设施。使用无线网卡上网的无线局域网，由于采用了接入点这种固定设备，也属于有基础设施网。

（2）无基础设施网络——无线 Ad hoc 网络

节点是分布式的，没有专门的固定基站。

无线 Ad hoc 网络分为两类：一类是移动 Ad hoc 网络（Mobile Ad hoc Network，

MANET），终端是快速移动的；另一类就是无线传感器网络，节点是静止的或者移动很慢。

（3）"无线传感器网络"术语的标准定义

无线传感器网络（Wireless Sensor Network，WSN）是大量静止或移动的传感器以自组织和多跳的方式构成的无线网络，其目的是协作地感知、采集、处理和传输网络覆盖地理区域内感知对象的监测信息，并报告给用户。如图 2-2 所示，大量的传感器节点将探测数据，通过汇聚节点经其他网络发送给了用户。在这个定义中，传感器网络实现了数据采集、处理和传输三种功能，而这正对应着现代信息技术的三大基础技术，即传感器技术、计算机技术和通信技术。它们分别构成了信息系统的"感官""大脑"和"神经"三个部分（图 2-3）。因此，无线传感器网络正是这三种技术的结合，可以构成一个独立的现代信息系统。

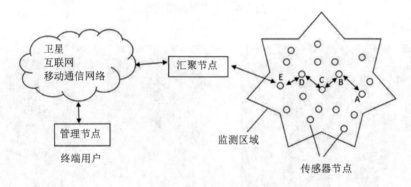

图 2-2　无线传感器网络示意图

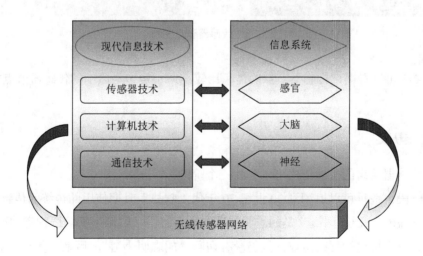

图 2-3　无线传感器网络类比

传感器由六个部分组成（图2-4），传感模块负责探测目标的物理特征和现象；计算模块负责处理数据和系统管理；存储模块负责存放程序和数据；通信模块负责网络管理信息和探测数据两种信息的发送和接收；电源模块负责节点供电；节点由嵌入式软件系统支撑，运行网络的五层协议。

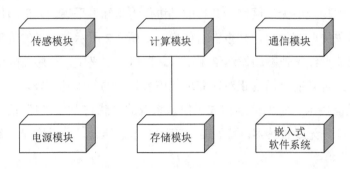

图 2-4   传感器网络构成

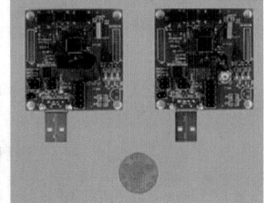

图 2-5   传感器节点实物

由图 2-5 可以看出，传感器节点的体积比较小，正是这些微小的传感器节点构成了探测终端。

2.1.2 发展历史

无线传感器网络的发展历史可以分为三个阶段。

第一阶段：最早可以追溯到 20 世纪 70 年代"越战"时期使用的传统的传感器系统。当年密林覆盖的"胡志明小道"是胡志明部队向南方游击队源源不断输送物资的秘密通道，美军出动大量飞机进行狂轰滥炸，但仍没有切断"胡志明小道"。后来，美军投放了 2 万多个"热带树"传感器。

所谓"热带树"实际上是由震动和声响传感器组成的系统，它由飞机投放，落地后插入泥土中，只露出伪装成树枝的无线电天线，因而被称为"热带树"。只要有车队经过，传感器探测出目标产生的震动和声响信息，自动发送到指挥中心，美机立即展开追杀，总共炸毁或炸坏 4.6 万辆卡车。

这种早期使用的传感器系统的特征是：传感器仅产生探测数据流、传感器无计算能力、传感器之间不能相互通信。

第二阶段：20 世纪 80—90 年代，主要是美军研制的分布式传感器网络系统、海军协同交战能力系统、远程战场传感器系统等。这种现代微型化的传感器具备感知能力、计算能力和通信能力。因此，1999 年，《商业周刊》将传感器网络列为 21 世纪最具影响力的 21 项技术之一。

第二阶段的特征是：感知能力＋计算能力＋通信能力的综合应用。

第三阶段：21 世纪开始至今。这个阶段的传感器网络技术特点在于网络传输自组织、节点设计低功耗。

传感器网络技术除了用于情报部门的反恐活动，还在其他领域获得了广泛应用。所以，2002 年美国国家重点实验室——橡树岭实验室提出了"网络就是传感器"的论断。由于无线传感器网络在国际上被认为是继互联网之后的第二大网络，2003 年美国《技术评论》杂志评出对人类未来生活产生深远影响的十大新兴技术，传感器网络被列为第一。

在现代意义上的无线传感器网络研究及其应用方面，我国与发达国家几乎同步启动，它已经成为我国信息领域位居世界前列的少数方向之一。在 2006 年我国发布的《国家中长期科学和技术发展规划纲要（2006—2020 年）》中，为信息技术确定了三个前沿方向，其中有两项就与传感器网络直接相关，这就是智能感知和自组网技术，传感器网络的发展也符合计算设备的演化规律。

贝尔定律指出：每 10 年会有一类新的计算设备诞生。计算设备整体上是朝着体积越来越小的方向发展，从最初的巨型机演变发展到小型机、工作站、PC 和 PDA 之后，新一代的计算设备正是传感器网络节点这类微型化设备，将来还会发展到生物芯片（图 2-6）。

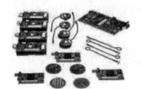

图 2-6 微型传感器

2.1.3 特点

无线传感器网络有以下几个方面的特点。

（1）自组织。在节点位置确定之后，节点需要自己寻找其邻居节点，实现相邻节点之间的通信，通过多跳传输的方式搭建整个网络，并且需要根据节点的加入和退出来重新组织网络，使网络能够稳定正常的运行。

（2）分布式。网络的感知能力由若干冗余节点共同完成，每一个节点具有相同的硬件资源和通信距离，没有哪一个节点严格地控制网络的运行，节点消亡后网络能够重组，任意一个节点的加入或退出都不会影响网络的运行，抗击毁能力强。

（3）节点平等。除 Sink 节点外，无线传感器节点的分布随机，以自己为中心，只负责自己通信范围内的数据交换；每个节点都是平等的，没有先后优先级之间的差别，具有相同的通信能力，既可以产生数据也可以转发数据。

（4）可靠性要求高。自组织网络采用的是无线信道；而通信需要通过多跳路由（multi-hop routing），因此数据的可靠性不高，还容易受干扰和被窃听，保密性能差。

（5）节点资源有限。如节点的电源能量、通信能力、计算存储能力有限，而且难以维护，对节点运行的程序包括使用的存储空间、算法时间开销有较高的要求。

（6）网络规模大。大部分无线传感器网络的覆盖范围广并且部署密集，在单位面积内可能存在大量的传感器节点。

（7）时效性。无线传感器网络采集的信息需要在一定时间内及时送达观察者或是数据处理中心，对可能发生的事故和危险情况进行及时预告和提醒。

（8）节点的可感知、微型化和自组织能力是无线传感器网络所具有的三个最基本的特点。

无线传感器网络的特点决定了无线传感器网络非常适合应用于恶劣的环境尤其是无人值守的场景，即使被监测区域中的部分节点损坏或休眠时，也不会造成该区域的无线传感网络崩溃或影响数据的获得，网络仍能为系统提供可靠的监测数据。

2.1.4　优势

无线传感器网络的优势主要体现在信息感知方面，具体如下述：

➤ 分布节点中多角度和多方位信息的综合，有效地提高了对被监测区域观测的准确度和信息的全面性；

➤ 传感器网络低成本、高冗余的设计原则为整个系统提供了较强的容错能力，即使在极为恶劣的应用环境中，监控系统也可以正常工作；

➤ 节点中多种传感器的混合应用有利于提高探测的性能指标；

➤ 多节点联合，可形成覆盖面积较大的实时探测区域。借助于个别具有移动能力的节点对网络拓扑结构的调整能力，可以有效地消除探测区域内的阴影和盲点。

2.1.5　未来发展趋势

（1）节点进一步微型化。利用芯片集成技术、微机电技术和微无线通信技术，设计体积更小、生存周期更长、成本更低的节点。

（2）寻求更好的系统节能策略。绝大部分无线传感器网络的电源不可更换或不能短时间更换，因此功耗问题一直是制约无线传感器网络发展的核心。

（3）进一步降低节点成本。由于传感器网络的节点数量非常大，往往是成千上万个。要使传感器网络达到实用化，要求每个节点的价格控制得比较低，甚至是一次性使用。

（4）进一步提高传感器网络的安全性和抗干扰能力。如何利用较少的能量和较小的计算量来完成数据加密、身份认证等功能，在破坏或受干扰的情况下能可靠地完成其执行的任务。

（5）提高节点的自动配置能力。使网络在部分节点出现错误或休眠的情况下，能将大量的节点迅速按照一定的规则组成一定的结构。

（6）完善高效的跨层网络协议栈。在无线传感器网络已有的分层体系结构上引入跨层的机制和参数，打破层的界限，采用多层合作来实现某些优化目标。

（7）网络的多应用和异构化。随着无线传感器网络的发展，同一传感器网络将从支持单一应用向支持多种不同应用发展，大规模的无线传感器网络中将包括大量的异构的传感器节点。

（8）进一步与其他网络的融合。无线传感器网络与现有网络的融合将带来新的应用。传感器网络专注于探测和收集环境信息，复杂的数据处理和存储等服务则交给基于无线传感器网络的网格体系来完成。

2.1.6 应用

（1）军事领域。无线传感器网络非常适合应用于恶劣的战场环境，因此军事领域成为无线传感器网络最早展开的领域，由于战争的伤亡性，传感器节点将取代人去执行一些危险任务，如监控我军兵力、装备和物资，监视冲突区，侦察敌方地形和布防，定位攻击目标，评估损失，侦察和探测核、生物和化学攻击等。

（2）环境监测和保护。在监测区域撒播大量的无线传感器节点，并提高环境监控的覆盖范围、精度和实时性。例如跟踪生物种群，监测水位水质，预警火灾、地震、泥石流和台风等，还可用于海洋、深空等环境监测。

（3）工业监控与故障诊断。通过无线传感器网络可方便地对煤矿、石油钻井、核电厂和组装线工作的设备和员工进行监控和诊断，保障设备安全和员工人身安全。

（4）智能农业。在农业领域无线传感器网络有着卓越的技术优势。它可用于监视农作物灌溉情况、土壤空气变更情况、牲畜和家禽的环境状况以及大面积地表检测。

（5）智能家居。智能家居系统的设计目标是将住宅内的各种家居设备联系起来，使各个家居设备能够自动运行，相互协作，为居住者提供更多的便利和舒适。

（6）医疗健康与监护。无线传感器网络节点微小的特点在医学上有特殊的用途。可以利用传感器监测病人的心率和血压等生理特征，可随时了解病人的病情并进行及时有效的处理。可以利用传感器网络长期不间断地收集医学实验对象的生理数据，为医学研究提供依据。

（7）智能交通系统。可通过运用大量传感器网络，并配合 GPS 系统、区域网络系统等资源，优化交叉路口信号灯控制，提供车辆诱导，缓解道路拥堵，提高驾驶安全。

（8）智能仓储物流。利用无线传感器网络的多传感器高度集成，以及部署方便、组网灵活的特点，可用来进行粮食、蔬菜、水果、蛋肉存储仓库的温度、湿度控制，中央空调系统的监测与控制，以及厂房环境控制，特殊实验室环境的控制等。

（9）智慧城市。通过物联网基础设施、云计算基础设施、地理空间基础设施等新一代信息技术以及百科、社交网络、综合集成等工具和方法的应用，实现全面透彻的感知、宽带泛在的互联、智能融合的应用。知识社会环境下的智慧城市是信息化城市发展的高级形态。智慧城市的建设覆盖诸多领域，交通、医疗、安防、社区、电网等都是智慧城市建设中不可或缺的部分。其中智慧社区、智能家居是与人最为密切相关的部分，是智慧城市建设的必经步骤。

2010 年，IBM 正式提出了"智慧城市"远景：城市六个核心系统组成，包括组织（人）、业务/政务、交通、通信、水和能源。国内不少公司也提出有关智慧城市的架构体系，如"智慧城市 4+1 体系"，已在城市综合体智能化（如株洲神农城）、天津智慧和平区等智能化项目中得到应用。

2.1.7　应用前景及面临的挑战

（1）应用前景。住房和城乡建设部在 2013 年 1 月 29 日宣布，北京市东城区、江苏省无锡市、河北省石家庄市、浙江省温州市等 90 个市（区）通过审核，成为首批国家智慧城市试点。在 90 个试点中包括 37 个地级市，50 个区（县），3 个镇。试点城市将要在 3～5 年完成创建，此后由相关部门组织评估并进行等级评定。评定等级将由低到高分为一星、二星和三星。住房和城乡建设部与国家开发银行签订合作协议，合作投资智慧城市，资金规模将达 800 亿元，同时推进智慧城市试点项目的遴选、调查、发款等工作。除了通过审批试点的 90 个市（区）外，目前还有近 300 个城市已经开始建设智慧城市项目，而未来几年将有 600～800 个城市打造智慧城市，国家在"十二五"期间用于建设智慧城市的投资规模将达 5 000 亿元，而带动相关产业发展的市场规模将在 2 万亿元左右，前景非常广阔。

（2）面临的挑战。低能耗、实时性、低成本、安全和抗干扰、协作。

2.2　体系结构

可从以下角度来认识无线传感器网络的系统结构：

> ➤ 无线传感器网络的节点结构；
> ➤ 无线传感器网络的软件体系结构；
> ➤ 无线传感器网络的网络拓扑结构；
> ➤ 无线传感器网络的协议结构。

2.2.1 节点结构（图 2-7）

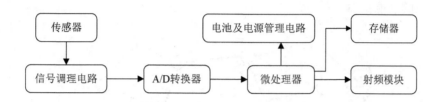

图 2-7 无线传感器网络节点结构

2.2.2 软件体系结构

操作系统最靠近基础硬件并对各种软硬件资源进行管理，无线传感器网络的操作系统一般采用事件驱动的组件设计模式，完整的系统由调度器和分层组件组成。

每一类完整的无线传感器网络的软件结构，都需要有面向特定应用的业务逻辑部分软件。可根据传感器网络节点采集的数据的类型、特性、用途和用户的需要对数据进行特定的处理。

在现代的无线传感器网络软件体系中，还会设计处理分布系统所特有功能的软件，形成无线传感器网络中间件软件，用于支撑各种应用（图 2-8）。

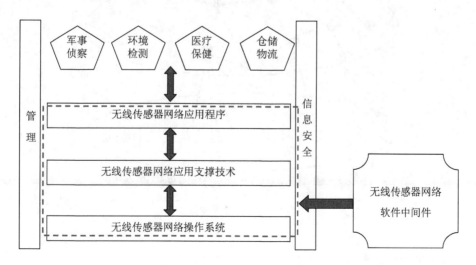

图 2-8 无线传感器网络软件体系结构

2.2.3 网络拓扑结构

无线传感器网络的网络拓扑结构可分为平面网络结构、分级网络结构、混合网络结构和 Mesh 网络结构。

（1）平面网络结构

平面网络结构是无线传感器网络中最简单的一种拓扑结构，所有节点为对等结构，具有完全一致的功能特性（图 2-9）。

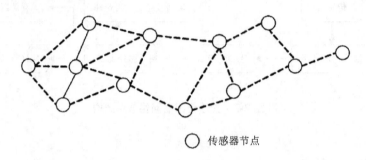

○ 传感器节点

图 2-9　平面网络结构

（2）分级网络结构

分级网络结构分为上层和下层两个部分：上层为中心骨干节点；下层为一般传感器节点。这种网络拓扑结构扩展性好，便于集中管理，可以降低系统建设成本，提高网络覆盖率和可靠性（图 2-10）。

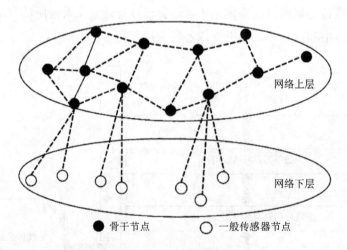

网络上层

网络下层

● 骨干节点　　○ 一般传感器节点

图 2-10　分级网络结构

（3）Mesh 网络结构

Mesh 网络结构是一种新型的无线传感器网络结构，该结构是规则分布的网络结构，结构中通常只允许节点和节点最近的邻居通信（图 2-11）。

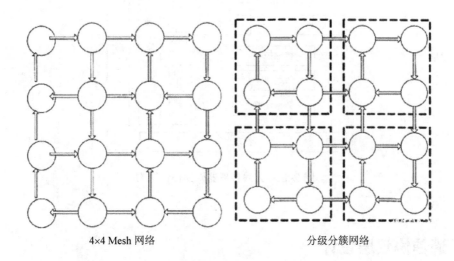

4×4 Mesh 网络　　　　　　　分级分簇网络

图 2-11　Mesh 网络结构

（4）混合网络结构

混合网络结构是无线传感器网络中平面网络结构和分级网络结构的一种混合拓扑结构。网络骨干节点之间及一般传感器节点之间都采用平面网络结构，而网络骨干节点和一般传感器节点之间采用分级网络结构。这种网络拓扑结构和分级网络结构不同的是一般传感器节点之间可以直接通信，可不需要通过汇聚骨干节点来转发数据。这种结构同分级网络结构相比较，支持的功能更加强大，但所需硬件成本更高。

2.2.4　协议结构

无线传感器网络协议设计所需要考虑的特性如下述。

（1）无线传感器网络中的节点数目高出 Ad hoc 网络节点数目几个数量级，这就对传感器网络的可扩展性提出了要求。

（2）无线传感器网络最大的特点就是能量受限。在各层协议设计时，节能是设计的主要考虑目标之一。

（3）传感器网络节点受损的概率远大于传统网络节点，因此自组织网络的健壮性保障是必需的。

（4）传感器节点高密度部署，网络拓扑结构变化快，对于拓扑结构的维护也提出了挑战。

（5）传感器网络体系结构具有横向的通信协议层和纵向的传感器网络管理面这样的二维结构（图 2-12）。

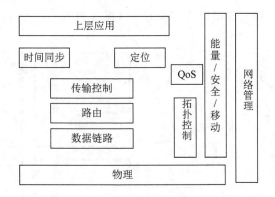

图 2-12   无线传感器网络协议结构

2.3   通信协议层设计

无线传感器网络的各通信协议层分为物理层、数据链路层、网络层、传输层和应用层（图 2-13）。

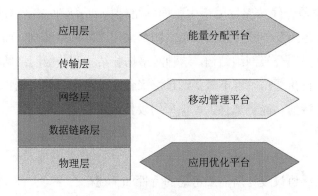

图 2-13   无线传感器网络通信协议层设计

2.3.1   物理层

2.3.1.1   概述

物理层：位于最底层，向下直接与物理传输介质相连接，主要负责数据的调制、发送与接收，是决定 WSN 的节点体积、成本以及能耗的关键环节。

主要功能：为数据终端设备提供传送数据的通路；传输数据；其他管理工作，如信道状态评估、能量检测等。

节点各单元的功能对比如图 2-14 所示，大部分能量消耗在收发上。

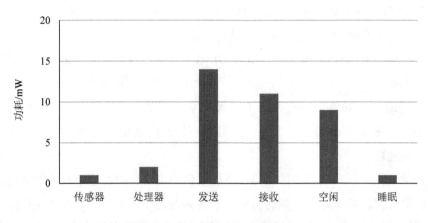

图 2-14　节点各单元的功能消耗对比

2.3.1.2　调制解调技术

常用的调制方式有模拟调制、数字调制、扩频通信、UWB 通信技术。

➤ 模拟调制

基于正弦波的调制技术主要是对其参数幅度 $A(t)$、频率 $f(t)$、相位 $\varphi(t)$ 的调整。分别对应的调制方式为幅度调制（AM）、频率调制（FM）、相位调制（PM）。

由于模拟调制自身的功耗较大且抗干扰能力及灵活性差，所以正逐步被数字式调制技术替代。目前，模拟调制技术仍在上（下）变频处理中起着无可替代的作用。

➤ 数字调制

数字调制技术是把基带信号以一定方式调制到载波上进行传输。从对载波参数的改变方式上可把调制方式分成三种类型：ASK、FSK 和 PSK（图 2-15）。

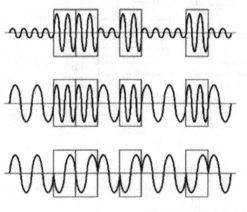

ASK 移幅键控
Amplitude-shife keying

FSK 移频键控
Frequency-shife keying

PSK 移相键控
Phase-shife keying

图 2-15　数字调制

每种类型又有多种不同的形式，如正交载波调制技术、单边带技术、残留边带技术和部分响应技术等都是基于 ASK 的变型。FSK 中又分连续相位（CPFSK）调制与不连续相位调制，以及多相 PSK 调制等，或混合调制如 M-QAM，在这些调制技术中常用的是多相相移键控技术、正交幅度键控技术和连续相位的频率键控技术。

ASK（Amplitude Shift Keying），结构简单易于实现，对带宽的要求小，缺点是抗干扰能力差。

FSK（Frequency Shift Keying）相比于 ASK 需要更大的带宽。

PSK（Phase Shift Keying）更复杂，但其具有较好的抗干扰能力。

➢ 扩频通信

扩频通信就是扩展频谱通信的简称，是指用来传输信息的射频带宽远大于信息本身带宽的一种通信方式，扩频通信系统的出现，被誉为是通信技术的一次重大突破。

扩频通信是不可预测的，它的不可预测性使扩频系统具有很强的抗干扰能力。干扰者很难通过观察对其进行干扰，因此干扰起不了太大的作用。扩展的频谱越宽，其抗干扰性越强。

扩频通信还具有低截获性、抗多路径干扰性能好、保密性好、易于实现码分多址等特点，使它迅速从军用扩展到了民用方面，发展前景极强。

➢ UWB 通信技术

UWB 通信技术（Ultra Wide Band，UWB，超宽带）是近年来发展较快的短距离无线通信技术之一，具有高传输速率、非常高的时间和空间分辨率、低功耗、保密性好、低成本及易于集成等特点，被认为是未来短距离高数据通信最具潜力的技术。依据 FCC 对 UWB 的定义，UWB 信号带宽大于 500 MHz 或相对带宽大于 0.2。相对带宽定义为：f_H 和 f_L 分别为系统的最高频率和最低频率（图 2-16）。

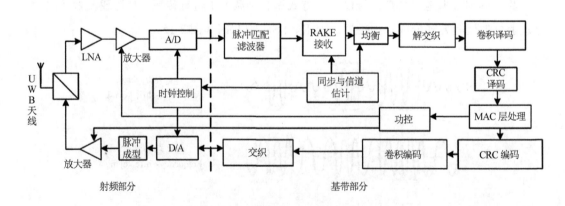

图 2-16　UWB 收发机结构

2.3.1.3　信道特性

无线传播环境是影响无线通信系统的基本因素。发射机与接收机之间的无线传播路径非常复杂，从简单的视距传播，到遭遇各种复杂的物体（如建筑物、山脉和树叶等）所引起的反射、绕射和散射传播等。无线信道不像有线信道那样固定并可预见，它具有极大的

随机性。而且，无线台相对于发射台的方向和发射速度，以及收发双方附近的无线物体都
对接收信号有很大的影响。因此，可以认为无线的传播环境是一种随时间、环境和其他外
部因素而变化的传播环境（图 2-17）。

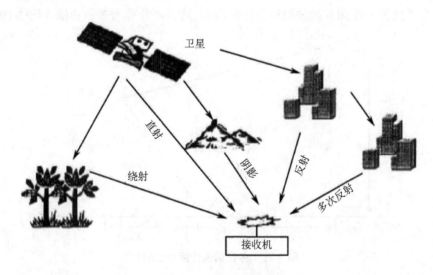

图 2-17　无线传播过程

（1）自由空间信道

弗利斯（Friis）传输公式表明了接收天线的接收功率 P_r 和发射天线的发射功率 P_t 之间
的关系（图 2-18）。G_1 为发射天线增益，G_2 为接收天线增益。L_{fs} 为自由空间传播损耗。考
虑到电磁波在空间传播时，空间并不是理想的（如气候因素），假设由气候影响带来的损
耗为 L_s，则接收天线接收功率可表示为

$$P_r = \frac{P_t G_1 G_2}{L_s L_{fs}} \tag{2-1}$$

功率损耗 L：

$$L = \frac{P_t}{P_r} = \frac{L_s L_{fs}}{G_1 G_2} \tag{2-2}$$

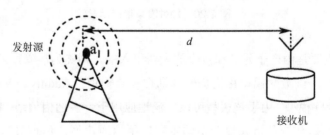

图 2-18　自由空间信道传播示意图

（2）多径信道

在超短波、微波波段，电波在传播过程中还会遇到障碍物，如楼房、高大建筑物或山丘等，它们会使电波产生反射、折射或衍射等。因此，到达接收天线的信号可能存在多种反射波（广义地说，地面反射波也应包括在内），这种现象称为多径传播（图 2-19）。

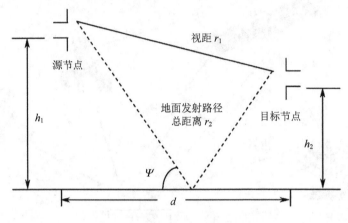

图 2-19　多径信道传播示意图

（3）加性噪声信道

对于噪声通信信道，最简单的数学模型是加性噪声信道。图 2-20 中，传输信号 $s(t)$ 被一个附加的随机噪声 $n(t)$ 所污染。加性噪声可能来自电子元件和系统接收端的放大器，或传输中受到的干扰，无线传输主要采用这种模型。

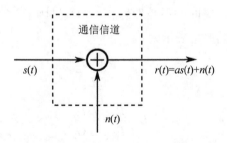

图 2-20　加性噪声信道示意图

如果噪声主要是由电子元件和接收放大器引入的，则称为热噪声，在统计学上表征为高斯噪声。因此，该数学模型称为加性高斯白噪声信道（Additive White Gaussian Noise Channel，AWGN）模型。由于该模型可以广泛地应用于许多通信信道，在数学上又易处理，所以这是目前通信系统分析和设计中的主要应用信道模型。信道衰减很容易结合这个模型，当信号遇到衰减时，则接收到的信号为

$$r(t) = as(t) + n(t) \tag{2-3}$$

2.3.1.4　设计要点

物理层的设计目标是以尽可能少的能量损耗获得较大的链路容量。为了确保网络的平滑性能，该层一般需与介质访问控制（MAC）子层进行密切地交互。

物理层设计所需要考虑的要点有：节点的成本要求、节点的功耗要求、通信速率的要求、通信频段的选择、编码调制方式的选择以及物理帧结构。

2.3.2　数据链路层

2.3.2.1　概述

链路（link）是一条无源的点到点的物理线路段，中间没有任何其他的交换节点。数据链路（data link）除物理线路外，还必须有通信协议来控制这些数据的传输。若把实现这些协议的硬件和软件加到链路上，就构成了数据链路。现在最常用的方法是使用适配器（即网卡）来实现这些协议的硬件和软件。一般的适配器都包括数据链路层和物理层这两层的功能（图 2-21）。

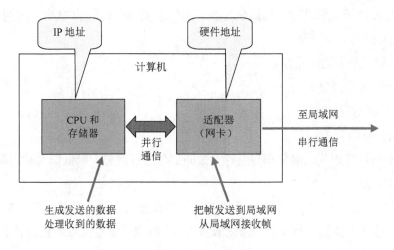

图 2-21　数据链路层

2.3.2.2　两个子层

为使数据链路层能更好地适应多种局域网的标准，IEEE 802 系列标准就将局域网的数据链路层拆成两个子层：逻辑链路控制（Logical Link Control，LLC）子层，为网络层提供统一的接口，不管采用何种协议的局域网对 LLC 子层来说都是透明的，实现了物理层和数据链路层的完全独立；媒体接入控制 MAC（Media Access Control，介质访问控制）子层（图 2-22）。

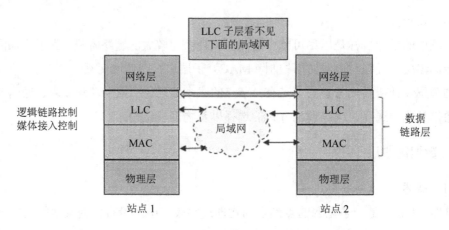

图 2-22 数据链路层子层

2.3.2.3 数据链路层协议

IEEE 802 系列标准把数据链路层分成 MAC 和 LLC 两个子层。上面的 LLC 子层实现数据链路层与硬件无关的功能，如流量控制、差错恢复等；较低的 MAC 子层提供 LLC 和物理层之间的接口。

★ 按功能划分为两个子层：

LLC（逻辑链路控制）

MAC（介质访问控制）

★ 功能分解的目的：

将功能中与硬件相关的部分和与硬件无关的部分进行区分，降低研究和实现的复杂度。

★ 基本概念：

MAC 子层定义：MAC 子层定义了数据包怎样在介质上进行传输。在共享同一个带宽的链路中，对连接介质的访问是"先来先服务"的。物理寻址在此处被定义，逻辑拓扑（信号通过物理拓扑的路径）也在此处被定义。线路控制、出错通知（不纠正）、帧的传递顺序和可选择的流量控制也在这一子层实现。

链路（物理链路）定义：是指一条无源的点到点的物理线路段，且中间没有任何其他的交换节点。

数据链路（逻辑链路）定义：传送数据时，除了物理线路外，还必须有必要的规程（procedure）来控制这些数据的传输。把实现相关规程的硬件和软件加到链路上，就构成了数据链路。

MAC 协议定义：指通过一组规则和过程来有效、有序和公平地使用共享介质。

★ 功能应用：

MAC 子层处理与各种传输介质传送的问题，还负责在物理层上进行无差错的通信，其主要功能是成帧/拆帧；实现和维护 MAC 协议；比特差错检测；寻址。

LLC 子层与介质无关，其主要功能是：传输可靠性保障和控制；数据包的分段与重组差错控制；数据包的顺序传输。

MAC 子层负责把物理层的"0""1"比特流组建成帧，并通过帧尾部的错误校验信息进行错误校验；提供对共享介质的访问方法，包括以太网的带冲突检测的载波侦听多路访问（CSMA/CD）、令牌环（Token Ring）、光纤分布式数据接口（FDDI）等。

MAC 子层分配单独的局域网地址，就是通常所说的 MAC 地址（物理地址）。MAC 子层将目标计算机的物理地址添加到数据帧上，当此数据帧传递到对端的 MAC 子层后，它检查该地址是否与自己的地址相匹配，如果帧中的地址与自己的地址不匹配，就将这一帧抛弃；如果相匹配，就将它发送到上一层中。

MAC 协议位于 OSI 七层协议中的数据链路层，数据链路层分为上层 LLC（逻辑链路控制）和下层的 MAC（介质访问控制），MAC 主要负责控制与连接物理层的物理介质。在发送数据的时候，MAC 协议可以事先判断是否可以发送数据，如果可以发送将给数据加上一些控制信息，最终将数据以及控制信息以规定的格式发送到物理层；在接收数据的时候，MAC 协议首先判断输入的信息并是否发生传输错误，如果没有错误，则去掉控制信息发送至 LLC 层。

不管是在传统的有线局域网（LAN）中还是在目前流行的无线局域网（WLAN）中，MAC 协议都被广泛地应用。在传统局域网中，各种传输介质的物理层对应到相应的 MAC 层，目前普遍使用的网络采用的是 IEEE 802.3 的 MAC 层标准，采用 CSMA/CD 访问控制方式；而在无线局域网中，MAC 所对应的标准为 IEEE 802.11，其工作方式采用 DCF（分布控制）和 PCF（中心控制）。

逻辑链路（Logical Links）是实际电路或逻辑电路上交换通信信息的两个端系统之间的一种协议驱动通信会话。协议栈定义了两个系统在某种介质上的通信。在协议栈低层定义可用的多种不同类型的通信协议，如局域网络（LAN）、城域网（MAN）和象 X.25 或帧中继这样的分组交换网络。逻辑链路在物理链路（可以是铜线、光纤或其他介质）上的两个通信系统之间形成。根据 OSI 协议模型，这些逻辑链路只在物理层以上存在。可以认为逻辑链路是存在于网络两个末断系统间的线路。

面向连接的服务，为了保证可靠的通信，需要建立逻辑线路，但在两个端系统间要维持会话。面向需要应答连接的服务，分组传输并有返回信号的逻辑线路。这种服务产生更大的开销，但更加可靠，无应答不连接服务，无须应答和预先的传送，在端系统间没有会话。

OSI 协议栈中的数据链路层可进一步细分为较低的 MAC 子层和较高的 LLC 子层。当它接收到一个分组后，它从 MAC 子层向上传送。如果有多个网络和设备相连，LLC 层可能将分组送给另一个网络。例如，在一个 NetWare 服务器上，可能既安装了以太网络适配器又安装了令牌网络适配器，NetWare 自动地在连接到适配器的网络间桥接，这样原来在以太网上的分组就可以传送到令牌网上的目的地，LLC 层就像网络段间的交换或链路中继，它将以太网的帧重装成令牌环网的帧。

★ MAC 协议

数据链路层的功能实现主要依靠 MAC 协议。

MAC：Multiple Access Control 多路访问控制抑或是 Medium Access Control 介质访问控制。

MAC 协议决定了节点什么时候允许发送分组，而且通常控制对物理层的所有访问。

MAC 协议的主要功能：避免多个节点同时发送数据产生冲突，控制无线信道的公平合理使用，构建底层的基础网络结构。

MAC 协议最重要的功能是确定网上的某个站点占有信道，即信道分配问题。

■ 信道划分

时间（TDMA）、频带（FDMA）、码片（CDMA）划分。

■ 随机访问

ALOHA，S-ALOHA，CSMA，CSMA/CD，CSMA/CA，其中 CSMA/CD 应用于以太网，CSMA/CA 应用于 802.11 无线局域网。

■ 轮转访问

主节点轮询；令牌传递；蓝牙、FDDI、令牌环网。

MAC 协议的主要作用：保证公平性和有效的资源共享。

MAC 机制主要分为两类：① 基于竞争的信道协议；② 无竞争的信道协议。基于竞争的信道协议假定网络中没有中心实体来分配信道资源，每个节点必须通过竞争媒体资源来进行传送，当超过一个节点同时尝试发送时，碰撞就会发生。相反，无竞争的信道协议为每个需要通信的节点分配专用的信道资源。无竞争的协议能够有效地减少冲突，其代价是突发数据业务的信道利用率可能会比较低。

设计无线传感器网络的 MAC 协议时需要考虑的问题：

MAC 协议处于无线传感器网络协议底层，对网络性能有着较大影响，是保证无线传感器网络高效通信的关键协议之一。

在设计无线传感器网络的 MAC 协议时，需要着重考虑以下几个方面：

■ 能源有效性。由于目前节点的能量供应问题并没有得到很好的解决，节约能量也就成为设计无线传感器网络 MAC 协议首要考虑的因素。

■ 可扩展性。通常大部分处于无人照看模式的传感器网络应用都需要部署大量的节点，并且在传感器网络生命周期存在节点数目、分布密度的不断变化、节点位置的变化以及新节点的加入等问题，所以无线传感器网络的拓扑结构具有动态性。这就需要 MAC 协议具有可扩展性，来适应这种动态变化的拓扑结构。

■ 性能的综合测评。MAC 协议的设计需要在多种性能间取得平衡。各项性能包括网络的实时性、公平性、带宽利用率以及网络吞吐量等方面。

■ 分布式算法。由于传感器节点的计算能力和存储能力有限，需要大量节点协同来完成某项任务，因此需要通过 MAC 协议的分布式算法有效地调度节点来完成任务。

针对不同的用户应用需求，将 WSN 的 MAC 协议分为三大类：

（1）基于竞争的 MAC 协议

节点在需要发送数据时采用某种竞争机制使用无线信道，这就要求在设计的时候必须要考虑到如果发送的数据发生冲突，采用何种冲突避免策略来重发，直到所有重要的数据都能成功发送出去。

（2）基于固定分配的 MAC 协议

节点发送数据的时刻和持续时间是按照协议规定的标准来执行，这样一来就避免了冲突，不需要担心数据在信道中因发生碰撞所造成的丢包问题。目前比较成熟的机制是时分复用（TDMA）。

（3）基于按需分配的 MAC 协议

根据节点在网络中所承担数据量的大小来决定其占用信道的时间，目前主要有点协调和无线令牌环控制协议两种方式。

★ WSN MAC 协议

（1）名称：Sensor S-MAC

原理：依照 802.11 协议，周期性侦听，节点协同完成工作；

优点：良好的扩展性；

缺点：节能效果不好，如图 2-23 中的节点 3 即使不需要收发数据也会侦听网络；

适合：拓扑变化频繁的网络。

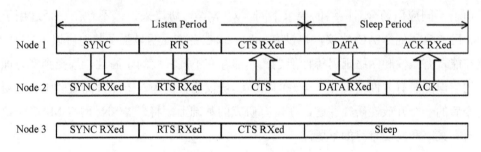

图 2-23 S-MAC 协议

（2）名称：Timeout T-MAC（图 2-24）

原理：TA 时间内没有激活事件立即转入 Sleep 状态；

优点：相比 S-MAC 减少侦听能量；

缺点：比 S-MAC 有更多的延时；

适合：可变负载的网络。

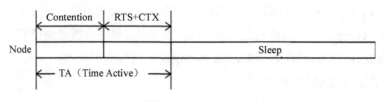

图 2-24　T-MAC 协议

（3）名称：Wise-MAC 协议（图 2-25）

原理：基于 CSMA 机制，使用 Preamble 采样技术，Preamble 长度随机以避免冲突；

优点：适应网络流量变化；

缺点：因为每个邻居节点不同的 Sleep 和 Wake-up 时间带来高延时和能源消耗；

适合：适用于节点密度较低的网络。

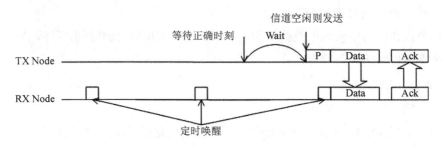

图 2-25　Wise-MAC 协议

2.3.2.4　链路层未来展望

由于不同应用场合对网络的要求不同，对 MAC 协议来说，不存在一个适用于所有 WSNs 网络应用的 MAC 协议，也没有一种协议在各方面明显强于其他协议，各种 MAC 协议在能量有效性和网络延迟等性能之间，都存在不同程度的矛盾性，且受到多方面因素的制约，但能量有效性是设计一个好的 MAC 协议的关键因素，能量高效的 MAC 协议仍然是今后的一个开放性研究课题，在现有研究的基础上，将来 WSNs 网络 MAC 协议的进一步研究策略和发展趋势如下所述。

（1）利用多信道和动态的信道分屏技术进行节能研究。随着微电子机械技术的发展，低能、低成本、集成具有多信道或两个不同频率无线模块的收发器已经成为可能。合理地使用多个信道的资源，基于局部节点协作的方法，进行信道的动态分配，可以实现节能和改进网络性能。信道分配技术利用调度算法，在发送时隙和节点之间建立起特定的映射关系，为进行节能协议的设计提供了良好的条件。

（2）采用跨层优化设计。WSNs 网络由于受到节点的资源限制，分层的协议栈已不适应能量、内存等节点资源的有效利用。将 MAC 层、物理层以及网络层的设计相结合，根据局部网络的拓扑信息，采用综合各层的设计方法，实现对节点工作模式的有效控制，减少控制开销，从而取得更好的网络性能。

2.3.3 网络层

2.3.3.1 概述

（1）路由协议

在无线传感器网络中，路由协议主要用于确定网络中的路由，实现节点间的通信。但由于受节点能量和最大通信范围的限制，两个节点之间往往不能直接进行数据交换，而需要以多跳的形式进行数据的传输。无线传感器的网络层主要负责多跳路由的发现和维护，这一层的路由协议主要包括两个方面：路由的选择，即寻找一条从源节点到目的节点的最优路径；路由的维护，保证数据能够沿着这条最优路径进行数据的转发。相对于传统网络，无线传感器的特征为：① 大规模分布式应用；② 以数据为中心；③ 基于局部拓扑信息；④ 基于应用；⑤ 数据的融合。

（2）路由协议发展方向

无线传感器网络的路由协议的发展还不够完善，随着科技的进步，无线传感器网络将会向四个方面发展：① 最优路径选择；② 安全性；③ QoS 保证；④ 能量高效利用和均衡。

（3）路由协议特点

无线传感器网络路由协议具有的特点：① 由于无线传感器中电池不可替换，高效、均衡地利用能量是好的协议所必须考虑的首要因素；② 无线传感器网络中协议应尽量精简，无复杂的算法，无大容量的冗余数据需要存储，控制开销少；③ 网络的互联通过 Sink 节点来完成，其余节点不提供网外的通信；④ 网络中无中心节点，多采用基于数据或基于位置的路由算法机制；⑤ 由于节点的移动或失效，一般采用多路径备选。

尽管无线传感器网络路由协议已经取得了较大的进展，但还有一些问题需要解决，下面就简单列出几个挑战。

- ➢ 节能；
- ➢ 高扩展性；
- ➢ 容错性；
- ➢ 数据融合技术；
- ➢ 通信量分布不均匀。

2.3.3.2 分类

无线传感器网络的应用背景各不相同，单一的路由协议不能满足各种应用需求，因而研究人员设计了众多的路由协议。无线传感器网络路由协议的特点可以根据路由协议采用的通信模式、路由结构、路由建立时机、状态维护、节点表示和传递方式等策略，运用多种方法对其进行分类。

（1）根据节点在路由过程中是否有层次结构，作用是否有差异，可分为平面路由协议和层次路由协议。

（2）根据路由建立时机与数据发送的关系，可分为主动路由协议、按需路由协议和混合路由协议。

（3）根据传输过程中采用路径的多少，可分为单路径路由协议和多路径路由协议。

（4）根据节点是否编址、是否以地址表示目的地，可分为基于地址的路由协议和非基于地址的路由协议。

（5）根据数据在传输过程中是否进行数据融合处理，可分为数据融合的路由协议和非数据融合的路由协议。

（6）根据是否以地理位置来表示目的地、路由计算中是否利用地理位置信息，可分为基于位置的路由协议和非基于位置的路由协议。

（7）根据是否以节点的可用能量或传输路径上的能量需求作为选择路由的根据，可分为能量感知路由协议和非能量感知路由协议。

（8）根据路由建立是否与查询相关，可分为查询驱动路由协议和非查询驱动路由协议。

较为常用的路由协议有：基于数据的路由协议、基于集群结构的路由协议和基于地理位置的路由协议。

基于数据的路由协议能够对感知到的数据按照属性命名，对相同属性的数据在传输过程中进行融合操作，减少网络中冗余数据的传输，这类协议同时集成了网络路由任务和应用层数据管理任务。

基于集群结构的路由协议主要考虑路由算法的可扩展性，其主要可分为单层模式和多层模式。单层模式指路由协议仅对传感器节点进行一次集群划分，通常每个集群头节点能直接与 Sink 节点通信；多层模式指路由协议将对传感器节点进行多次集群划分，即集群头节点将再次进行集群划分。

基于地理位置的路由协议假定传感器节点能够知道自身地理位置或者通过基于部分标定节点的地理位置信息计算自身地理位置，用节点的地理位置来改善一些已有的路由算法，实现无线传感器网络性能的优化。

2.3.3.3 网络层路由协议

（1）SPIN 协议

① SPIN 协议的基本思想

SPIN 协议是一类基于协商、以数据为中心的路由协议。SPIN 协议假设所有的网络节点都是潜在的 Sink 节点，某一个要发送数据的节点把数据传送给任何需要该数据的节点，并通过协商机制减少网络中数据传输的数据量。节点只广播其他节点没有的数据以减少冗余数据，从而有效地减少了能量消耗（图 2-26）。

SPIN 协议在节点过程中使用三种类型的数据包：

ADV：广播数据包，当一个节点需要发送数据时，就向周围广播一个带有本节点属性、类型等信息的一个数据包，该数据包通常要远远小于数据本身的大小。

REQ：请求包，如果接收到 ADV 的节点需要该数据就发送一个 REQ 请求包。

DATA：数据包，接收 REQ 后，要发送数据的节点就发送一个 DATA 包，DATA 中包含有效数据。

SPIN 协议的三次握手方式：

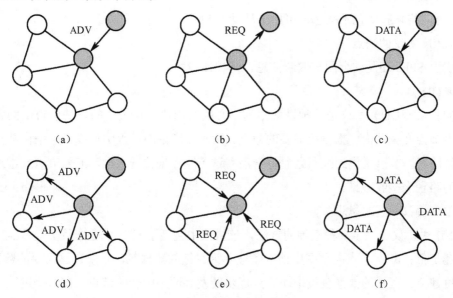

图 2-26　SPIN 协议握手方式

当接收到 ADV 报文的节点发现已经拥有了 ADV 报文中描述的数据，那么它不发送 REQ 报文，能量较低的节点也不发送 REQ 报文（SPIN2）。

② SPIN 协议解决的关键问题

SPIN 协议通过节点之间的协商，解决 Flooding 协议（所有节点转发数据）和 Gossiping 协议（随机选择节点转发数据）的内爆和重叠问题（图 2-27，图 2-28）。

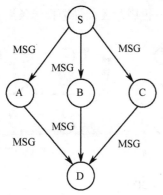

注：节点向邻居节点转发数据包，不管其是否收到过相同数据。

图 2-27　内爆

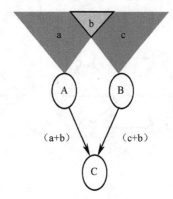

注：感知节点感知区域有重叠，导致数据冗余。

图 2-28　重叠

③ SPIN 协议的优点

➢ 通过节点间的协商解决"内爆"和"重叠"问题;

➢ 在路由选择中使用了能量阈值,可以提高网络生存时间;

➢ 不需要进行路由维护(没有路由表);

➢ 对数据进行融合;

➢ 对网络拓扑变化不敏感,可用于移动 WSN。

④ SPIN 协议的缺点

本质上 SPIN 还是向全网扩散新消息,开销比较大。

(2) DD 协议

定向扩散(DD)协议是一种以数据为中心的路由协议,采用的是基于查询的方法。通过汇聚节点在全网内广播自己需要的数据,同时在广播的过程中形成了一条由节点到汇聚节点的路径,节点采集到数据之后将会沿着这条路径来传送数据,汇聚节点通过选择一条最优的路径来接收数据。

① DD 协议的基本思想

DD 路由协议提供了一种查询的方法,该协议中包括了三个不同的阶段(图 2-29)。

兴趣扩散:Sink 节点向全网广播一条被称为兴趣的数据包,告知自己需要的数据。

梯度建立:兴趣的数据包被中间节点逐步转发到网络中相关节点,在这个过程中,逐步地转发建立了多条从兴趣的源节点到汇聚节点的路径。

路径加强:当网络中的相关节点采集到兴趣数据包中所要求的节点之后,采取的也是广播的方式来向汇聚节点发送数据,通过多跳方式最终传送到汇聚节点,汇聚节点就会从多条路径接收到源节点传过来的数据,之后 Sink 节点根据最小代价原则从这些路径中选择一条最优的路径来继续接收数据,其余路径将被放弃。

➢ 兴趣消息采用泛洪的方法传播到网络;

➢ 有和兴趣匹配数据的节点发送数据;

➢ 兴趣扩散阶段建立节点到 Sink 的若干路径,再由路径加强选择一条适合的路径。

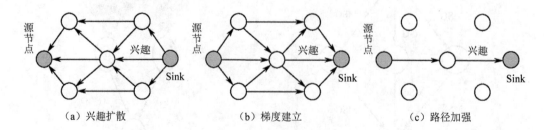

(a)兴趣扩散　　　　　　(b)梯度建立　　　　　　(c)路径加强

图 2-29　定向扩散协议(DD)

兴趣举例：属性值对组成

type = four-legged animal//detect animal location

interval = 20 ms//send back events every 20 ms

duration = 100 seconds//.. for the next 100 seconds

rect = [100, 100, 200, 400]//from sensors within rectangle

② DD 协议的主要机制

定向扩散协议的主要机制就是怎样有效地在 Sink 节点兴趣扩散过程中进行路径的梯度建立，数据接收之后强化路径的最终选择和维护（图 2-30）。

➢ 在兴趣扩散阶段，基站节点周期性地向邻居节点广播兴趣消息；

➢ 当传感器节点采集到与兴趣匹配的数据时，把数据发送到梯度上的邻居节点，并按照梯度上的数据传输速率设定传感器模块采集数据的速率；

➢ DD 路由协议通过正向增强机制来优化建立的路径，并根据网络拓扑的变化修改数据转发的梯度关系；

➢ DD 路由协议是一种经典的以数据为中心的路由协议，Sink 节点根据不同的应用需求定义不同的任务类型、目标区域、上报间隔等参数的兴趣消息，通过向网络中泛洪这些查询请求进行路由的建立；

➢ DD 协议的路径修复加强路径上的节点可以触发和启动路径的加强过程。

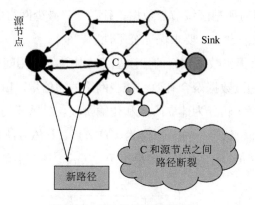

图 2-30　DD 协议主要机制

③ DD 协议的优点

➢ 数据中心路由，定义不同任务类型/目标区域消息；

➢ 路径加强机制可显著提高数据传输的速率；

➢ 周期性路由：能量的均衡消耗。

④ DD 协议的缺点

➢ 周期性的洪泛机制——能量和时间开销都比较大；

➢ 节点需要维护一个兴趣消息列表，代价较大。

（3）集群路由协议

 ➤ 集群路由协议是一种分层的路由协议，在该思想下，网络被划分为多个簇，每个簇都由一个簇头和许多个簇成员组成；

 ➤ 每个簇成员如需跟其余簇的成员通信首先与簇头通信，通过簇头来与其余簇进行通信；

 ➤ 簇头节点的职责就是管理好本簇内节点，完成本簇分布范围内数据的搜集，并负责簇间的通信；

 ➤ 在网络规模比较大的情况下，簇头又可以再次分簇，从而形成一个多层网络；

 ➤ 分层路由扩展性非常好，对于大规模的无线传感器应用具有很高的使用价值。

（4）LEACH 协议

① LEACH 协议主要思想：

每个节点直接和 Sink 节点通信：

 ■ 节点能量消耗过大；

 ■ 节点密度较大时冲突过大，效率低。

LEACH 算法：

 ■ 簇头节点作为一定区域所有节点的代理，负责和 Sink 的通信；

 ■ 非簇头节点可以使用小功率和簇头节点通信；

 ■ 簇头节点可以对所辖区域节点数据进行融合，减少网络中传输的数据；

 ■ 簇头选举算法的设计，要求保证公平性。

LEACH 是第一个提出数据聚合的层次型路由协议，采用随机选择簇首的方式来避免簇首过度消耗能量；通过数据聚合有效地减少网络的通信量。LEACH 协议的工作过程是一轮一轮地进行的，每一轮分为建立阶段和传输阶段。最重要的簇头选择。

簇头选择方法：随机选择一些节点作为簇首节点，具体方法是：节点 n 选择一个 $0\sim1$ 间的随机数，并且与 $T(n)$ 作比较，如果小于 $T(n)$，该节点就成为簇首节点。

$$T(n)\begin{cases} \dfrac{p}{1-p\left[r\,\mathrm{mod}\left(\dfrac{1}{p}\right)\right]}, & n\in G \\ 0, & \text{其他} \end{cases} \tag{2-4}$$

式中，P 为预期的簇头百分比；r 为当前轮数；G 是最近 $1/p$ 轮里没有成为簇头的节点的集合。

② 建立阶段

 ◆ 节点运行算法，确定本次自己是否成为簇头；

 ◆ 簇头节点广播自己成为簇头的事实；

 ◆ 其他非簇头节点按照信号强弱选择应该加入的簇头，并通知该簇头节点；

- ◆ 簇头节点按照 TDMA 的调度，给依附于他的节点分配时间片。

③ 数据传输阶段：

- ◆ 非簇首节点负责采集数据，如果需要发送数据，就用最小的能耗发送给它的簇首节点；
- ◆ 非簇首节点在分配给他的时间片上发送数据，在不属于自己时隙的期间可以进入睡眠状态以节省能耗；
- ◆ 而簇首节点则必须始终处于接收状态；
- ◆ 所有非簇首节点的 TDMA 时隙都轮过后，簇首节点对接收到的数据进行融合压缩，然后直接发送给 Sink 节点。

④ LEACH 协议的优点

- ◆ 优化了传输数据所需能量；
- ◆ 优化了网络中的数据量。

⑤ LEACH 协议的缺点

- ◆ 节点硬件需要支持射频功率自适应调整；
- ◆ 随机选择簇头，无法保证簇头节点能遍及整个网络。

⑥ LEACH 协议的改进 LEACH-c

- ◆ 簇头由 Sink 节点指定；
- ◆ 通过模拟退火算法选择簇头。

（5）TEEN 协议

① TEEN 协议基本思想

TEEN 协议将无线传感器网络分为主动型和响应型。

主动型无线传感器网络持续监测周围的物质现象，并以恒定速率发送监测数据。

响应型无线传感器网络只是在被观测变量发生突变时才传送数据。响应型无线传感器网络更适合对时间敏感的应用。

TEEN 和 LEACH 的实现机制非常相似，前者为响应型，后者属于主动型，TEEN 采用 LEACH-c 的集中式簇头建立方法。

在 TEEN 协议中定义了两个门限的概念。

硬门限：当传感器节点收集到的数据高于这个门限值时，节点开始向簇首节点汇报数据。

软门限：当节点感应到的数据的变化值大于这个门限值时，节点开始向簇首汇节点报数据。

② TEEN 协议主要机制（图 2-31）

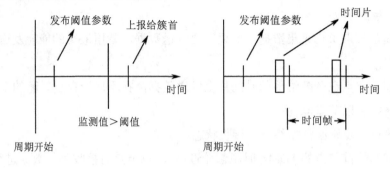

（a）TEEN 协议操作　　　　　　　（b）APTEEN 协议操作

注：（a）根据阈值参数上报数据，提高重要数据的实时性；（b）实时上报和周期性上报相结合。

图 2-31　TEEN 协议主要机制

2.3.3.4　移动 Sink 的无线传感器网络网络层协议

基本思想

➢ 通过移动 Sink 点克服网络中能耗和负载不平衡的现象；

➢ 通常需要知道节点的地理位置，需要节点有定位功能作为辅助。

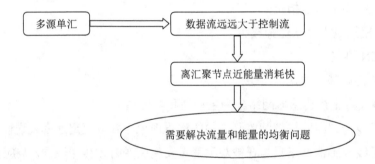

图 2-32　移动 Sink 的无线传感器网络网络层协议

（1）移动 Sink 的无线传感器网络网络层协议——TTDD

① TTDD 协议的基本思想（图 2-33，图 2-34）

➢ 传感器节点不移动，Sink 节点移动；

➢ 多 Sink；

➢ 以源节点为中心建立格状网；

➢ 运用代理，实现对移动 SINK 的透明传输；

➢ Sink 通过泛洪查找感兴趣的事件，洪泛区域限定在一个网格区间。

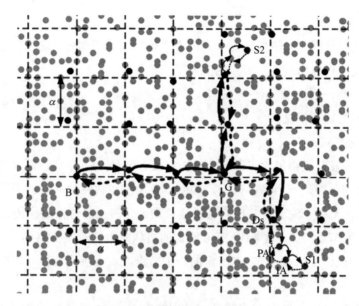

图 2-33 TTDD 协议示意图（1）

图 2-34 TTDD 协议示意图（2）

②网格的建立（图 2-35）

- 源节点 B 的坐标 (x, y)；
- 网格的边长
- B 建立的格状网的交叉点坐标

- B 为中心建立网格的转发点选择与交叉点最近的点，如图中黑点
- 成为转发节点的点启动下一级转发节点的选取过程

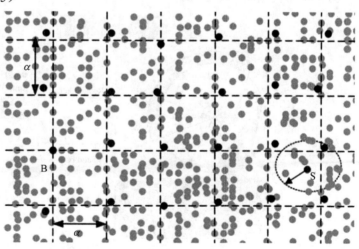

图 2-35 网格的建立过程

③ 上游节点

转发节点在格状网建立阶段由源节点或者其他转发节点指定，这个指定本转发节点的源节点或者转发节点称为本转发节点的上游节点。

④ 下游节点

和上游节点的定义相反。

⑤ 几个概念

➤ 所有的转发节点都包含有源节点的数据公告消息。Sink 通过泛洪方式发起查询请求，查询范围是一个网格区间。匹配节点通过格状网建立时的上下游关系将查询传送到源节点。源节点响应查询，沿查询消息的反向传输路径传送数据。

➤ 直接转发节点：第一个响应 Sink 查询的格状网中的转发节点。

➤ 初级代理（PA）：Sink 节点指定的一个节点，负责接收直接转发节点发送过来的数据。

➤ 直接代理（IA）：Sink 节点移动时动态指定 IA，PA 将数据传送给 IA，由 IA 将数据提交给 Sink。PA 和 IA 可以是同一个节点。

➤ 当 Sink 移出距离太远，找不到 IA 时，Sink 重新发起查询过程。

⑥ 优点

● 提出了一种新的应用场景；

● 支持多 Sink 以及 Sink 移动的网络环境。

⑦ 缺点

● 需要地理位置信息的支持；

● 最优的网格大小不容易确定。

（2）移动 Sink 的无线传感器网络网络层协议——最优移动

① Sink 点的移动（图 2-36）

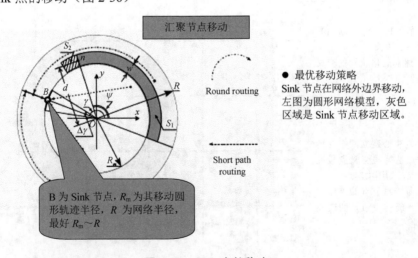

图 2-36　Sink 点的移动

② 路由方法（图 2-37）

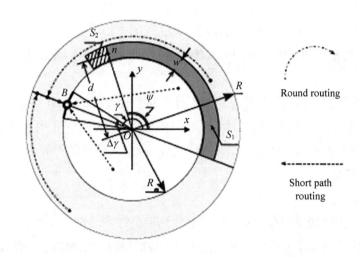

图 2-37　路由方法

- Sink 移动区节点数据：数据沿着以 O 为中心的环转发，直到该数据包到达 OB（B 为节点 Sink 所在的位置）线附近的一个节点，到达该节点后再沿着 OB，采用最短路径算法到达 Sink 节点。
- Sink 移动区外节点数据：直接采用最短路径路由算法到达 Sink 节点。

2.3.4　传输层

2.3.4.1　协议概述

传输层是最靠近用户数据的一层，主要负责在源和目标之间提供可靠的、性价比合理的数据传输功能。为了实现传输层对上层透明，提供可靠的数据传输服务，传输层主要研究端到端的流量控制和拥塞避免，保证数据能够有效、无差错地传输到目的节点。

传统的 Internet 主要采用 TCP/IP 协议，有的也使用 UDP 协议，其中 UDP 采用的是无连接的传输，虽然能够保证网络的实时性，时延非常小，但其数据丢包率较高，不能保证数据的可靠传输，不适用于无线传感器网络。TCP 协议提供的是端到端的可靠数据传输，采用重传机制来确保数据被无误地传输到目的节点。

由于无线传感器网络自身的特点，TCP 协议不能直接用于无线传感器网络，原因如下：① TCP 协议提供的是端到端的可靠信息传输，而 WSN 中存在大量的冗余信息，要求节点能够对接收到的数据包进行简单的处理。② TCP 协议采用的三次握手机制，而且 WSN 中节点的动态性强，TCP 没有相对应的处理机制。③ TCP 协议的可靠性要求很高，而 WSN 中只要求目的节点接收到源节点发送的事件，可以有一定的数据包丢失或者删除。④ TCP 协议中采用的 ACK 反馈机制，过程中需要经历所有的中间节点，时延非常高且能量消耗也特别大；而 WSN 中对时延的要求比较高，能量也非常有限。⑤ 对于拥塞控制的 WSN 协议来说，有时非拥塞丢包是比较正常的，但是在 TCP 协议中，非拥塞的丢包会引起源端进入拥塞控制阶段，从而降低网络的性能。⑥ 在 TCP 协议中，每个节点都被要求有一个独一无二的 IP 地址，而在大规模的无线传感器网络中基本不可能实现，也是没有必要的，这一点最重要。

因此，无线传感器网络的传输层协议不能直接使用传统的 TCP 协议，而应根据无线传感器网络应用特点和网络自身的条件设计自己的协议，归纳起来主要包括以下三点：① 降低传输层协议的能耗；② 进行有效的拥塞控制；③ 保证网络的可靠性。

2.3.4.2 关键问题

（1）拥塞控制

造成 WSN 拥塞的原因有很多，如节点收到数据过多过快、处理能力有限、冗余数据太多、缓存区太小等都可能造成拥塞，而 WSN 的汇聚特性更加剧了靠近 Sink 节点附近网络的拥塞，因此快速检测并控制拥塞就变得非常有意义。

（2）丢包恢复

① 如果在无线传感器网络中采用端到端的传输和丢包恢复，则需要追踪整条链路的路径，传输延迟高，而且能量消耗也非常大，明显不适用对实时性要求高的无线传感器网络。

② 在反馈过程中，反馈控制消息需要经过所有中间节点，在此过程中还需要维护每个节点的路径信息，而这些工作在逐跳网络中是根本不必要的，而且浪费能量。

（3）优先级策略

在无线传感器网络中，优先级也可以被分为两类。

①基于事件的优先级：在不同的源节点采集不同的数据时，这些数据本身就有不同的优先级，如战场数据优先级高，因此在数据包中这种事件要被标成紧急事件，这是采用的在数据包头填充优先级变量，变量值越大则证明这个数据包应该先被处理。

②基于节点的优先级：节点类型不同，所在的位置不同，节点的优先级也不同，例如接近汇聚节点附近的节点由于容易发生拥塞，因此应该给予这些节点发送的数据包较高一点的优先级。

2.3.4.3 协议分类

传输协议的主要分类有：基于可靠性保证、基于拥塞控制、基于跨层协议（图 2-38）。

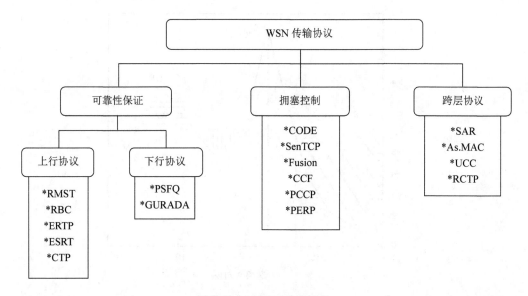

图 2-38 WSN 传输协议

2.3.4.4 典型传输层协议

（1）ESRT 协议

ESRT 协议是一种自适应调整协议，能将数据可靠地、低能耗地传送到 SINK 节点，是一种典型的可靠性协议。

① 基本思想。ESRT 在综合考虑节点现有的拥塞和可靠性情况下，确定最优策略使网络性能达到最优。协议包括两部分：一部分是系统可靠性的测量；另一部分是根据可靠性做出相应的调整。如果系统的可靠性不符合网络系统所要求的可靠性值，则 ESRT 会自动调节网络发送节点的发送速率，使之达到系统所要求的可靠性指标；如果系统的可靠性超过了网络要求，则 ESRT 在不牺牲可靠性的条件下，适当地降低源节点的发送速率，减小节点拥塞，最大限度地节省能量。因此根据这种机制，ESRT 将无线传感器网络系统分为 5 种状态：

$$S_i \in \{ (NC, LR), (NC, HR), OOR, (C, HR), (C, LR) \}$$

② 关键技术。逐跳错误恢复；取充之间的关系；数据连续发送。

a. 可靠性的度量（图 2-39）。

b. 可靠性调节。监测到可靠性之后，一般来说网络都不是运行在最优状态，可靠性和能量不是处于一个平衡状态，因此协议采用一定的调节机制来进行可靠性和拥塞度的调节，以此最大限度地节省能量，来提高系统的性能（表 2-1）。

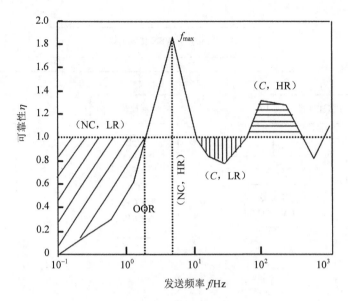

图 2-39 可靠性度量

表 2-1 可靠性调节

当前传输状态	状态描述	f'调节方法
OOR	最优工作状态	f'保持不变
（NC，LR）	无拥塞，低可靠性	$f'=f/\eta$
（NC，HR）	无拥塞，高可靠性	$f'=(f/2)(1+1/\eta)$
（C，LR）	拥塞，低可靠性	$f'=f^{\eta/k}$，$k-k+1$，k 的初始值为 1，代表持续处于拥塞状态的次数
（C，HR）	拥塞，高可靠性	$f'=f/\eta$，$k=1$

④ ESRT 的局限性。

◆ ESRT 要求 Sink 节点通信范围必须能够覆盖整个网络，对 Sink 节点的硬件要求非常高，对于大规模的无线传感器网络来说，实现比较困难。

◆ Sink 节点没有考虑到各个节点的优先级信息，对所有节点采取统一的调配方案，假设节点在某个局部地区任务突然增加，ESRT 就不适用了。

◆ 对于规模稍微大一些的网络来说，发生拥塞之后，Sink 节点的调配信息经过广播形式到达源节点之后，可能这时已经不拥塞了，因此不适用于大规模网络。

（2）CODE 协议

CODE 协议是一种拥塞控制协议，中文名称为拥塞的发现与避免，包括一个拥塞检测机制和两个拥塞缓解机制，也是基于逐跳的保证机制。

① 拥塞的检测。CODE 协议是一个比较成熟的 WSN 传输层协议，所采用的拥塞检测方法是信道监听和缓存队列检测相结合的方式。

② 开环控制机制。若节点检测到拥塞后，立即以广播的形式将拥塞信息通知所有的邻

居节点，节点收到反馈信息后，立即进入拥塞控制阶段。

③ 闭环调节反应机制。在无线传感器网络中，越靠近汇聚节点的地方，数据流量越大，越容易产生拥塞。

2.3.5　应用层

无线传感器网络节点的功能是感知、探测与传感等方面，无线传感器网络节点、网络通信和组网技术合起来就构成了一个完整的无线传感器网络。面向具体应用的时候，需要利用应用层的基础性技术来支撑无线传感器网络完成各项任务，主要包括时间同步技术、节点定位技术、容错设计技术、数据融合技术、传感器网络目标跟踪技术、能量管理技术和安全技术等。这部分内容在 2.5 节进行详细介绍。

2.4　通信标准

2.4.1　蓝牙技术

蓝牙技术是一种支持设备短距离通信（一般在 10 m 内）的无线电技术，其能在移动电话、PDA、无线耳机、笔记本电脑、相关外设等众多设备之间进行无线信息交换。利用蓝牙技术，能有效地简化移动通信终端设备之间的通信，也能成功地简化设备与 Internet 之间的通信，从而数据传输变得更加迅速高效，为无线通信拓宽道路。蓝牙技术使用高速跳频和时分多址等先进技术，在近距离内最廉价地将几台数字化设备呈网状连接起来。

蓝牙技术采用分散式网络结构，支持点对点及点对多点通信，工作在全球通用的 2.4 GHz ISM（即工业、科学、医学）频段，其数据速率为 1 Mbit/s。采用时分双工传输方案实现全双工传输。

（1）蓝牙技术的起源

1998 年 5 月，爱立信、诺基亚、东芝、IBM 和英特尔公司五家著名厂商，在联合开展短程无线通信技术的标准化活动时提出了蓝牙技术，其宗旨是提供一种短距离、低成本的无线传输应用技术。

蓝牙的名字来源于 10 世纪丹麦国王 Harald Blatand，英译为 Harold Bluetooth（因为他十分喜欢吃蓝梅，所以牙齿每天都带着蓝色），他统一了当时的瑞典、芬兰与丹麦。用他的名字来命名这种技术，有将四分五裂的局面统一起来的意思。

（2）蓝牙技术的应用

蓝牙技术可以应用于日常生活的各个方面，如引入蓝牙技术，就可以去掉移动电话与膝上型电脑之间的连接电缆而通过无线使其建立通信。打印机、PDA、桌上型电脑、传真机、键盘、游戏操纵杆以及所有其他的数字设备都可以成为蓝牙系统的一部分。

（3）蓝牙技术的规范及特点

蓝牙技术是一种无线数据与语音通信的开放性全球规范，它以低成本的近距离无线连接为基础，为固定与移动设备通信环境建立一个特别连接。其程序写在一个 9 mm × 9 mm 的微芯片中。蓝牙工作在全球通用的 2.4 GHz ISM（即工业、科学、医学）频段。

蓝牙的标准是 IEEE 802.15，工作在 2.4 GHz 频带，带宽为 1 Mbit/s。以时分方式进行全双工通信，其基带协议是电路交换和分组交换的组合。一个跳频频率发送一个同步分组，每个分组占用一个时隙，使用扩频技术也可扩展到 5 个时隙。蓝牙技术支持 1 个异步数据通道或 3 个并发的同步话音通道，或 1 个同时传送异步数据和同步话音的通道。每一个话音通道支持 64 kbit/s 的同步话音；异步通道支持最大速率为 721 kbit/s，反向应答速率为 57.6 kbit/s 的非对称连接，或者是 432.6 kbit/s 的对称连接。

依据发射输出电平功率不同，蓝牙传输有 3 种距离等级：Class1 约为 100 m；Class2 约为 10 m；Class3 为 2～3 m。一般情况下，其正常的工作范围是 10 m 半径内。在此范围内，可进行多台设备间的互联。

（4）蓝牙匹配规则

两个蓝牙设备在进行通信前，必须将其匹配在一起，以保证其中一个设备发出的数据信息只会被经过允许的另一个设备所接受。蓝牙技术将设备分为主设备和从设备两种。

① 蓝牙主设备：主设备一般具有输入端。在进行蓝牙匹配操作时，用户通过输入端可输入随机的匹配密码来将两个设备匹配。蓝牙手机、安装有蓝牙模块的 PC 等都是主设备。（如蓝牙手机和蓝牙 PC 进行匹配时，用户可在蓝牙手机上任意输入一组数字，然后在蓝牙 PC 上输入相同的一组数字，来完成这两个设备之间的匹配。）

② 蓝牙从设备：从设备一般不具备输入端。因此从设备在出厂时，在其蓝牙芯片中，固化有一个 4 位或 6 位数字的匹配密码。蓝牙耳机、UD 数码笔等都是从设备。（如蓝牙 PC 与 UD 数码笔匹配时，用户将 UD 笔上的蓝牙匹配密码正确地输入到蓝牙 PC 上，完成 UD 笔与蓝牙 PC 之间的匹配。）

③ 主设备与主设备之间、主设备与从设备之间，是可以互相匹配在一起的；而从设备与从设备是无法匹配的。如蓝牙 PC 与蓝牙手机可以匹配在一起；蓝牙 PC 也可以与 UD 笔匹配在一起；而 UD 笔与 UD 笔之间是不能匹配的。

一个主设备，可匹配一个或多个其他设备。如一部蓝牙手机，一般只能匹配 7 个蓝牙设备。而一台蓝牙 PC，可匹配 10 多个或数十个蓝牙设备。

在同一时间，蓝牙设备之间仅支持点对点通信。

2.4.2 紫峰技术（ZigBee）标准

ZigBee 技术是一种近距离、低复杂度、低功耗、低速率、低成本的双向无线通信技术，采用 DSSS 技术调制发射，用于多个无线传感器组成网状网络。主要用于距离短、功耗低且传输速率不高的各种电子设备之间进行数据传输，以及典型的有周期性数据、间歇性数据和低反应时间数据传输的应用，也用于多个无线传感器组成网状网络，新一代的无线传感器网络将采用 802.15.4（ZigBee）协议。

（1）技术简介

ZigBee 这个名字来源于蜂群的通信方式：蜜蜂之间通过跳 Zigzag 形状的舞蹈来交互消息，以便共享食物源的方向、位置和距离等信息。借此意义 Zigbee 作为新一代无线通信技术的命名（图 2-40）。

图 2-40　紫蜂网络节点模块

ZigBee 是一种高可靠的无线数传网络，类似于 CDMA 和 GSM 网络，数传模块类似于移动网络基站。通信距离从标准的 75 m 到几百米、几千米，并且支持无限扩展。ZigBee 是一个由可多到 65 000 个无线数传模块组成的一个无线网络平台，在整个网络范围内，每一个网络模块之间可以相互通信，每个网络节点间的距离可以从标准的 75 m 无限扩展。与移动通信的 CDMA 网或 GSM 网不同的是，紫蜂网络主要是为工业现场自动化控制数据传输而建立，因而，它必须具有简单、使用方便、工作可靠、价格低的特点。而移动通信网主要是为语音通信而建立，每个基站价值一般都在百万元人民币以上，而每个紫蜂网络"基站"建设费用却不到 1 000 元人民币。

（2）技术特点

ZigBee 是一种无线连接，可工作在 2.4 GHz（全球流行）、868 MHz（欧洲流行）和 915 MHz（美国流行）3 个频段上，分别具有最高 250 kbit/s、20 kbit/s 和 40 kbit/s 的传输速率，它的传输距离在 10～75 m，但可以继续增加。作为一种无线通信技术，紫蜂的特点有：① 低功耗；② 成本低；③ 时延短；④ 网络容量大；⑤ 可靠；⑥ 安全。

（3）应用领域

① 家庭和建筑物的自动化控制：照明、空调、窗帘等家具设备的远程控制；② 消费性电子设备：电视、DVD、CD 机等电器的远程遥控；③ PC 外设：无线键盘、鼠标、游

戏操纵杆等；④ 工业控制：使数据的自动采集、分析和处理变得更加容易；⑤ 医疗设备控制：医疗传感器、病人的紧急呼叫按钮等；⑥ 交互式玩具。

（4）ZigBee 联盟

ZigBee 联盟成立于 2002 年 8 月，由英国 Invensys 公司、日本三菱电气公司、美国摩托罗拉公司以及荷兰飞利浦半导体公司组成，如今已经吸引了上百家芯片公司、无线设备公司和开发商的加入。联盟是一个高速成长的非营利业界组织，其制定了基于 IEEE 802.15.4，具有高可靠、高性价比、低功耗的网络应用规格。

（5）ZigBee 协议栈

ZigBee 协议栈结构是基于标准 OSI 七层模型的，包括高层应用规范、应用汇聚层、网络层、媒体接入层和物理层（图 2-41）。

| 高层应用规范 |
| 应用汇聚层 |
| 网络层 |
| 媒体接入层 |
| 物理层 |

图 2-41　ZigBee 协议栈

IEEE 802.15.4 定义了两个物理层标准，分别是 2.4 GHz 物理层和 868/915 MHz 物理层。两者均基于直接序列扩频（DSSS）技术。868 MHz 只有一个信道，传输速率为 20 kbit/s；902～928 MHZ 频段有 10 个信道，信道间隔为 2 MHz，传输速率为 40 kbit/s。以上这两个频段都采用 BPSK 调制。2.4～2.483 5 GHz 频段有 16 个信道，信道间隔为 5 MHz，能够提供 250 kbit/s 的传输速率，采用 O-QPSK 调制。

为了提高传输数据的可靠性，IEEE 802.15.4 定义的媒体接入控制（MAC）层采用了 CSMA-CA 和时隙 CSMA-CA 信道接入方式和完全握手协议。应用汇聚层主要负责把不同的应用映射到 ZigBee 网络上，主要包括安全与鉴权、多个业务数据流的汇聚、设备发现和业务发现。

（6）ZigBee 网络的拓扑结构

ZigBee 网络的拓扑结构主要有星型网、网状（Mesh）网和混合网三种（图 2-42）。

星型网是由一个 PAN 协调点和一个或多个终端节点组成的。PAN 协调点必须是 FFD，它负责发起建立和管理整个网络，其他的节点（终端节点）一般为 RFD，分布在 PAN 协调点的覆盖范围内，直接与 PAN 协调点进行通信。星型网通常用于节点数量较少的场合。

网状（Mesh）网一般是由若干个 FFD 连接在一起形成，它们之间是完全的对等通信，每个节点都可以与它的无线通信范围内的其他节点通信。Mesh 网中，一般将发起建立网络的 FFD 节点作为 PAN 协调点。Mesh 网是一种高可靠性网络，具有"自恢复"能力，它可为传输的数据包提供多条路径，一旦一条路径出现故障，则存在另一条或多条路径可供选择。Mesh 网可以通过 FFD 扩展网络，组成 Mesh 网与星型网构成的混合网。

混合网中，终端节点采集的信息首先传到同一子网内的协调点，再通过网关节点上传到上一层网络的 PAN 协调点。混合网都适用于覆盖范围较大的网络。

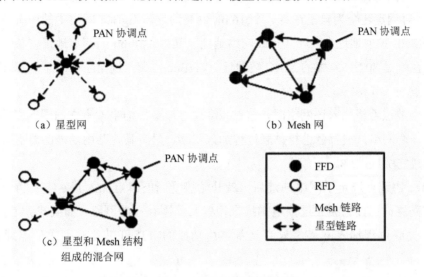

（a）星型网   （b）Mesh 网

（c）星型和 Mesh 结构
　　组成的混合网

图 2-42　ZigBee 网络的拓扑结构

（7）ZigBee 网络配置

低数据速率的 WPAN 中包括全功能设备（FFD）和精简功能设备（RFD）两种无线设备。

其中，FFD 可以和 FFD、RFD 通信，而 RFD 只能和 FFD 通信，RFD 之间是无法通信的。

RFD 的应用相对简单，如在传感器网络中，它们只负责将采集的数据信息发送给它的协调点，并不具备数据转发、路由发现和路由维护等功能。RFD 占用资源少，需要的存储容量也小，成本比较低。

在一个 ZigBee 网络中，至少存在一个 FFD 充当整个网络的协调点，即 PAN 协调点。通常，PAN 协调点是一个特殊的 FFD，它具有较强大的功能，是整个网络的主要控制者，它负责建立新的网络、发送网络信标、管理网络中的节点以及存储网络信息等。FFD 和 RFD 都可以作为终端节点加入 ZigBee 网络。

此外，普通 FFD 也可以在它的个人操作空间（POS）中充当协调点，但它仍然受 PAN 协调点的控制。ZigBee 中每个协调点最多可连接 255 个节点，一个 ZigBee 网络最多可容纳 65 535 个节点。

（8）ZigBee 组网技术

当 ZigBee PAN 协调点希望建立一个新网络时，首先扫描信道，寻找网络中的一个空闲信道来建立新的网络。

如果找到了合适的信道，ZigBee 协调点会为新网络选择一个 PAN 标识符（PAN 标识符必须在信道中是唯一的）。一旦选定了 PAN 标识符，就说明已经建立了网络。另外，这个 ZigBee 协调点还会为自己选择一个 16 bit 网络地址。ZigBee 网络中的所有节点都有一个 64 bit IEEE 扩展地址和一个 16 bit 网络地址，其中，16 bit 的网络地址在整个网络中是唯一的，也就是 802.15.4 中的 MAC 短地址。ZigBee 协调点选定了网络地址后，就开始接受新的节点加入其网络。

当一个节点希望加入该网络时，它首先会通过信道扫描来搜索它周围存在的网络，如果找到了一个网络，它就会进行关联过程加入网络，只有具备路由功能的节点可以允许别的节点通过它关联网络。

ZigBee 协调点选定了网络地址后，就开始接受新的节点加入其网络。当一个节点希望加入该网络时，首先会通过信道扫描来搜索其周围存在的网络，如果找到了一个网络，就会进行关联过程加入网络，只有具备路由功能的节点可以允许别的节点通过它关联网络。

如果网络中的一个节点与网络失去联系后想要重新加入网络，它可以进行孤立通知过程重新加入网络。

网络中每个具备路由器功能的节点都维护一个路由表和一个路由发现表，可以参与数据节点来扩展网络。

（9）ZigBee 网络分类

ZigBee 网络中传输的数据可分为三类。

① 周期性数据，如传感器网中传输的数据，这一类数据的传输速率根据不同的应用而确定；

② 间歇性数据，如电灯开关传输的数据，这一类数据的传输速率根据应用或者外部激励而确定；

③ 反复性的、反应时间低的数据，如无线鼠标传输的数据，这一类数据的传输速率是根据时隙分配而确定的。

为了降低 ZigBee 节点的平均功耗，ZigBee 节点有激活和睡眠两种状态，只有当两个节点都处于激活状态才能完成数据的传输。在有信标的网络中，ZigBee 协调点通过定期的广播信标为网络中的节点提供同步；在无信标的网络中，终端节点定期睡眠，定期醒来，除终端节点以外的节点要保证始终处于激活状态，终端节点醒来后会主动询问它的协调点是否有数据要发送给它。

2.4.3　红外通信技术

红外通信技术使用一种点对点的数据传输协议，是传统的设备之间连接线缆的替代。它的通信距离一般在 0～1 m，传输速率最快可达 16 Mbit/s，通信介质为波长为 900 nm 左右的近红外线（图 2-43）。

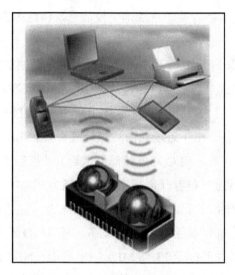

图 2-43　红外通信技术

（1）红外通信技术的特点

红外通信技术是目前在世界范围内被广泛使用的一种无线连接技术，通过数据电脉冲和红外光脉冲之间的相互转换实现无线的数据收发。小角度（30°锥角以内），短距离，点对点直线数据传输，保密性强；传输速率较高，目前 4 Mbit/s 速率的 FIR 技术已被广泛使用，16 Mbit/s 速率的 VFIR 技术已经发布。

（2）IrDA 红外通信标准

IrDA 是红外数据组织（Infrared Data Association）的简称，IrDA 红外连接技术就是由该组织提出的。在红外通信技术发展早期，存在好几个红外通信标准，不同标准之间的红外设备不能进行红外通信。为使各种红外设备能够互联互通，1993 年，由 20 多个大厂商发起成立了红外数据协会（IrDA），统一了红外通信的标准，这就是目前被广泛使用的 IrDA 红外数据通信协议及规范。IrDA 的主要优点是无须申请频率的使用权，因而红外通信成本低廉。并且还具有移动通信所需的体积小、功耗低、连接方便、简单易用的特点。此外，红外线发射角度较小，传输上安全性高。IrDA 的不足在于它是一种视距传输，两个相互通信的设备之间必须对准，中间不能被其他物体阻隔，因而该技术只能用于 2 台（非多台）设备之间的连接。而蓝牙就没有此限制，且不受墙壁的阻隔。

2.4.4 近距离通信（NFC）技术

近距离无线通信（Near Field Communication，NFC），即近距离无线通信技术。由飞利浦公司和索尼公司共同开发的 NFC 是一种非接触式识别和互联技术，可以在移动设备、消费类电子产品、PC 和智能控件工具间进行近距离无线通信。NFC 提供了一种简单、触控式的解决方案，可以让消费者简单直观地交换信息、访问内容与服务。

（1）概述

近场通信（NFC），又称近距离无线通信，是一种短距离的高频无线通信技术，允许电子设备之间进行非接触式点对点数据传输（在 10 cm 内）交换数据。这个技术由免接触式射频识别（RFID）演变而来，并向下兼容 RFID，最早由 Philips、Nokia 和 Sony 主推，主要运用于手机等手持设备。由于近场通信具有天然的安全性，因此，NFC 技术在手机支付等领域具有很大的应用前景。NFC 将非接触读卡器、非接触卡和点对点（Peer-to-Peer）功能整合进一块单芯片，为消费者开创了全新的生活方式。

这是一个开放接口平台，可以对无线网络进行快速、主动设置，也是虚拟连接器，服务于现有蜂窝状网络、蓝牙和无线 802.11 设备。和 RFID 不同，NFC 采用了双向的识别和连接。在 20 cm 距离内工作于 13.56 MHz 频率范围。NFC 最初仅仅是遥控识别和网络技术的合并，但现在已发展成为无线连接技术。它能快速自动地建立无线网络，为蜂窝设备、蓝牙设备、Wi-Fi 设备提供一个"虚拟连接"，使电子设备可以在短距离范围进行通信。

（2）NFC 全球最早的商用应用

目前，Nokia 3220 手机已集成了 NFC 技术，可以用作电子车票，还可在当地零售店和旅游景点作为折扣忠诚卡使用。人们现在只需轻松地刷一下兼容手机，就能享受 NFC 式公交移动售票带来的便利（图 2-44）。

图 2-44 NFC 全球最早的商用应用

（3）NFC 技术原理

NFC 的设备可以在主动或被动模式下交换数据。在被动模式下，启动 NFC 通信的设备，也称为 NFC 发起设备（主设备），在整个通信过程中提供射频场。它可以选择 106 kbit/s、212 kbit/s 或 424 kbit/s 其中一种传输速度，将数据发送到另一台设备。另一台设备称为 NFC 目标设备（从设备），不必产生射频场，而使用负载调制（load modulation）技术，即可以相同的速度将数据传回发起设备。

移动设备主要以被动模式操作，可以大幅降低功耗，并延长电池寿命。电池电量较低的设备可以要求以被动模式充当目标设备，而不是发起设备（图 2-45）。

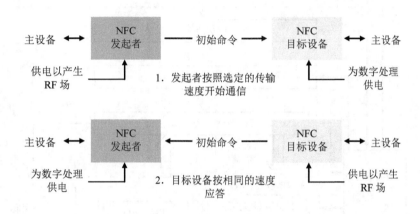

图 2-45　NFC 被动通信模式

（4）技术优势

NFC 的技术优势：具有距离近、带宽高、能耗低等特点，与现有非接触智能卡技术兼容，为近距离连接协议和近距离的私密通信方式，在门禁、公交、手机支付等领域内发挥着巨大的作用，具有优于红外和蓝牙的传输方式。NFC 技术支持多种应用，包括移动支付与交易、对等式通信及移动中信息访问等，其设备可以用作非接触式智能卡、智能卡的读写器终端以及设备对设备的数据传输链路。NFC 的应用主要有四个基本类型：用于付款和购票、用于电子票证、用于智能媒体以及用于交换、传输数据。

2.4.5　UWB 技术

超宽带（Ultra Wide Band，UWB）是一种具备低耗电与高速传输的无线个人局域网络通信技术，适合需要高质量服务的无线通信应用，可以用在无线个人局域网络（WPAN）、家庭网络连接和短距离雷达等领域。它不是采用连续的正弦波（Sine Waves），而是利用脉冲信号来传送信息。

UWB 多跳网络链路层协议模型包含两部分：MAC 子层协议模型和 LLC 子层协议模型。MAC 子层协议模型采用 ECMA-368 标准中的 MAC 子层协议，实现分割/重组、合并/

解合并、MAC 的 ARQ、链路选择以及 MAC 媒体访问控制机制，在 MAC 子层的 ARQ 机制中采用 No-ACK 机制，相当于屏蔽了 ECMA-368 标准中 MAC 子层的 ARQ 机制。LLC 子层协议在网络层和 MAC 子层之间，新增了 IP 头压缩、UWB 的 TCP 代理确认、QoS 映射、UWB 多跳 ARQ 以及资源调度等功能。

（1）UWB 技术——协议模型

UWB 技术——协议模型如图 2-46 所示。

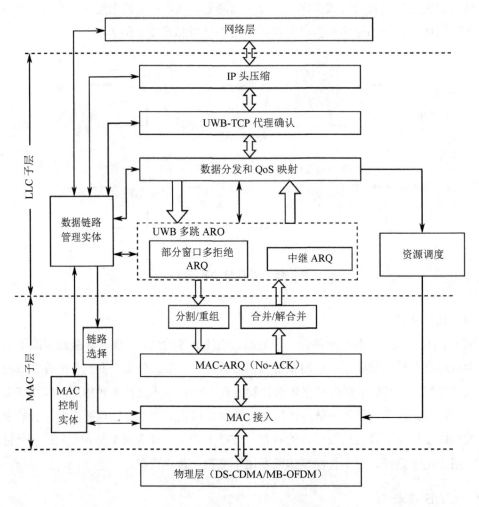

图 2-46　UWB 技术——协议模型

（2）UWB 技术——优势

①系统结构实现简单。UWB 不使用载波，它通过发送纳秒级脉冲来传输数据信号。UWB 发射器直接用脉冲小型激励天线，不需要传统收发器所需要的上变频，从而不需要功率放大器与混频器，接收机也不需要中频处理，系统结构较简单。

②高速的数据传输。UWB 信号的传输范围在 10 m 以内，以非常宽的频率带宽来换

取高速的数据传输,其传输速率可达 500 Mbit/s,但不单独占用现在已经拥挤不堪的频率资源,而是共享其他无线技术使用的频带,是实现个人通信和无线局域网的一种理想调制技术。

③功耗低。UWB 系统使用间歇的脉冲来发送数据,脉冲持续时间很短,一般在 0.20～1.5 ns,有很低的占空因数,系统耗电可以做到很低,在高速通信时系统的耗电量仅为几百微瓦至几十毫瓦。民用的 UWB 设备功率一般是传统移动电话所需功率的 1/100 左右,是蓝牙设备所需功率的 1/20 左右。

④安全性高。作为通信系统的物理层技术具有天然的安全性能。由于 UWB 信号一般把信号能量弥散在极宽的频带范围内,对一般通信系统,UWB 信号相当于白噪声信号,并且大多数情况下,UWB 信号的功率谱密度低于自然的电子噪声,从电子噪声中将脉冲信号检测出来是一件非常困难的事。采用编码对脉冲参数进行伪随机化后,脉冲的检测将更加困难。

⑤多径分辨能力强。常规无线通信的射频信号大多为连续信号或其持续时间远大于多径传播时间(多径传播效应限制了通信质量和数据传输速率)。而 UWB 发射的是持续时间极短的单周期脉冲且占空比极低,多径信号在时间上是可分离的。由于脉冲多径信号在时间上不重叠,很容易分离出多径分量以充分利用发射信号的能量。大量的实验表明,对于常规无线电信号,在多径衰落深达 10～30 dB 的多径环境,对超宽带无线电信号的衰落最多不到 5 dB。

⑥定位精确。冲激脉冲具有很高的定位精度,采用超宽带无线电通信,很容易将定位与通信合一,而常规无线电难以做到这一点。超宽带无线电具有极强的穿透能力,可在室内和地下进行精确定位,而 GPS 定位系统只能工作在 GPS 定位卫星的可视范围之内。与GPS 提供绝对地理位置不同,超短脉冲定位器可以给出相对位置,其定位精度可达厘米级,此外,超宽带无线电定位器更为便宜。

⑦工程简单造价便宜。在工程实现上,UWB 比其他无线技术要简单得多,可全数字化实现。它只需要以一种数学方式产生脉冲,并对脉冲产生调制,而这些电路都可以被集成到一个芯片上,设备的成本将很低。

2.4.6 无线局域网技术

(1)组成

无线局域网由无线网卡、无线接入点 AP、无线网桥和无线网关等组成。

①无线网卡(NIC):无线网卡是高频、宽带无线组网设备,它通过采用载波监听访问协议把无线终端连接起来。

②访问节点(Access Point):无线访问节点 AP 主要用于 WLAN 子网中,是无线子网的基站。提供子网内无线设备的组网。同时它也实现 WLAN 和有线局域网之间的桥接。

③无线网桥（Wireless Bridge）：无线网桥是为使用无线（微波）进行远距离点对点网间互联而设计的，它是一种在数据链路层实现 LAN 互联的存储转发设备，可用于固定数字设备与其他固定数字设备之间的远距离、高速无线组网，特别适用于城市中的远距离高速组网和野外作业的临时组网。

④无线网关（Wireless Gateway）：无线网关也称为无线协议转换器，它在传输层实现网络互联，是最复杂的网间互联设备，仅用于两个高层协议不同的网络互联。无线网关通过不同设置可完成无线网桥和无线路由器的功能，也可以直接连接外部网络，如 WAN，同时实现 AP 功能

（2）网络拓扑结构

IEEE 802.11 网络是带有无线网卡的移动终端（STA）和无线接入点（AP）相互作用形成的一个 WLAN，使得移动终端的移动性对高层协议透明。

IEEE 802.11 标准支持独立基本服务集（IBSS）网络和扩展服务集（ESS）网络两种拓扑结构。这些网络使用一个基本构件块：基本服务集（BSS），它提供一个覆盖区域，使 BSS 中的站点保持充分的连接。一个站点可以在 BSS 内自由移动，但如果离开了 BSS 区域就不能与其他站点建立直接连接。当一个 BSS 内的所有终端都是移动终端并且和有线网络没有连接时，该 BSS 称为独立基本服务集（IBSS）（图 2-47）。IBSS 是最基本的 IEEE 802.11 无线局域网，至少包括两个无线站点。IBSS 没有中继功能，一个移动终端要想和其他移动终端通信，必须处在能够直接通信的物理范围之内。

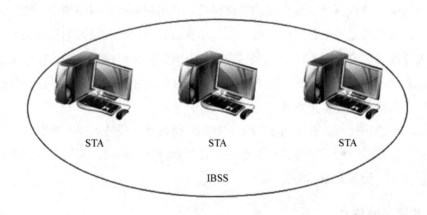

图 2-47　IBSS

当一个 BSS 中包含无线接入点（AP）时，由 AP 和分布式系统（DS）相互连接就可以组成扩展服务集（ESS）（图 2-48）。

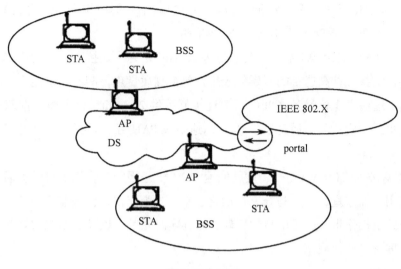

图 2-48　ESS

（3）IEEE 802.11 协议栈

IEEE 802.11 协议主要由物理层和数据链路层的 MAC 子层组成，其中物理层又可分为物理层汇聚（PLCP）子层和物理层媒质依赖（PMD）子层（图 2-49）。

LLC 层通过 MAC 服务访问点与对等的 LLC 实体进行数据交换。本地 MAC 层利用下层的服务将一个 MSDU 传给一个对等的 MAC 实体，然后由该对等 MAC 实体将数据传给对等的 LLC 实体。

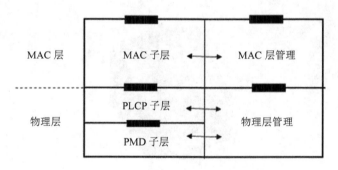

图 2-49　IEEE 802.11 协议参考模型

2.4.7　6LowPan

（1）无线个域网

无线个域网（WPAN）是在个人周围空间形成的无线网络，现通常指覆盖范围在 10 m 半径以内的短距离无线网络，尤其是指能在便携式消费者电器和通信设备之间进行短距离特别连接的自组织网。

WPAN 被定位于短距离无线通信技术，但根据不同的应用场合又分为高速 WPAN（HR-WPAN）和低速 WPAN（LR-WPAN）两种。

①高速 WPAN（HR-WPAN）。发展高速 WPAN 是为了连接下一代便携式消费者电器和通信设备，支持各种高速率的多媒体应用，包括高质量声像配送、多兆字节音乐和图像文档传送等。这些多媒体设备之间的对等连接要提供 20 Mbit/s 以上的数据速率以及在确保的带宽内提供一定的服务质量（QoS）。高速率 WPAN 在宽带无线移动通信网络中占有一席之地。

②低速 WPAN（LR-WPAN）。发展低速 WPAN 是因为在我们的日常生活中并不是都需要高速应用。在家庭、工厂与仓库自动化控制，安全监视、保健监视、环境监视，军事行动、消防队员操作指挥、货单自动更新、库存实时跟踪，以及在游戏和互动式玩具等方面都可以开展许多低速应用。

（2）6LowPan

6LowPan（IPv6 over Low power Wireless Personal Area Networks，低功率无线个域网上的 IPv6），为低速无线个域网标准。

① 技术简介。6LowPan 技术底层采用 IEEE 802.15.4 规定的 PHY 层和 MAC 层，网络层采用 IPv6 协议。

② 应用。随着 LR-WPAN 的飞速发展及下一代互联网技术的日益普及，6LowPan 技术将广泛应用于智能家居、环境监测等多个领域。例如，在智能家居中，可将 6LowPan 节点嵌入到家具和家电中。通过无线网络与因特网互联，实现智能家居环境的管理（图 2-50）。

图 2-50　6LowPan 的应用

2.5　关键技术

2.5.1　时间同步技术

首先，要清楚为什么需要时间同步技术。例如要测试小车的速度，可以设置 2 个传感器在公路上，根据这 2 个传感器的距离与小车经过这 2 个传感器的时间差可以计算出小车的速度。距离是固定的，误差主要体现在时间差，也就是说当小车经过第一个节点时第二个节点应该与第一个节点有相同的时间。此外，还有许多复杂的应用需要多个传感器协调合作完成。现有网络的时间同步技术往往希望把时间误差缩小到极致，但是在传感器网络中由于电能限制很难完成很精确的时间同步技术，只需在误差可接受的范围内。目前，有一类比较成熟的传感器网络时间同步技术（Timing-sync Protocol for Sensor Networks，TPSN），它仍然是采用分层的思想一步一步将时间同步给全网内所有节点。TPSN 需要有一个根节点，这个根节点可以与外界获得通信得到外界的精确时间，它可以装配如 GPS 这样的复杂硬件以及其他方面更好的配置。根节点在传感器网络中充当着时钟源的角色，我们将根节点划分为第 0 层。接下来会给一部分节点设置为第 1 层，另一部分设置为第 2 层，然后还可以划分第 3 层或第 4 层，根据具体情况来划分。TPSN 将整个网络划分为层次结构。我们称划分层次为层次发现阶段，网络部署后根节点会广播级别发现分组包，级别发现分组包含发送节点的 ID 和级别，ID 是每个节点的一个标识。根节点的邻居节点收到发现分组包后将自己的级别设置为数据包里的级别加 1，这样就建立了第 1 级。第 1 级的节点继续广播新的发现分组包给它的邻居节点，注意这个地方一旦节点确定级别后就会忽略任何其他级别的发现分组。接下来是第二阶段称为同步阶段，现在根节点就开始广播时间同步分组。第 1 级节点收到同步分组包后各自分别等待一段随机时间，这段时间节点会与根节点交换同步消息以达到和根节点的同步。第二级节点侦听到第 1 级节点的交换消息后，等待一段时间也就是让第 1 级节点完成时间同步后，便开始和第 1 级节点进行消息交换完成同步。最后每个节点与层次结构中最靠近的上一级节点完成同步从而实现整个网络的同步，具体如图 2-51 所示。

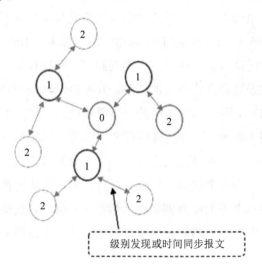

图 2-51 时间同步

为了提高时间精度，TPSN 协议会在 MAC 层消息发送出去前才给同步消息加上时间字段。TPSN 协议的同步误差与跳数成距离成正比，很明显每一级节点与下一级节点之间存在一个时间误差，下一级节点与更下一级节点之间又会存在一个误差。TPSN 协议实现全网范围内节点的时间同步，不过这样是一个短时间的同步，因为传感器网络受环境因素影响会动态变化。所以，如果需要长时间同步的话，可以周期性的广播。可以看到，传感器网络中很常见的两个思想，一个是分离，将所有节点进行分层或分区域；另一个是周期性。

2.5.2　节点定位技术

传感器节点的定位重要性不言而喻，当传感器检测到信息时大部分是希望这个信息发生在什么地方。传感器节点可分为锚点和未知节点，锚点有时也称为信标节点，它在网络节点中所占的比例很小，可以配置 GPS 定位来获得自身的精确位置。锚点是其他未知节点实现定位的参考点。邻居节点指的是传感器节点通信半径范围以内的所有其他节点。在无线局域网定位中是以 AP 作为已知坐标的参考点，移动终端接收来自 AP 的探测信息并根据这个信号的强度推测出距离。还要清楚传感器网络所处的环境具有很多不确定性，一个最棘手的问题是电能，因此关于传感器网络的相关技术都要求低功耗、容错性好能够自动纠正错误、克服外界的干扰因素。在这些基础上对于定位系统需要考虑的有两点，一点是定位的精确度；另一点是良好的刷新速度。传感器网络定位技术主要分为基于测距的定位技术与无须测距的定位技术，下面分别进行介绍。

基于测距的定位技术是通过测量节点之间的距离，然后在多条距离的基础上经过数学计算得到节点所在的位置。测量距离可以通过 RSSI 或 ToA/TDoA 获得。RSSI 指的是接收信号强度指示，通过测量接收射频信号的能量高低来判断与发送节点之间的距离，但是精度不会很高。ToA/TDoA 指的是到达时间/到达时间差技术，ToA 与 TDoA 是两种不同的技术，但都是通过传输时间来估算两节点之间的距离，精度较高。由于无线信号传输速度快，只要有一点时间误差就会造成很大的误差。ToA 是已知传输速度与传输时间，根据这两个条件得到距离。TDoA 则是同时发送两个不同速度的信号，根据这两种信号的传输速度以及到达的时间差得到距离。得到距离后有多边定位方法和 Min-Max 定位方法，多边定位就是得到多个锚点到一个目标节点的距离，有了距离后以锚点为圆心画圆，这些圆之间的交点便是目标节点了。多边定位解方程会有浮点运算，因此计算代价高。Min-Max 定位则是根据锚点位置到目标节点的距离创建正方形而不是圆了，这些正方形相交后可以得到一个最小范围的矩形，取这个矩形的质心就可以了，这样比较简单但是定位精度没有多边定位高。

无须测距的定位技术是根据网络的连通性确定网络节点之间的跳数，通过给跳数设置一个大致距离然后用跳数乘以跳数距离就可以了。显然这种方式精度不高，不过它的优点是开销小比较节能。无须测距定位有两种算法，一种是质心算法，锚点会广播自己的坐标位置信息，这样当目标节点收到这些信息后会根据这些信息缩小为一个形状比较规则的多边形，然后以这个多边形中的锚点计算出质心，就是将所有 x 坐标相加然后取平均值，对 y 坐标也做同样的处理，然后就这么简单粗糙的得到目标节点的位置信息了。另一种是 DV-Hop 算法，也不是很靠谱的一个算法。它会根据锚点与锚点之间的距离以及跳数计算出一个一个跳数的大概距离，然后再使用多边定位或 Min-Max 进行定位。

2.5.3　容错设计技术

容错是指由于种种原因在系统中出现了数据、文件损坏或丢失时，系统能够自动将这些损坏或丢失的文件和数据恢复到发生事故以前的状态，使系统能够连续正常运行的一种技术。

失效是某个设备停止工作，不能完成所要求的功能。

故障是指某个设备能够工作，但并不能按照系统的要求工作，得不到应有的功能。它与失效的主要区别就是设备还在工作，但属于不正常工作。

差错是指设备出现了不正常的操作步骤或结果。

故障在某些条件下会使设备运转产生差错，从而导致输出结果不正常，当这种不正常结果累积到一定程度时就会使系统失效。

容错技术在传统分布式系统的分类方法，简述如下：①故障避免：简单来说，就是避免或者预防故障的发生；②故障检测：用不同的策略来检测网络中的异常行为；③故障隔离：就是对故障节点进行隔离，以免其影响现有网络；④故障修复：这是网络故障发生后的一项补救措施。

在无线传感器网络中，至少有三大理由说明应该足够重视 WSN 中的容错技术。首先，要考虑相关的技术和实现方面。主要表现：封装可靠性较差；受组件能耗限制，组件的质量也受限制；用于测试和容错的能量预算受到很大限制。其次，WSN 中的应用与其相关技术和架构一样复杂。不能对 WSN 进行广泛的测试；环境恶劣，且不可控。最后，WSN 本身就是一个新的科研领域，并不清楚对于一个特定的问题该如何解决是最好的。

2.5.4　数据融合技术

数据融合在传感器网络中非常重要，它的最本质作用有三点：节省网络的能量、提高精确度、提高收集数据的效率。传感器网络部署时往往是大量的投放传感器到目标区域，因为单个传感器监测能力有限，故要使传感器达到一定的密度才能满足需求，这样会增强整个网络的健壮性及准确性。可是缺点也显而易见，多个传感器节点可能会在某个区域比较集中而导致冗余。这个时候数据融合可以在中间节点进行转发时对数据进行去冗余。已有实验表明，传感器发送一个比特消耗的能量远远大于执行一条指令所消耗的能量，从而进行数据融合，可将网络消耗降到最低，这就是节能的作用。受到成本和体积的限制，节点的功能往往不会很强大，所以需要大量的节点来进行探测，当节点很多时如果所有信息最后放到汇聚节点进行总结由于会有很多数据是有大误差的，从而造成了最终结果的误差。如果在一个小型区域里进行融合，由于节点之间数据比较相近，因此对于有较大误差的数据可以直接删除从而提高精确度。在内部进行数据融合的话，可以减少数据传输量、减轻网络拥塞、降低数据延迟，这样的话传感器节点可以花更多精力去采集数据从而提高数据收集效率。

数据融合可分为无损失融合和有损失融合。无损失融合是指所有细节都被保留只去掉冗余部分信息，只是缩减了分组头部的长度和控制开销，具体的数据仍然不会改变。如要实时采集一个房间的温度信息，汇报节点收到多个数据后如果数据相同则只是选择时间最新的数据进行汇报，即只修改头部的时间信息，而数据不变。有损失融合指的是丢弃一些细节信息从而减少需要存储或传输的数据量，如要得到一个房间的最低温度，可以对某一区域的汇报节点收到的数据取最小值，丢弃其他数据。

2.5.5 传感器网络目标跟踪技术

无线传感器网络跟踪是传感器网络的主要用途之一，也是一个难点和关键问题，同时具有很多商业和军事应用的基本要素，如交通监控、机构安全和战场状况获取等。利用无线传感器网络中的节点协同跟踪，是无线传感器网络技术应用的一个很重要的方面。

最早的无线传感器网络系统跟踪实验是美国 DARPA（Defense Advanced Research Projects Agency）的 SensIT 项目中一些跟踪方法实现。现在的许多跟踪应用方案依然处于研究阶段。由于传感器节点存在很多硬件资源的限制，还经常受外界环境的影响，无线链路易受到干扰，网络拓扑结构动态变化，而传感器网络的活动目标跟踪应用具有很强的实时性要求，因此，许多传统的跟踪算法并不适用于传感器网络。活动目标跟踪在雷达领域研究多年，很多经典成果的活动目标跟踪都是单传感器跟踪系统，系统发展了如最近邻法（NN）、集合论描述法、广义相关法、经典分配法、多假设法、概率数据关联（PDA）法、联合数据互联（JPDA）法、交互多模型（IMM）法等数据互联算法。而 20 世纪 70 年代兴起了多传感器信息融合技术，对多个传感器数据进行多级别、多方面、多层次的处理，产生了新的有意义的信息。集中式多传感器综合跟踪算法是在单传感器系统的基础上直接发展起来的，如多传感器联合概率数据互联法（MSJPDA）和广义 S 维分配算法；分布式多传感器航迹关联法主要有基于统计的方法［如加权法、独立序贯法、经典分配法、最近邻法（NN）、K-NN 法等］和基于模糊数学的方法（模糊双门限航迹关联算法、基于模糊综合函数的航迹关联算法）。对于 WSN 来说，因为其单个节点能力有限，必须多个节点联合进行目标跟踪，而且没有强大的中心处理器，显然单传感器和集中式多传感器跟踪算法都不适合；而分布式跟踪算法的概念是传感器有自己的信息融合中心，与 WSN 的分布式有一定的区别，不会考虑融合节点的能力，计算复杂。虽然上述方法具有比较高的精度，但在 WSN 中无法实现或效率不高。

2.5.6 能量管理技术

传感器网络能源管理主要体现在传感器节点电源管理和节能通信协议两个方面。传感器节点通常有四个部分：处理器单元、无线传输单元、传感器单元和电源管理单元。传感器单元的能耗与应用的复杂度有关，不过它的能耗与无线传输单元相比还是很低的，几乎可以忽略。处理器损耗和无线传输是需要考虑电源管理的部分，处理器部分主要是硬件方面的改进，我们应关心的是无线传输部分的损耗。无线传输部分包含整个传输过程，所以应该从各层协议开始就尽可能地降低能耗。传感器网络协议栈的核心部分是数据链路层和网络层。数据链路层控制相邻节点之间使用无线信道的方式，决定着节点的发送、接收、侦听、睡眠状态。其中采用侦听/睡眠机制可以很好的节能。网络层负责选择最佳的路由进行数据传输，转发数据需要消耗能量且随着通信距离的增大会导致能耗的急剧增高。而且当节点发送数据给另一个节点，采用短距离多跳的方式比长距离单跳消耗的能量更少，因此选择合适的路由非常重要。在应用层方面，可以通过数据融合进行节能。

2.5.7 安全技术

（1）与安全相关的特点

①资源受限，通信环境恶劣；②部署区域的安全无法保证，节点易失效；③网络无基础框架；④部署前地理位置具有不确定性。

（2）条件限制

传感器节点的限制：无线传感器网络所特有的限制因素，包括电池能量、充电能力、睡眠模式、内存储器、传输范围、干预保护及时间同步。

网络限制：有限的结构预配置、数据传输速率和信息包大小、通道误差率、间歇连通性、反应时间和孤立的子网络。

这些限制对于网络的安全路由协议设计、保密性和认证性算法设计、密钥设计、操作平台和操作系统设计，以及网络基站设计等方面都有极大的挑战。

（3）安全威胁

①窃听：一个攻击者能够窃听网络节点传送的部分或全部信息。②哄骗：节点能够伪装其真实身份。③模仿：一个节点能够表现出另一节点的身份。④危及传感器节点安全：若一个传感器以及它的密钥被捕获，储存在该传感器中的信息便会被敌手读出。⑤注入：攻击者把破坏性数据加入网络传输的信息中或加入广播流中。⑥重放：敌手会使节点误认为加入了一个新的会话，再对旧的信息进行重新发送。重放通常与窃听和模仿混合使用。⑦拒绝服务（DoS）：通过耗尽传感器节点资源来使节点丧失运行能力。

（4）独有的安全威胁种类

① HELLO 扩散法：这是一种 DoS（拒绝服务攻击），它利用无线传感器网络路由协议的缺陷，允许攻击者使用强信号和强处理能量让节点误认为网络有一个新的基站。②陷阱区：攻击者能够让周围的节点改变数据传输路线，去通过一个被捕获的节点或一个陷阱。

（5）安全需求

①机密性。机密性要求对 WSN 节点间传输的信息进行加密，让任何人在截获节点间的物理通信信号后不能直接获得其所携带的消息内容。

②完整性。WSN 的无线通信环境为恶意节点实施破坏提供了方便，完整性要求节点收到的数据在传输过程中未被插入、删除或篡改，即保证接收到的消息与发送的消息是一致的。

③健壮性。WSN 一般被部署在恶劣环境，另外，随着旧节点的失效或新节点的加入，网络的拓扑结构不断发生变化。因此，WSN 必须具有很强的适应性，使得单个节点或者少量节点的变化不会威胁整个网络的安全。

④真实性。点到点的消息认证使得在收到另一节点发送来的消息时，能够确认这个消息确实是从该节点发送过来的；广播认证主要解决单个节点向一组节点发送统一通告时的认证安全问题。

⑤新鲜性。WSN 中由于网络多路径传输延时的不确定性和恶意节点的重放攻击使得接收方可能收到延后的相同数据包。新鲜性要求接收方收到的数据包都是最新的、非重放的，即体现消息的时效性。

⑥可用性。可用性要求 WSN 能够按预先设定的工作方式向合法的用户提供信息访问服务，然而，攻击者可以通过信号干扰、伪造或者复制等方式使 WSN 处于部分或全部瘫痪状态，从而破坏系统的可用性。

⑦访问控制。WSN 不能通过设置防火墙进行访问过滤，由于硬件受限，也不能采用非对称加密体制的数字签名和公钥证书机制。

（6）安全目标

WSN 必须建立一套符合自身特点，综合考虑性能、效率和安全性的访问控制机制（表 2-2）。

表 2-2 传感器网络安全目标

目标	意义	主要技术
可用性	确保网络能够完成基本的任务，即使受到攻击，如 DOS 攻击	冗余、入侵检测、容错、容侵、网络自愈和重构
机密性	保证机密信息不会暴露给未授权的实体	信息加、解密
完整性	保证信息不会被篡改	MAC、散列、签名
不可否认性	信息源发起者不能够否认自己发送的信息	签名、身份认证、访问控制
数据新鲜度	保证用户在指定时间内得到所需要的信息	网络管理、入侵检测、访问控制

2.6 网络管理和服务质量保证

2.6.1 网络管理

2.6.1.1 网络管理概述

网络管理是指对网络的运行状态进行监测和控制，使其能够有效、可靠、安全、经济地提供服务。网络管理包含两个任务：一是对网络的运行状态进行监测；二是对网络的运行状态进行控制。

简单来说，网络管理是对网络中的资源进行合理的分配和控制，或者当网络运行出现异常时能及时响应和排除异常等各种活动的总称，以满足业务提供方和网络用户的需要，使网络的有效资源可以得到最有效的利用，从而整个网络的运行更加高效，能够连续、稳定和可靠地提供网络服务。

- ➤ 运行：网络的运行管理主要是针对向用户提供的服务而进行的，是面向网络整体进行管理，如用户使用的流量管理、对用户使用的计费等。
- ➤ 控制：网络的控制管理主要是针对向用户提供有效的服务和为了满足提供服务的质量要求而进行的管理活动。
- ➤ 维护：网络的维护主要是为了保障网络及其设备的正常、可靠、连续运行而进行的一系列管理活动，这些活动包括故障的检测、定位和恢复，对设备单元的测试等。
- ➤ 提供：网络的提供功能主要是针对电信资源的服务装备而进行的一系列的网络管理活动，为实现某些服务而提供某些资源和给用户提供某些服务等都是属于这个范畴。

2.6.1.2 网络管理体系结构

网络管理的体系结构如图 2-52 所示。

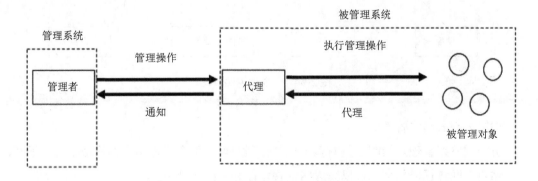

图 2-52 无线传感器网络的网络管理体系结构

　　根据管理信息的收集方式以及通信策略的不同，网络管理的控制结构可分为集中式网络管理、层次式网络管理和分布式网络管理三种。

（1）集中式网络管理

　　集中式网络管理是指网络的管理依赖于少量的中心控制管理站点，这些管理站点负责收集网络中所有节点的信息，并控制整个网络（图 2-53）。

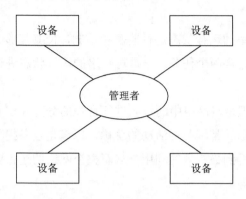

图 2-53　集中式网络管理

（2）层次式网络管理

　　层次式网络管理是指在网络中设置若干个中间控制管理站点实现管理任务，每个中间管理站点都有其管理范围，负责其管理范围内的信息收集并送交上级管理站点，同级管理站点之间不进行通信（图 2-54）。

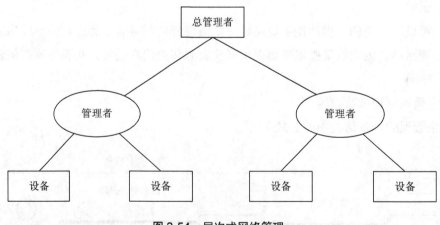

图 2-54　层次式网络管理

（3）分布式网络管理

　　分布式网络管理是指网络具有多个控制管理站点，每个管理站点都管理各自的子网，管理站点之间进行信息交互，以完成网络管理任务（图 2-55）。

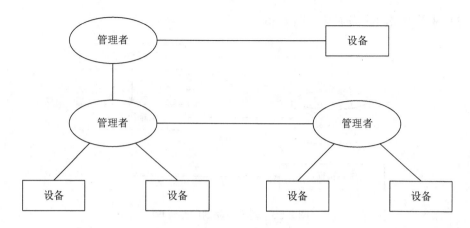

图 2-55 分布式网络管理

2.6.1.3 网络管理研究现状与发展

目前，网络管理的标准有两个主要的协议：基于 TCP/IP 的简单网络管理协议（SNMP）和 ISO 提出的基于 OSI 七层模型的公共管理信息协议（CMIP）。

SNMP 由于其结构简单、易于使用得到业界厂商的广泛支持，已成为事实上的工业标准。SNMP 由被管理的设备、SNMP 管理器和 SNMP 代理三部分组成（表 2-3）。

表 2-3 SNMP 协议定义的操作

操作名称	含义
SET-REQUEST	设置代理进程的一个或多个参数值
GET-REQUEST	从代理进程处提取一个或多个参数值
GET-NEXT-REQUEST	从代理进程处提取紧跟当前参数值的下一个参数值
TRAP	代理进程主动发出的报文，通知管理进程某些事情发生
GET-RESPONSE	返回的一个或多个参数值

2.6.1.4 网络管理新技术

（1）基于 Web 的网络管理技术

基于 Web 的网络管理模式的实现有两种方式：

➢ 代理，在一个内部工作站上运行 Web 服务器，这个工作站轮流与端点设备通信，浏览器用户与代理通信，同时代理与端点设备之间通信。

➢ 嵌入式，将 Web 功能嵌入网络设备中，每个设备有自己的地址，管理员可通过浏览器直接访问并管理该设备。

（2）基于策略的网络管理（图 2-56）

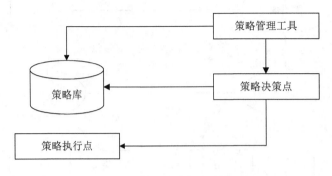

图 2-56　基于策略的网络管理

（3）基于智能 Agent 技术的网络管理

智能 Agent 是一种自治的并能适应环境的主动软件智能体，它具有学习和适应能力，不仅可以通过通信语言和其他代理进行信息交换，还能够自行选择运行地点和时机，根据具体情况中断自身的执行，移动到另一设备上恢复运行。

（4）基于 XML 的网络管理

XML 技术的出现影响了基于 Web 的网络管理方式，其高度自定义的标签，使得文件自己本身就可以表达完整的网络管理信息含义，也可以在传输的一份文件里面包含多个管理指令，可以有效地改善 SNMP 在大量存取网管信息时对网络造成的负担。

（5）基于 Web Services 的网络管理

基于 XML 的网络管理虽然可以增进 SNMP 在大量存取网管信息时的效率，并且为事务管理提供完整性。但在大规模的网络环境下，非分布式的网络管理架构容易因单个节点的故障而影响重要的网络管理功能，而且非分布式的网络管理架构缺乏扩充性及弹性。

2.6.1.5　网络管理关键问题

（1）无线传感器网络与其他传统的计算机网络相比，有着不同的网络结构和需求。对无线传感器网络进行有效的管理相对于传统计算机网络的管理来说面临很多新的挑战：①无线传感器网络的管理模型必须能适应不同的应用，并且在不同的应用间进行移植时修改的代价最小，即具有一定的通用性；②无线传感器网络大多按照无人看管的原则部署；③无线传感器网络资源受限。

（2）无线传感器网络进行管理时，要遵循以下原则：高效的通信机制；轻量型的结构；智能自组织的机制；安全、稳定的环境。

2.6.2　服务质量保证

2.6.2.1　服务质量概述

通常来说，服务质量具有两方面的含义：从应用的角度看，QoS 代表用户对于网络所提供服务的满意程度；从网络的角度看，QoS 代表网络向用户所提供的业务参数指标。

在网络中，人们比较关注的服务质量标准主要包括可用性、吞吐量、时延、时延变化和丢包率等参数。

（1）可用性：指综合考虑网络设备的可靠性与网络生存性等网络失效因素，当用户需要时即能开始工作的时间百分比。

（2）吞吐量：又称为带宽，是在一定时间段内对网络流量的度量。一般来说，吞吐量越大越好。

（3）时延：指一项服务从网络入口到出口的平均经过时间。许多实时应用，如语音和视频等服务对时延的要求很高。

（4）时延变化：指同一业务流中所呈现的时延不同。高频率的时延变化称为抖动，而低频率的时延变化称为漂移。

（5）丢包率：指网络在传输过程中数据包丢失的比率。造成数据包丢失的主要原因是网络链路质量较差、网络发生拥塞等。

2.6.2.2　服务质量研究现状与发展

（1）应用层 QoS 保障技术

应用层 QoS 需求是由应用设计者和用户提出的。QoS 可定义为系统生命期、查询响应时间、事件检测成功率、查询结果数据的时间空间分辨率、数据可靠性和数据新颖度（图 2-57）。

图 2-57　应用层 QoS 保障技术

（2）数据管理层 QoS 保障技术

分布式传感器网络是由大量廉价的传感器节点组成的一个自组织系统，为了获得期望的服务质量，实现响应时间和资源需求，传感器节点必须互相协作，实现高效的信息采集和分发策略。

（3）数据传输层 QoS 保障技术

PSFQ 采取快吸慢取的方式，能为具有不同可靠性需求的应用提供简单和可扩展的传输协议。

ESRT 是一个新颖的数据传输方法，用最少的能量获得可靠的事件检测结果，包含一个阻塞控制部件，既保证可靠性又节省能量。

（4）网络层 QoS 保障技术

在 WSN 的体系结构中，网络层是提供 QoS 支持的主要部分。作为在网络层支持 QoS 的载体，QoS 路由协议的好坏对无线传感器网络的性能有着重要的影响。路由协议负责将数据分组从源节点通过网络转发到目的节点。

WSN 自身的特点决定了设计 QoS 路由协议将面临以下的挑战问题：

①网络动态变化：节点的失效、链路的失败、节点的移动都可能引起网络拓扑的动态变化，这样一个高度动态变化的网络大大提升了 QoS 路由协议的复杂性。

②资源严重受限：包括能量、计算能力、存储能力、传输功率和带宽限制等，要求路由协议简单有效，在满足 QoS 的前提下尽量节省网络能耗，延长网络生命期。

③对多种业务 QoS 的支持：不同应用可能会有不同的 QoS 需求，这势必会增加路由协议的复杂性，给 QoS 路由协议带来新的挑战。

④能量和 QoS 的平衡：无线传输的能耗和距离成正比，为了节省能量，WSN 常采用多跳传输方式，但由此也增加了通信延迟，因此必须找到一个最佳的平衡点。

⑤可扩展性：WSN 的规模一般很大，路由协议只能采用分布式策略，通过局部拓扑信息构建并维护路由，即 QoS 路由协议的性能不应该随节点数量或密集度的增加而下降。

（5）连通覆盖层的 QoS 保障技术

保证网络的感知覆盖度和连通度是传感器网络特殊的 QoS 需求，目前已有许多相关的研究工作。

（6）MAC 层的 QoS 保障技术

在 WSN 中，MAC 协议决定无线信道的使用方式，在传感器节点之间分配有限的通信资源，对 WSN 的性能有较大的影响。目前，研究人员为无线网络提出一些基于冲突和载波监听的 MAC 协议，目标是最大化系统吞吐量，并未提供实时性保证。

（7）交叉层支持 QoS 的中间件

基于服务的中间件用于接收用户的 QoS 需求，以高效的可扩展的方式保障应用的实时性要求，利用节点的冗余保证容错，并且支持多 Sink 节点的多种 QoS 需求。

2.6.2.3 QoS 关键问题

传感器网络的服务质量问题与这两类问题的关系非常密切，如图 2-58 所示，A 指向 B

则表示 A 对 B 的影响，① 到⑥ 的关联分别如下述。

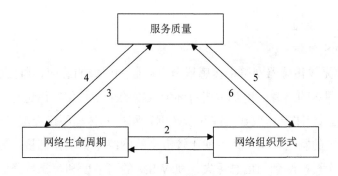

图 2-58　传感器网络的服务质量问题与这两类问题的关系

　　① 网络组织形态的具体形式会直接影响网络生命期，如在分簇形态下，簇头的能量消耗较快；如在网络为应用开启了多余的节点时，将造成网络能耗加快，从而导致网络生命期缩短。

　　② 随着网络生命期的延续，节点能量的消耗，又会影响网络的组织形态，如节点能量耗尽将造成网络拓扑和覆盖的变化。

　　③ 网络或节点的生命周期都会直接影响网络对应用提供的服务质量，如节点能量耗尽造成已开启的节点数量不足，无法完成监测任务。

　　④ 服务质量（特别是针对实时应用和高覆盖要求的服务）通常会消耗较多的能量，从而缩短网络和节点的生命期。

　　⑤ 服务质量的具体指标和实现方式，决定了网络采取何种组织形态，如某些应用（如智能交通等）要求在特定区域内开启特定数量的节点，这就需要网络针对监测的要求进行组织配置。

　　⑥ 网络组织形态也同样会影响网络所提供的服务质量，如不良的组织形态可能造成网络无法采集足够数量和质量的监测数据。

　　QoS 关键问题主要有以下几个方面。

　　（1）资源严重受限。传感器网络节点数量众多，受成本和体积限制，其节点资源受到严重限制，包括能量、带宽、内存和处理器性能等。另外，资源受限也决定了算法必须简单有效。

　　（2）以数据为中心，非端到端的通信模式。传感器网络面向事件监控和属性测量，观测节点不关心数据来源的节点地址标识，往往是基于查询属性匹配的节点集一起进行数据传输。

　　（3）数据高度冗余，流量非均匀分布。

　　（4）节点密集分布无线多跳传输。

　　（5）多用户、多任务并发操作，多类别数据流量。

（6）可扩展性。传感器网络节点数量众多，规模不等，QoS 保障技术应该具有自适应能力。

2.6.2.4 感知 QoS 保证

（1）感知 QoS 概述

感知 QoS 即无线传感器网络中传感器节点对监测区域的感应、监控的效果。

无线传感器网络的所有应用都围绕着环境数据的采集与传输而进行，而数据感知与采集则是 WSN 的首步工作，无效数据或冗余数据在网内的传输不仅会浪费节点有限的能源，同时也会占用一定的网络带宽，使本就比较窄小的网络带宽更显拥挤；另外，感知的不完全也会造成区域应被检测到的信息丢失，使 WSN 的可信度和可靠性降低。可见 WSN 的感知覆盖保持服务本身就存在极大的矛盾，感知的不完全和过度冗余都会降低网络的服务质量。通过合理的覆盖控制手段，可以使得网络中的节点既无冗余，又能保证监控区域都能被监控到。

（2）感知 QoS 亟待解决的问题

虽然 WSN 覆盖控制研究已经取得了一定的成果，但是仍有很多问题需要解决，集中体现在以下几点：①感知模型种类的完善；②三维空间的覆盖控制；③提供移动性的支持；④符合 WSN 与 Internet 交互的相应 WSN 覆盖控制方案；⑤开发和设计更多结合 WSN 覆盖控制的应用。

2.6.2.5 传输 QoS 保证

（1）关键指标

在无线传感器网络中评价传输服务质量的关键指标是传输成功率和时延。

（2）数据丢失的原因

传感数据包能否实现端到端的可靠传输，是网络能否成功实施并应用的一个重要条件。在网络中，造成数据包丢失的原因主要有三个方面。

①无线传感器网络所使用的无线信道与有线链路相比有更大的不稳定性以及更高的误码率，很容易受到周围环境噪声的影响造成数据包的丢失。另外在无线传感器网络中，传感器节点的分布密度非常高，不同节点在发送数据时极易发生信道竞争冲突，以及碰撞造成数据包丢失。

②当无线传感器网络中发生拥塞时，拥塞节点缓存溢出造成数据包丢失。

③接收节点因为数据包到达过快，来不及处理造成数据包丢失。

（3）可靠性机制

目前，无线传感器网络为了保证稳定传输提出了几种可靠性机制：①反馈确认机制；②冗余数据保证机制；③多路径传输机制；④FEC 前向纠错码机制。

（4）拥塞控制

无线传感器网络大部分时间都处于零负载或轻负载，只有在异常事件发生时，网络中才会突发性地产生大量的数据流量。这些数据非常重要，需要在不影响系统性能的前提下可靠地传送到基站，但是这种突发性的大数据量传输很容易导致网络不同程度的拥塞（图 2-59）。

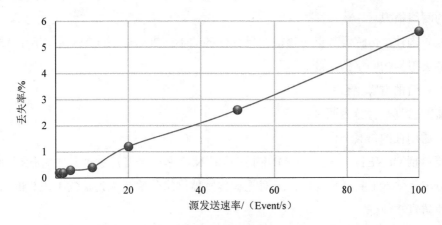

图 2-59　拥塞控制

2.7　网络开发

2.7.1　网络的仿真技术

2.7.1.1　概述

无线传感器网络是由部署在监测区域内大量的微型传感器节点组成，通过随机自组织无线通信方式形成的网络系统。传感器节点有限的处理能力、存储能力、通信能力以及能量问题，决定了无线传感器网络在真实环境大规模部署前，必须对其性能、运行稳定性等因素进行测试，通过整合网络资源以使网络最优化。

WSN 的仿真方法必须具备五项关键特性：可伸缩性、完整性、可信性、桥梁作用和具有能量模型。

2.7.1.2　研究现状与发展

基于无线传感器网络的自身特点，无线传感器网络仿真模拟技术主要解决完整性、能耗模拟、大规模节点网络、可扩展性、高效性、异构性等问题。

（1）完整性：无线传感器网络高度的应用相关性，使网络没有严格的层次划分，要求模拟器必须对节点的执行进行完整模拟。

（2）能耗模拟：要求模拟器能对能量供应源、消耗源进行建模，支持能量仿真，对能耗有效性进行评价。

（3）大规模节点网络：要求模拟器能同时模拟尽可能多的节点执行情况，适应大规模网络部署的需要。

（4）可扩展性：模拟器能够根据不同的需要、应用环境进行功能扩展。

（5）高效性：即仿真效率，要求模拟器用较短的时间、较少的内存占用量实现尽可能大规模的网络模拟。

（6）异构性：传感器节点应该根据目标任务的不同来运行不同的应用，因此要求模拟器应具备模拟异构网络的功能。

2.7.1.3　主流的方阵平台

主流的仿真平台分为两种：

（1）通用性的仿真平台

主要包括 OPNET、NS2 和 OMNET，其中 NS2 是一个开源软件，所有代码都是公开的，OMNET 仿真工具容易入门，但对无线传感器网络传输层来说，OMNET 的仿真效果不如其他仿真软件好。

（2）基于 TinyOS 的仿真平台

TinyOS 是一种无线传感器网络的操作系统，其复杂度和学习难度比通用型的要大得多。

2.7.1.4　常用的仿真软件

（1）OPNET

OPNET 是一种优秀的图形化、支持面向对象建模的大型网络仿真软件，它具有强大的仿真功能，几乎可以模拟任何网络设备、支持各种网络技术，能够模拟固有通信模型、无线分组网模型和卫星通信网模型；同时，OPNET 在对网络规划设计和现有网络分析中也表现较为突出。此外，OPNET 还提供交互式的运行调试工具和功能强大、便捷、直观的图形化结果分析器，以及能够实时观测模型动态变化的动态观测器。

（2）NS2

NS2 是面向对象、离散事件驱动的网络环境模拟器，它支持众多的协议，并提供了丰富的测试脚本，主要用于解决网络研究方面的问题，它本身有一个虚拟时钟，所有的仿真都由离散事件驱动。

（3）TOSSIM

WSN 嵌入式操作系统 TinyOS 以及编程语言 nesC 由伯克利分校开发并维护，TinyOS 面向组件，基于事情驱动。

一个 TinyOS 程序可以用组件图表示（图 2-60），每个组件具有私有变量，组件有三个计算抽象：命令、事件和任务。

命令和事件实现组件间的通信，任务体现了组件间的并行性。命令是组件的某种服务请求，如初始化传感器读操作；事件是服务请求完成的信号，事件可以是异步的，如硬件中断或消息的到来。命令和事件不能被阻塞，命令立即返回，经过一定时间，标志服务请求完成的信号到来。命令和事情立即执行，而命令和事件的处理程序可以发布任务，任务的执行由 TinyOS 调度，这样的机制实现命令和事件立即返回，同时把计算任务发布出去。

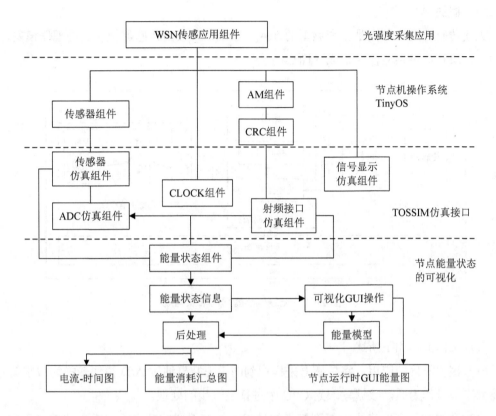

图 2-60　TOSSIM 仿真系统结构

2.7.1.5　仿真软件比较

（1）OPNET 和 NS2 对比

OPNET 可以对分组的到达时间分布、分组长度分布、网络节点类型和链路类型等进行详细的设置，通过不同厂家提供的网络设备和应用场景来设计自己的仿真环境，用户也可以方便地选择库中已有的网络拓扑结构。

NS2 在这方面的选择不如 OPNET 丰富，只能根据实际仿真的环境通过脚本建立逻辑的网络结构，而查看结果则需要其他软件的辅助。在操作易用性方面，OPNET 的优越性是毋庸置疑的，它可以使用较少的操作得到较详尽和真实的仿真结果；而 NS2 则要通过编写脚本和 C++代码来实现网络仿真，而且用这种方式建立复杂的网络会非常困难。

（2）NS2 和 TOSSIM 对比

NS2 与 TOSSIM 相比较而言，NS2 工作在网络数据包级，允许一定范围内的异构网络仿真，决定误包率的复杂模型用 OTCL 和 C 语言编写，和协议实现了分离；而 TOSSIM 则提供了网络模型的 TinyOS 仿真器。

2.7.2 硬件开发

2.7.2.1 概述

无线传感器网络节点是一个微型的嵌入式系统，一般由传感器模块、处理器模块、无线通信模块和能量供应模块组成（图 2-61）。

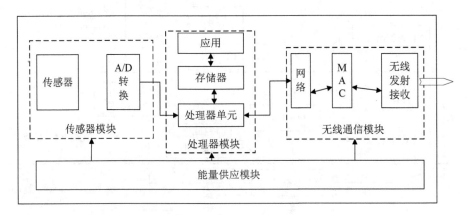

图 2-61　无线传感器网络节点构成

节点工作流程如下所述：

（1）根据不同的应用，将传感器采样得到的模拟数据通过 A/D 模块转换为数字信号，并将数字信号作为原始数据输入到 CPU 中进行进一步的处理。

（2）数据在处理器模块中得到初步的处理，如在普通的节点进行数据浓缩（压缩），在汇聚节点进行数据的部分融合、转发等，当然也可以依据用户的需求进行数据查询和其他管理。

（3）数据处理完毕后，被送入无线通信模块。在无线传感器节点散播之初，通过发送/接收单元的硬件设备和能保证可靠的点到点及点到多点通信的、具有较高电源效率的媒体访问控制（MAC）协议，将形成一个无线传感器网络节点的自组织网并根据路由算法，建立和维护路由表。在数据达到无线通信模块后，根据预先建立起来的路由表，将数据传入下一个节点，最终送到和 CERNET2 相连的网关节点处，再通过 CERNET2 传送至最终用户处。

传感器节点硬件平台的设计中需要从以下几个方面考虑。

（1）微型化

无线传感器节点应该在体积上足够小，保证对目标系统本身的特性不会造成影响，或者所造成的影响可忽略不计。

（2）低功耗

由于设备的体积有限，通常携带的电池能量有限。有的部署区域环境复杂，人员不能到达。

（3）扩展性和灵活性

无线传感器网络节点需要定义统一、完整的外部接口，在需要添加新的硬件时可以在现有节点上直接添加，而不需要开发新的节点。同时，节点可以按照功能拆分成多个组件，组件之间通过标准接口自由组合。

（4）稳定性和安全性

硬件的稳定性要求节点的各个部件都能够在给定的外部环境变化范围内正常工作。

（5）低成本

低成本是传感器节点的基本要求。只有低成本，才能大量地布置在目标区域中，从而表现出传感器网络的各种优点。

2.7.2.2 硬件开发研究现状与发展

无线传感器网络的研究最初起源于美国军方，其研究 TPD6V8 LP-7 的项目包括 CEC、REMBASS、TRSS、Sensor IT、WINS、Smart Dust、SeaWeb、yAMPS、NEST 等。美国国防部远景计划研究局已投资几千万美元，帮助大学进行无线传感器网络技术的研发。美国国家自然基金委员会（NSF）也开设了大量与其相关的项目，NSF 于 2003 年制订了无线传感器网络的研究计划，每年拨款 3 400 万美元支持相关研究项目，并在加州大学洛杉矶分校成立了传感器网络研究中心；2005 年对网络技术和系统的研究计划中，主要研究下一代高可靠、安全的可扩展的网络、可编程的无线网络及传感器系统的网络特性，资助金额达 4 000 万美元。此外，美国交通部、能源部、美国国家航空航天局也相继启动了相关的研究项目。

美国所有著名的院校几乎都有研究小组从事传感器网络相关技术的研究，如加州大学洛杉矶分校、康奈尔大学、麻省理工学院和加州大学伯克利分校等都先后开展了传感器网络方面的研究工作。Crossbow、Mote IV 等一批以传感器节点为产业的公司已为大家所熟知，他们的产品 Mica2、Micaz、Telos 等为很多研究机构搭建起了硬件平台，方便的开发平台使得大部分研究机构开始转而研究大规模无线组网、传感信息融合、时间同步与定位、低功耗设计技术等关键技术。

加拿大、英国、德国、芬兰、日本和意大利等国家的研究机构都先后开始了无线传感器网络的研究。欧盟第 6 个框架将"信息社会技术"作为优先发展的领域之一，其中多处涉及对无线传感器网络的研究。日本总务省在 2004 年 3 月成立了"泛在传感器网络"调查研究会。韩国信息通信部制订了信息技术 839 战略，其中"3"是指 IT 产业的 3 大基础设施，即宽带融合网络、泛在传感器网络、下一代互联网协议。企业界中欧盟的 Philips、Siemens、Ericsson、ZMD、France Telecom、Chipcon 等公司，日本的 NEC、OKI、Skyleynetworks、世康、欧姆龙等公司都开展了无线传感器网络的研究。

我国对无线传感器网络的研究起步较晚，首次正式启动出现于 1999 年中国科学院《知识创新工程点领域方向研究》的"信息与自动化领域研究报告"中，是该领域的五大重点项目之一。2001 年，中国科学院依托上海微系统所成立微系统研究与发展中心，旨在引领中科院无线传感器网络的相关工作。我国学者非常重视无线传感器网络方面的研究，南京邮电大学、北京邮电大学和哈尔滨工业大学等高校科研机构均已开始了该领域的探索研究，其中南京邮电大学无线传感器网络研究中心在无线传感器网络领域已有了一定的科研成果。

国家自然科学基金已经审批了与无线传感器网络相关的多项课题。2004 年，将一项无线传感器网络项目（面向传感器网络的分布自治系统关键技术及协调控制理论）列为重点研项目。2005 年，将网络传感器中的基础理论和关键技术列入计划。国家发改委下一代互联网示范工程（CNGI）中，也部署了无线传感器网络相关的课题。

2.7.2.3 传感器节点的设计

（1）核心处理模块设计

对核心处理模块的设计，体现在四个方面：

①节能设计。在无线传感器网络中，节点的能效是必须首要考虑的条件。对传感器节点来说，核心处理器的能耗是主要的能耗部件，能耗只稍次于通信模块。

②低成本。无线传感器网络通过分布式撒播节点，实现大规模的应用，其中一个必要的条件就是节点的价格要相对低廉，而在无线传感器节点中，微处理器模块所占成本是最大的。

③安全。目前很多微处理器和存储器芯片中都提供有一定的保护机制，这在某些强调安全性的应用场合尤其必要。

④集成度。微处理器内部集成了几乎所有关键部件；在指令执行方面，微控制单元采用哈佛结构，因此指令大多为单周期；在能源管理方面，AVR 单片机提供了多种电源管理方式，尽量节省节点能量；在可扩展方面，提供了多个 I/O 口并且和通用单片机兼容。

（2）能量模块设计

在无线传感器网络中，能量模块是非常重要的一个模块，直接关系到节点的使用寿命和网络的生命周期。微处理器和收发模块的设计都要充分考虑到这个模块的性能。

由于无线传感器网络随机分布的特征，传感器节点一般采用电池供电，原电池成本比较低廉、体积较小、能量密度高，因此被普遍应用在无线传感器网络中。

在某些环保地区，传感器网络可以直接从外界获取能量，如通过光电效应、机械振动等方式获取能量。

2.7.3 操作系统

2.7.3.1 概述

随着物联网的发展，越来越多消费类电子产品功能越来越丰富和智能，因此在对终端设备的设计过程中，就需要使用一定的操作系统对设备进行管理。根据 IEEE 的定义：嵌入式系统是"用于控制、监视或者辅助操作机器和设备的装置"。简单地讲就是嵌入到对象体中的专用计算机系统。

嵌入式操作系统又分为实时操作系统和非实时操作系统两大类。实时操作系统指系统在限定的时间要能对调用的程序进行稳定的调用和执行，对系统的时序有较高的要求。如 μC/OS-III、FreeRTOS 等操作系统就属于实时操作系统，这一类操作系统通常代码较少，常应用于对系统实时性要求较高但是对系统的功能复杂度要求不高的嵌入式设备。非实时类操作系统与实时系统相反，通常实时性要求不高，对程序的调用和执行延迟较高，如 Linux 系统等。这类操作系统通常内核系统比较复杂，适用于对系统功能复杂度要求较高的高端电子产品。

如图 2-62 所示的是 2017 年各个操作系统的市场占有比，从图中可以看出目前市场上应用比较广的几类操作系统。根据传感器数据采集系统的设计需求，我们从中选择了几个操作系统进行对比分析。主要包括了 μClinux、μC/OS-III、FreeRTOS、RT-Thread。

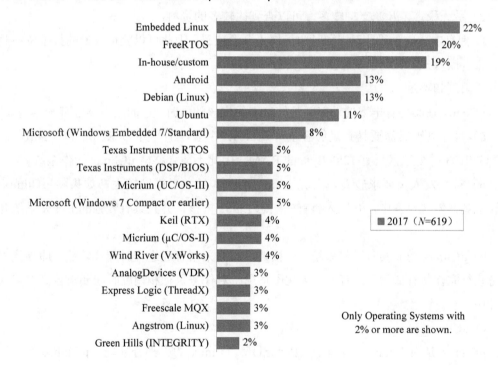

图 2-62　2017 年嵌入式操作系统市场占有比

2.7.3.2　几种典型操作系统及对比

（1）μClinux 操作系统

μClinux 是一个 GNU 的开源项目，被设计用在微控制应用领域，其代码完全开放并且免费。μClinux 由 Linux 系统修改而来，Linux 系统是需要处理器具有内存管理单元

（Memory Management Unit，MMU）的，但是有大部分的单片机或者 ARM 处理器等都是不具有 MMU 的。为了让 Linux 系统也能运行在这些处理器上，GPL 组织对 Linux 系统进行修改和精简成微型 Linux 系统，即 μClinux，该系统继承了绝大多数 Linux 系统的功能，特别是 Linux 系统特有的网络管理功能。

①应用优势和特点

a）专门针对没有 MMU 的处理器设计，支持多任务，具有完备的 TCP/IP 协议栈并支持多种网络协议，由 Linux 裁剪修改而来，因此具有大部分 Linux 系统特有的优势，如网络管理功能。

b）支持多种文件系统，如 ROMFS、NFS、Ext Z、JFFS、MS-DOS 及 FAT16/32 等。

c）μClinux 发行至今已经历多个版本，目前 μCLinux 支持包括 ARM、MIPS、SH、6SK、x86 甚至 SPARC 等高性能处理器，并在 80 个以上基于这些处理器的开发平台成功实现。

d）支持功能扩展，因此适合用于复杂的系统开发。

e）系统稳定，开源支持较多，可以查到比较多的资料。

f）拥有丰富的外设驱动，同时由于属于开源项目，因此可以获得大量的技术资料且可以和很多嵌入式 Linux 领域的技术人员进行交流。

②限制和不足

μClinux 在其拥有丰富的功能并且较稳定的内核的同时，它的应用场合有一定的限制。

a）目标处理器需要具有足够容量（几百 K 字节以上）外部 ROM 和 RAM。而像 STM32F103 等处理器只有 128KByte 的 RAM，因此不适合移植 μClinux 操作系统。

b）对开发人员要求较高，首先 Linux 系统本身学习难度较大，如果将 μClinux 系统移植到嵌入式设备中，开发人员首先熟悉 Linux 内核，并且具有较强的 Linux 系统开发能力。

c）μClinux 是非实时操作系统，内核调度方法采用普通进程时间片轮法，即高优先级任务执行完在执行低优先级任务，因此不适用于对任务执行和调度时间要求较高的嵌入式设计中。

③ μClinux 与 IPv6

μClinux 是由 Linux 修改而来，因此继承了 Linux 的大部分功能，μClinux 本身具有 IPv6 协议栈。同时由于 Linux 主要是应用在具有丰富的内存资源和较强处理能力的个人电脑或服务器上，因此 μClinux 由 Linux 继承而来的 IPv6 协议栈相对于普通的嵌入式设备来说是比较大的。所以，将该协议栈直接移植到嵌入式设备会消耗大量的内存资源和处理资源。所以如果需要将 μClinux 移植到普通的处理器中，为了能提高嵌入式设备 IPv6 网络功能的效率，需要对协议栈进行裁剪，这需要对 μClinux 内核有一定的熟悉程度。

（2）μC/OS-Ⅲ 操作系统

Micrium 公司开发的一个开源但不免费的系统 μC/OS-Ⅲ 是 Micrium 公司开发的一个开源但不免费的实时嵌入式内核，它提供了实时系统所需的基本功能，包括任务调度、任务管理、时间管理、简单内存管理、任务间的通信与同步，没有提供输入输出管理、文件系统、图形化窗口系统、网络服务等功能。用户可以根据自己的需求设计添加所需的模块。目前已有第三方为 μC/OS-Ⅲ 开发文件系统、TCP/IP 协议栈等模块。

① 系统特点

公开源代码：源代码比较容易阅读，且有书籍资料，学习比较容易。

可移植性：绝大多数处理器都可以移植，且移植过程比较简单。

可裁剪性：可以只使用 μC/OS-Ⅲ 应用程序需要的那些系统服务。这种可裁剪发生是依靠条件编译实现的。

占先式：μC/OS-Ⅲ 完全是占先式实时内核，即总是运行就绪条件下优先级最高的任务，因此系统的实时性较强。

多任务：目前版本的 μC/OS-Ⅲ 内核不限制任务数量。

可确定性（实时性）：全部 μC/OS-Ⅲ 的函数调用和服务的执行时间具有确定性，即它们的执行时间是可知的。即 μC/OS-Ⅲ 系统服务的执行时间不依赖于程序任务有多少。

任务栈：每个任务有自己单独的栈，μC/OS-Ⅲ 允许每个任务有不同的栈空间。

系统服务：μC/OS-Ⅲ 提供多种系统服务，如消息队列、信号量、块大小固定的内存的申请与释放、时间相关函数等。

支持的驱动：μC/OS-Ⅲ 是一个纯粹的内核系统，因此不具有外设驱动，需要用户根据自己的设备进行驱动的开发。

② 对 IPv6 的支持

μC/OS-Ⅲ 本身是不带任何外设驱动和资源，随着应用的广泛，目前已有针对该操作系统的 TCP/IP 协议栈，且同时支持了 IPv4 和 IPv6，目前对 IPv6 协议以实现了以下功能：IPv6 节点功能（IPv6 Node）、IPv6 无状态地址自动配置功能（Stateless Address Autoconfiguration，SLAAC）、多播功能（Multicast）、邻居发现协议（Neighbour Discovery Protocol，NDP）和 ICMPv6 协议功能。该协议栈具有了比较精简的代码，适用于普通的嵌入式设备，但是该协议栈属于收费项目，商业应用需要支付版权费用。

（3）FreeRTOS 操作系统

FreeRTOS 是目前市场上嵌入式实时操作系统应用最为广泛的一个操作系统，FreeRTOS 内核具有任务管理、时间管理、信号量、消息队列、内存管理、记录功能、软件定时器、协程等基本功能。FreeRTOS 内核在设计概念与 μC/OS-Ⅲ 具有相似性，这里我们对两者进行对比。

① FreeRTOS 相对于 μC/OS-Ⅲ 具有的优势：

a）内核 ROM 和耗费 RAM 都比 μC/OS-III 小，特别是 RAM。这在单片机里面是稀缺资源，μC/OS-III 至少要 5 kB 以上，而 FreeRTOS 用 2～3 kB 也可以跑得很好。

b）FreeRTOS 可以用协程（Co-routine），减少 RAM 消耗（共用 STACK）。μC/OS-III 只能用任务（TASK，每个任务有一个独立的 STACK）。

c）FreeRTOS 是在商业上免费应用。μC/OS-III 在商业上的应用是要付钱的。

② FreeRTOS 不如 μC/OS-III 的地方：

a）比 μC/OS-III 简单，任务间通信 FreeRTOS 只支持队列、信号量、互斥。μC/OS-III 除这些外，还支持标志、消息邮箱。

b）μC/OS-III 的支持比 FreeRTOS 多。除操作系统外，FreeRTOS 只支持 TCPIP，μC/OS-III 则有大量外延支持，如 FS、USB、GUI、CAN 等的支持。

c）μC/OS-III 可靠性更高，而且耐优化。

d）FreeRTOS 支持的 TCP/IP 协议不具有 IPv6，而 μC/OS-III 目前已支持 IPv6 协议。

③ FreeRTOS 与 IPv6

FreeRTOS 目前不具有 IPv6 功能，但是可以移植目前已有针对嵌入式设备的精简 IPv6 协议，如 μIPv6 协议，SISCO、ATMEL 和 SICS（瑞典计算机学会）在 2008 年共同宣布 μIPv6 已经发布开源的 IPv6 协议栈可以为任意电子设备提供 IP 地址。新的 μIPv6 栈需要一个 0.5 kB 容量的 SRAM 存储数据结构，1.3 kB 的 SRAM 提供缓冲，11 kB 装载代码，并支持 6LoWPAN 标准，提供对 802.15.4 和 IPv6 的互通性。目前就有 Contiki 操作系统将 μIPv6 作为内嵌的 IPv6 协议栈进行应用。而且 FreeRTOS 属于开源并且免费的嵌入式系统，因此将其应用于商业应用可以节省较大的版权费用。

（4）RT-Thread 操作系统

RT-Thread 是一款由中国开源社区主导开发的开源嵌入式实时操作系统（遵循 GPLv2+许可协议，当标识产品使用了 RT-Thread 时可以按照自有代码非开源的方式应用在商业产品中），它包含实时嵌入式系统相关的各个组件：实时操作系统内核，TCP/IP 协议栈、文件系统、libc 接口、图形引擎等。

RT-Thread 实时操作系统是一个分层的操作系统，它包括了：①底层移植、驱动层，这层与硬件密切相关，由 Drivers 和 CPU 移植相构成。②硬实时内核，这层是 RT-Thread 的核心，包括了内核系统中对象的实现，例如多线程及其调度、信号量、邮箱、消息队列、内存管理、定时器等实现。③组件层，这些是基于 RT-Thread 核心基础上的外围组件，例如文件系统，命令行 shell 接口，lwIP 轻型 TCP/IP 协议栈，GUI 图形引擎等。

RT-Thread 自己本身的特色：小巧的内核及周边组件；清晰、简单、低耦合的系统结构；面向对象，类 UNIX 的编程风格；尽可能兼容 POSIX 可移植操作系统接口的方式；

RT-Thread 和 IPv6

RT-Thread 操作系统与前面几个系统最大的特点是组件化，该系统就以 lwIP 作为其组件之一，因此该系统支持 IPv6 功能。目前已实现以下 IPv6 功能：支持 IPv6 层协议；在 tcp/udp/raw 协议控制块中支持 IPv6；Netconn API 支持 IPv6；Socket API 支持 IPv6；支持 ICMPv6；支持邻居发现协议（Neighbor Discovery）；支持组播侦听发现模式（Multicast Listener Discovery）；支持无状态地址自动配置；支持 IPv6 数据包分片与重组；网络接口层支持 IPv6。

尽管 lwIP-head 的 IPv6 支持已基本稳定，但是仍有部分功能待开发：在不同的 netif 结构体中添加 Scope id 的支持，在利用 link-local 地址通信时，Scope id 可提供路由信息；在 BSD Socket API 中有多个函数实现不完善。

相对于 μC/OS-III 中 IPv6 协议，RT-Thread 系统具有的 IPv6 功能更加丰富，但是 RT-Thread 是 2012 年才正式发布，因此属于一个较新的嵌入式操作系统，目前市场上应用还比较少。但是作为一个中国开源社区设计的一款开源免费的嵌入式操作系统，它具有自身特有的组件化特点，因此将来在市场应用上将会越来越多。

2.7.3.3　操作系统比较分析

根据上面几个典型的嵌入式操作系统特性对比，表 2-4 中从对 IPv6 协议栈的支持上可以得出：μClinux 系统的 IPv6 协议栈从 Linux 系统继承而来，因此相对成熟稳定，但是代码量也相对较多，在文件系统的支持方面，四个系统都具有比较精简的文件系统。因此，在野外环境监测系统中，采用 FAT 文件系统对采集到的数据进行存储和管理是一个比较理想的方案。

表 2-4　四个嵌入式操作系统特性对比

操作系统	μClinux	μC/OS-III	FreeRTOS	RT-Thread
IPv6 协议栈	继承 Linux 系统的 IPv6 协议栈	Micrium's TCP/IP 协议栈	无	LwIP 协议栈
文件系统	支持多种文件系统	μC/FS 文件系统，支持 FAT	FAT 文件系统	DFS-ELM、YAFFS2、ROMFS
是否开源	开源	开源但商业不免费	开源	开源
调度方法	先入先出的调度算法和时间片轮转	基于固定优先级的抢占式调度	抢占式，时间片和合作式	基于优先级的全抢占式调度
内核抢占	否	是	可配置	是
任务数量	无限制	无限制	可配置	256
时间可确定性	否	是	是	是
同步	信号量	信号量、互斥信号量和事件标志	信号量、互斥信号量和事件标志	信号量、互斥信号量和事件标志
通信量	管道、消息队列和共享内层	消息队列、信号量	消息队列、信号量	邮箱、消息队列、信号量
代码量	完整代码包在 800 MB 以上	15~20 MB	20~25 MB	100 MB 以下

2.7.4　软件开发

2.7.4.1　概述

无线传感器网络的软件系统用于控制底层硬件的工作行为，为各种算法、协议的设计提供一个可控的操作环境，同时便于用户有效地管理网络，实现网络的自组织、协作、安全和能量优化等功能，从而降低无线传感器网络的使用复杂度（图2-63）。

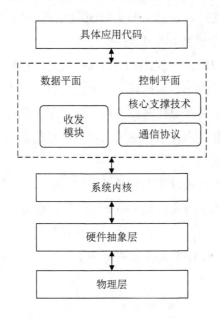

图 2-63　无线传感器网络的软件系统

2.7.4.2　主要开发环境

TinyOS 是当前无线传感器网络开发所使用的主流操作系统，在 TinyOS 上编写程序使用的主要是 nesC 语言。

nesC 是 C 语言的扩展，精通 C 语言的程序员可比较快地掌握这种语言。与 C 语言的存储格式不同，用 nesC 语言编写的文件以 ".nc" 为后缀，每个 nc 文件实现一个组件功能（组件化/模块化）。在 nesC 程序中，主要定义两种功能不同的组件——模块（Module）和配件（Configuration）。

模块主要用于描述组件的接口函数功能以及具体的实现过程，每个模块的具体执行都由 4 个相关部分组成：命令函数、事件函数、数据帧和一组执行线程。

2.7.4.3　中间件设计

中间件是介于操作系统（包括底层通信协议）和各种分布式应用程序之间的一个软件层，其主要作用是建立分布式软件模块之间互操作的机制，屏蔽底层分布式环境的复杂性和异构性，为处于上层的应用软件提供运行与开发环境。

无线传感器网络的中间件软件设计必须遵循以下的原则。

（1）由于节点能量、计算、存储能力及通信带宽有限，因此无线传感器网络中间件必须是轻量级的，且能够在性能和资源消耗间取得平衡。

（2）传感网环境较为复杂，因此中间件软件还应提供较好的容错机制、自适应机制和自维护机制。

（3）中间件软件的下层支撑是各种不同类型的硬件节点和操作系统（如 TinyOS、MANTIS OS、SOS 等），因此，其本身必须能够屏蔽网络底层的异构性。

（4）中间件软件的上层是各种应用，因此，它还需要为各类上层应用提供统一的、可扩展的接口，以便于应用的开发。

2.8 网络应用

无线传感器网络是当前信息领域中研究的热点之一，可用于特殊环境实现信号的采集、处理和发送。无线传感器网络是一种全新的信息获取和处理技术，在现实生活中得到了越来越广泛的应用。无线传感器网络的八大热门应用如下述。

（1）军事领域的应用

在军事领域，由于 WSN 具有密集型、随机分布的特点，使其非常适合应用于恶劣的战场环境。利用 WSN 能够实现监测敌军区域内的兵力和装备、实时监视战场状况、定位目标、监测核攻击或者生物化学攻击等（图 2-64）。

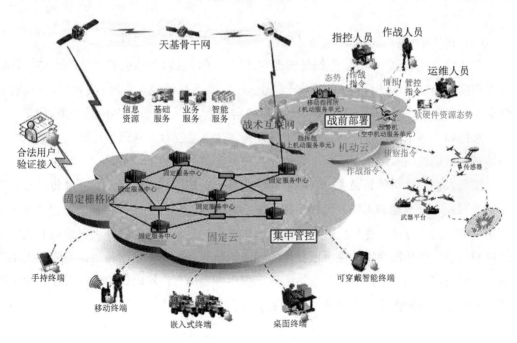

图 2-64　军事领域的应用

（2）辅助农业生产

WSN 特别适用于以下几个方面的生产和科学研究。例如，大棚种植室内及土壤的温度、湿度、光照监测、珍贵经济作物生长规律分析与测量、葡萄优质育种和生产等，可为农村发展与农民增收带来极大的帮助。采用 WSN 建设农业环境自动监测系统，用一套网络设备完成风、光、水、电、热和农药等的数据采集和环境控制，可有效提高农业集约化生产程度和农业生产种植的科学性（图 2-65）。

图 2-65　辅助农业生产

（3）在生态环境监测和预报中的应用

在环境监测和预报方面，无线传感器网络可用于监视农作物灌溉情况、土壤空气情况、家畜和家禽的环境和迁移状况、无线土壤生态学、大面积的地表监测等，可用于行星探测、气象和地理研究、洪水监测等。基于无线传感器网络，可以通过数种传感器来监测降雨量、河水水位和土壤水分，并依此预测山洪暴发描述生态多样性，从而进行动物栖息地生态监测。还可以通过跟踪鸟类、小型动物和昆虫进行种群复杂度的研究等。

随着人们对环境的日益关注，环境科学所涉及的范围越来越广泛。通过传统方式采集原始数据是一件困难的工作。无线传感器网络为野外随机性的研究数据获取提供了方便，特别是以下几个方面：将几百万个传感器散布于森林中，能够为森林火灾地点的判定提供最快的信息；传感器网络能提供遭受化学污染的位置及测定化学污染源，不需要人工冒险进入受污染区；判定降雨情况，为防洪抗旱提供准确信息；实时监测空气污染、水污染以及土壤污染；监测海洋、大气和土壤的成分（图 2-66）。

图 2-66　生态环境监测和预报中的应用

（4）基础设施状态监测系统

WSN 技术对于大型工程的安全施工以及建筑物安全状况的监测有积极的帮助作用。通过布置传感器节点，可以及时准确地观察大楼、桥梁和其他建筑物的状况，及时发现险情和进行维修，避免造成严重的后果（图 2-67）。

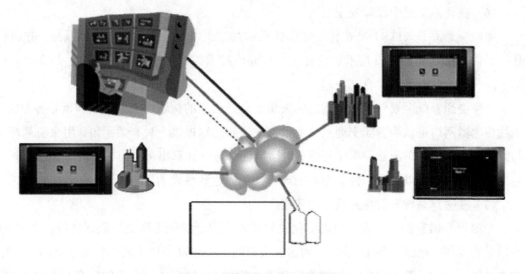

图 2-67　基础设施状态监测系统

（5）工业领域的应用

在工业安全方面，传感器网络技术可用于危险的工作环境，例如在煤矿、石油钻井、核电厂和组装线布置传感器节点，可以随时监测工作环境的安全状况，为工作人员的安全提供保证。另外，传感器节点还可以代替部分工作人员到危险的环境中执行任务，不仅降低了危险程度，还提高了对险情的反应精度和速度。

由于 WSN 部署方便、组网灵活，其在仓储物流管理和智能家居方面也逐渐发挥作用。

无线传感器网络使传感器形成局部物联网，实时地交换和获得信息，并最终汇聚到物联网，形成物联网重要的信息来源和基础应用（图 2-68）。

图 2-68　工业领域的应用

（6）在智能交通中保障安全畅通

智能交通系统（ITS）是在传统交通体系的基础上发展起来的新型交通系统，它将信息、通信、控制和计算机技术以及其他现代通信技术综合应用于交通领域，并将"人—车—路—环境"有机地结合在一起。

智能交通系统主要包括交通信息的采集、交通信息的传输、交通控制和诱导等方面。无线传感器网络可以为智能交通系统的信息采集和传输提供一种有效手段，用来监测路面与路口各个方向的车流量、车速等信息。运用计算方法计算出最佳方案，同时输出控制信号给执行子系统，以引导和控制车辆的通行，从而达到预设的目标。

（7）在医疗系统和健康护理中的应用

当前很多国家都面临着人口老龄化的问题，我国老龄化速度更居全球之首。中国 60 岁以上的老年人已经达到 1.6 亿人，约占总人口的 12%，80 岁以上的老年人达 1 805 万人，约占老年人口的总数 11.29%。一对夫妇赡养 4 位老人、生育 1 个子女的家庭大量出现，使赡养老人的压力进一步加大。"空巢老人"在各大城市平均比例已达 30%以上，个别大中城市甚至已超过 50%。这对于中国传统的家庭养老方式提出了严峻挑战。

无线传感器网络技术通过连续监测提供丰富的背景资料并做预警响应，不仅有望解决这一问题还可大大地提高医疗的质量和效率。无线传感网集合了微电子技术、嵌入式计算技术、现代网络及无线通信和分布式信息处理等技术，能够通过各类集成化的微型传感器协同完成对各种环境或监测对象的信息的实时监测、感知和采集，是当前在国际上备受关注的，涉及多学科高度交叉、知识高度集成的前沿热点之一。

（8）在信息家电设备中的应用

无线传感器网络的逐渐普及，促进了信息家电、网络技术的快速发展，家庭网络的主要设备已由单一机向多种家电设备扩展，基于无线传感器网络的智能家居网络控制节点为家庭内、外部网络的连接及内部网络之间信息家电和设备的连接提供了一个基础平台。

在家电中嵌入传感器节点，通过无线网络与互联网连接在一起，方便和更人性化的智能家居环境。利用远程监控系统可实现对家电的远程遥控，无线传感器网络使住户不但可以在任何可以上网的地方通过浏览器监控家中的水表、电表、煤气表、电器热水器、空调、电饭煲等，如安防系统煤气泄漏报警系统、外人侵入预警系统等，而且可通过浏览器设置命令，对家电设备远程控制。也可以通过图像传感设备随时监控家庭安全情况。利用传感器网络可以建立智能幼儿园，监测儿童的早期教育环境，以及跟踪儿童的活动轨迹（图 2-69）。

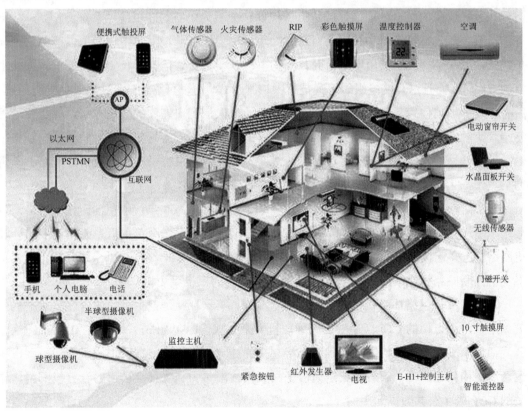

图 2-69　信息家电中的应用

3 计算机网络

3.1 概述

3.1.1 网络的形成与发展过程

第一阶段，以单计算机为中心的联机终端系统，计算机网络主要是计算机技术和信息技术相结合的产物，它从 20 世纪 50 年代起步至今已经有 70 多年的发展历程，在 50 年代以前，因为计算机主机相当昂贵，而通信线路和通信设备相对便宜，为了共享计算机主机资源和进行信息的综合处理，形成了第一代以单主机为中心的联机终端系统。

在第一代计算机网络中，因为所有的终端共享主机资源，因此终端到主机都单独占一条线路，所以使得线路利用率低，而且因为主机既要负责通信又要负责数据处理，因此主机的效率低，而且这种网络组织形式是集中控制形式，所以可靠性较低，如果主机出问题，所有终端都被迫停止工作，面对这样的情况，当时人们提出这样的改进方法，就是在远程终端聚集的地方设置一个终端集中器，把所有的终端聚集到终端集中器，而且终端到集中器之间是低速线路，而终端到主机是高速线路，这样使得主机只要负责数据处理而不负责通信工作，大大提高了主机的利用率。

第二阶段，以通信子网为中心的主机互联，到 20 世纪 60 年代中期，计算机网络不再局限于单计算机网络，许多单计算机网络相互连接形成了有多个单主机系统相连接的计算机网络，这样连接起来的计算机网络体系有两个特点：① 多个终端联机系统互联，形成了多主机互联网络；② 网络结构体系由主机到终端变为主机到主机。

后来计算机网络体系在慢慢向两种形式演变，第一种就是把主机的通信任务从主机中分离出来，由专门的 CCP（通信控制处理机）来完成，CCP 组成了一个单独的网络体系，称为通信子网，而在通信子网基础上连接起来的计算机主机和终端则形成了资源子网，导致两层结构体系出现；第二种就是通信子网规模逐渐扩大成为社会公用的计算机网络，原来的 CCP 成了公共数据通用网。

第三阶段计算机网络体系结构标准化，随着计算机网络技术的飞速发展和逐渐普及，各种计算机网络的连接方式就显得相当的复杂，因此需要把计算机网络形成一个统一的标准，使之更好的连接。这时网络体系结构标准化就显得相当重要，在这样的背景下形成了体系结构标准化的计算机网络。计算机结构标准化的原因有两个,第一个原因是使不同设备之间的兼容性和互操作性更加紧密。第二个原因是为了更好地实现计算机网络的资源共享,所以计算机网络体系结构标准化具有相当重要的作用。

第四阶段从 20 世纪 90 年代开始,发展了 Internet 与异步传输模式(ATM 技术)。Internet 作为世界性的信息网络,正在对当今经济、文化、科学研究、教育与人类社会生活发挥着越来越重要的作用。以 ATM 技术为代表的高速网络技术为全球信息高速公路的建设提供了技术准备。Internet 是覆盖全球的信息基础设施之一。利用 Internet 可以实现全球范围内的电子邮件、WWW 信息查询与浏览、电子新闻、文件传输、语音与图像通信服务等功能。Internet 是一个用路由器实现多个广域网和局域网互联的大型国际网。高速网络技术发展表现在宽带综合业务数字网 B-ISDN、异步传输模式 ATM、高速局域网、交换局域网与虚拟网络。1993 年 9 月美国宣布了国家信息基础设施(NII)计划(信息高速公路),由此引起了各国开始制订各自的信息高速公路的建设计划。各国在国家信息基础结构建设的重要性方面已形成了共识,于 1995 年 2 月成立了全球信息基础结构委员会(GIIC),目的在于推动和协调各国信息技术和国家信息基础设施的研究、发展与应用——全球信息化。Internet 技术在企业内部中的应用促进了 Intranet 技术的发展。Internet、Intranet、Extranet 与电子商务成为当今企业网研究与应用的热点。

3.1.2 网络的定义与分类

计算机网络是利用通信线路和设备,将分散在不同地点、具有独立功能的多个计算机系统互联起来,按网络协议互相通信,在功能完善的网络软件控制下实现网络资源共享和信息交换的系统。网络是现代通信技术与计算机技术结合的产物。

计算机网络的组成如下:

- 主计算机:承担数据处理。
- 终端:直接面对用户,实现与网络连接。
- 通信处理机(节点):通信控制和处理。主要由通信设备、通信线路和路由器组成。通信设备又称为数据传输设备,包括将终端用低速线路集中起来的集中器,提供不同信号间的变换的信号变换器。通信线路是连接以上各组成部分的网络。路由器是实现网络间的互联。

按网络的覆盖区域将网络分为局域网、城域网和广域网三类。

(1)局域网(Local Area Network,LAN)

范围为几十米到几千米,如一个办公室、一栋楼、一个校园/企业等。

其主要特点如下:

- ❖ 覆盖范围小;
- ❖ 传输速率高(1 Mbit/s~10 Gbit/s);

    ◇ 误码率低；

    ◇ 拓扑结构简单；

    ◇ 单一的组织管理。

（2）城域网（MAN）

作用范围通常为几十到几千千米，它所采用的技术基本上与局域网相类似，只是规模上要大一些。城域网既可以覆盖相距不远的几栋办公楼，也可以覆盖一个城市。。

主要特点如下：

    ◇ 可跨省市甚至全球；

    ◇ 公用电信网络连接；

    ◇ 传输速率较低（传统：64 kbit/s～2 Mbit/s，高速：2.5 Gbit/s）；

    ◇ 拓扑结构复杂。

（3）广域网（Wide Area Networks，WAN）

介于局域网和广域网之间的高速网络，一般为几千米至几万米，它的设计目标是满足多个局域网互联的需求，实现大量用户之间的数据、语音、图形与视频等多种信息的传输功能。

按网络的使用范围分类：为公共提供商业性和公益性通用网络 Internet；像 Intranet 一样为部门提供特定应用服务功能的网络专用网。

3.1.3　计算机网络的基本组成与功能

计算机网络基本包括：计算机、网络操作系统、传输介质（可以是有形的，也可以是无形的，如无线网络的传输介质就是空气）以及相应的应用软件四部分。

计算机网络的主要功能有四个方面，最基本的功能是实现资源共享和数据通信。

（1）资源共享

资源共享是人们建立计算机网络的主要目的之一。计算机资源包括硬件资源、软件资源和数据资源。硬件资源的共享可以提高设备的利用率，避免设备的重复投资，如利用计算机网络建立网络打印机。软件资源和数据资源的共享可以充分利用已有的信息资源，减少软件开发过程中的劳动，避免大型数据库的重复设置。

（2）数据通信

数据通信是指利用计算机网络实现不同地理位置的计算机之间的数据传送，如人们通过电子邮件（E-mail）发送和接收信息，使用 IP 电话进行相互交谈等。

（3）均衡负荷与分布处理

均衡负荷与分布处理是指当计算机网络中的某个计算机系统负荷过重时，可以将其处理的任务传送到网络中的其他计算机系统中，以提高整个系统的利用率。对于大型的综合性的科学计算和信息处理，通过适当的算法，将任务分散到网络中不同的计算机系统上进行分布式的处理，例如通过国际互联网中的计算机分析地球以外空间的声音等。

（4）综合信息服务

在当今的信息化社会中，各行业每时每刻都要产生大量的信息需要及时地处理，而计算机网络在其中起着十分重要的作用。

3.1.4　计算机网络的拓扑结构

计算机网络拓扑（Computer Network Topology）是指由计算机组成的网络之间设备的分布情况以及连接状态。把计算机网络设备画在图上就成了拓扑图，一般在图上要标明设备所处的位置、设备的名称类型及设备间的连接介质类型，它分为物理拓扑和逻辑拓扑两种。

计算机网络的拓扑结构，即是指网上计算机或设备与传输媒介形成的节点与线的物理构成模式。网络的节点有两类：一类是转换和交换信息的转接节点，包括节点交换机、集线器和终端控制器等；另一类是访问节点，包括计算机主机和终端等。线则代表各种传输媒介，包括有形的和无形的。

3.1.4.1　计算机网络拓扑的组成

每一种网络结构都由节点、链路和通路等部分组成。

①节点：又称为网络单元，它是网络系统中的各种数据处理设备、数据通信控制设备和数据终端设备。常见的节点有服务器、工作站、集线路和交换机等设备。

②链路：两个节点间的连线，可分为物理链路和逻辑链路两种，前者指实际存在的通信线路，后者指在逻辑上起作用的网络通路。

③通路：是指从发出信息的节点到接收信息的节点之间的一串节点和链路，即一系列穿越通信网络而建立起的节点到节点的链。

3.1.4.2　网络拓扑的选择性

拓扑结构的选择往往与传输媒体的选择及媒体访问控制方法的确定紧密相关。在选择网络拓扑结构时，应该考虑的主要因素有以下几点。

①可靠性。尽可能提高可靠性，以保证所有数据流能准确接收；还要考虑系统的可维护性，使故障检测和故障隔离较为方便。

②费用。建网时需考虑适合特定应用的信道费用和安装费用。

③灵活性。需要考虑系统在今后扩展或改动时，能容易地重新配置网络拓扑结构，能方便地处理原有站点的删除和新站点的加入。

④响应时间和吞吐量。要为用户提供尽可能短的响应时间和最大的吞吐量。

3.1.4.3　常见拓扑类型

（1）星型拓扑

星型拓扑是由中央节点和通过点到点通信链路接到中央节点的各个站点组成。中央节点执行集中式通信控制策略，因此中央节点相当复杂，而各个站点的通信处理负担都很小。

星型网采用的交换方式有电路交换和报文交换，尤以电路交换更为普遍。这种结构一旦建立了通道连接，就可以无延迟地在连通的两个站点之间传送数据。目前流行的专用交换机（Private Branch exchange，PBX）就是星型拓扑结构的典型实例（图 3-1）。

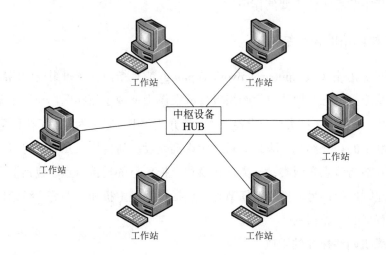

图 3-1　星型拓扑结构

星型拓扑结构的优点

➤ 结构简单，连接方便，管理和维护都相对容易，而且扩展性强；

➤ 网络延迟时间较小，传输误差低；

➤ 在同一网段内支持多种传输介质，除非中心结点故障，否则网络不会轻易瘫痪。因此，星型网络拓扑结构是目前应用最广泛的一种网络拓扑结构。

星型拓扑结构的缺点

➤ 安装和维护的费用较高；

➤ 共享资源的能力较差；

➤ 通信线路利用率不高；

➤ 对中心节点要求相当高，一旦中心节点出现故障，则整个网络将瘫痪。

星型拓扑结构广泛应用于网络的智能集中于中央节点的场合。从目前的趋势看，计算机的发展已从集中的主机系统发展到大量功能很强的微型机和工作站，在这种形势下，传统的星型拓扑的使用会有所减少。

（2）总线拓扑

总线拓扑结构采用一个信道作为传输媒体，所有站点都通过相应的硬件接口直接连到这一公共传输媒体上，该公共传输媒体即称为总线。任何一个站发送的信号都沿着传输媒体传播，而且能被所有其他站所接收。

因为所有站点共享一条公用的传输信道，所以一次只能由一个设备传输信号。通常采用分布式控制策略来确定哪个站点可以发送。发送时，发送站将报文分成分组，然后逐个依次发送这些分组，有时还要与其他站来的分组交替地在媒体上传输。当分组经过各站时，其中的目的站会识别到分组所携带的目的地址，然后复制下这些分组的内容（图 3-2）。

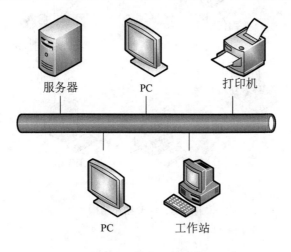

图 3-2　总线拓扑结构

总线拓扑结构的优点

➢ 总线结构所需要的电缆数量少，线缆长度短，易于布线和维护；

➢ 总线结构简单，又是无源工作，有较高的可靠性。传输速率高，可达 1～100 Mbit/s；

➢ 易于扩充，增加或减少用户比较方便，结构简单，组网容易，网络扩展方便；

➢ 多个节点共用一条传输信道，信道利用率高。

总线拓扑结构的缺点

➢ 总线的传输距离有限，通信范围受到限制；

➢ 故障诊断和隔离较困难；

➢ 分布式协议不能保证信息的及时传送，不具有实时功能。站点必须是智能的，要有媒体访问控制功能，从而增加了站点的硬件和软件开销。

（3）环型拓扑

环型拓扑网络由站点和连接站点的链路组成一个闭合环。每个站点能够接收从一条链路传来的数据，并以同样的速率串行地把该数据沿环送到另一端链路上。这种链路可以是单向的，也可以是双向的。数据以分组形式发送，例如，A 站希望发送一个报文到 C 站，就先要把报文分成为若干个分组，每个分组除了数据还要加上某些控制信息，其中包括 C 站的地址。A 站依次把每个分组送到环上，开始沿环传输，C 站识别到带有它自己地址的分组时，便将其中的数据复制下来。由于多个设备连接在一个环上，因此需要用分布式控制策略来进行控制（图 3-3）。

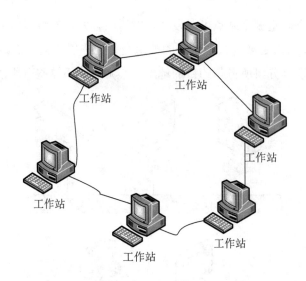

图 3-3 环型拓扑结构

环型拓扑的优点

➢ 电缆长度短。环型拓扑网络所需的电缆长度和总线拓扑网络相似，但比星型拓扑网络要短得多。

➢ 增加或减少工作站时，仅需简单的连接操作。

➢ 可使用光纤。光纤的传输速率很高，十分适合于环型拓扑的单方向传输。

环型拓扑的缺点

➢ 节点的故障会引起全网故障。这是因为环上的数据传输要通过接在环上的每一个节点，一旦环中某一节点发生故障就会引起全网的故障。

➢ 故障检测困难。这与总线拓扑相似，因为不是集中控制，故障检测需在网上各个节点进行，因此就不是很容易。

➢ 环型拓扑结构的媒体访问控制协议都采用令牌传递的方式，在负载很轻时，信道利用率相对来说就比较低。

（4）树型拓扑

树型拓扑是从总线拓扑演变而来，形状像一棵倒置的树，顶端是树根，树根以下带分支，每个分支还可再带子分支，树根接收各站点发送的数据，然后再广播发送到全网。树型拓扑的特点大多与总线拓扑的特点相同，但也有一些特殊之处（图 3-4）。

树型拓扑的优点

➢ 易于扩展。这种结构可以延伸出很多分支和子分支，这些新节点和新分支都能容易地加入网内。

➢ 故障隔离较容易。如果某一分支的节点或线路发生故障，很容易将故障分支与整个系统隔离开来。

树型拓扑的缺点

➢ 各个节点对根的依赖性太大，如果根发生故障，则全网不能正常工作。从这一点来看，树型拓扑结构的可靠性有点类似于星型拓扑结构。

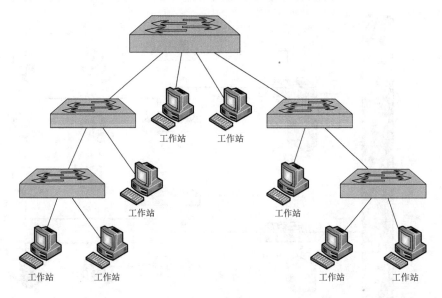

图 3-4　树型拓扑结构

（5）混合型拓扑

将以上某两种单一拓扑结构混合起来，取两者的优点构成的拓扑称为混合型拓扑结构。一种是星型拓扑和环型拓扑混合成的"星—环"拓扑；另一种是星型拓扑和总线拓扑混合成的"星—总"拓扑。其实，这两种混合型在结构上有相似之处，若将总线结构的两个端点连在一起也就成了环型结构。这种拓扑的配置是由一批接入环中或总线的集中器组成，由集中器再按星型结构连至每个用户站（图 3-5）。

混合型拓扑的优点

➢ 故障诊断和隔离较为方便。一旦网络发生故障，只要诊断出哪个集中器有故障，将该集中器和全网隔离即可。

➢ 易于扩展。要扩展用户时，可以加入新的集中器，也可在设计时，在每个集中器留出一些备用的可插入新的站点的连接口。

➢ 安装方便。网络的主电缆只要连通这些集中器，这种安装和传统的电话系统电缆安装很相似。

混合型拓扑的缺点

➢ 需要选用带智能的集中器。这是为了实现网络故障自动诊断和故障节点的隔离所必需的。

➢ 像星型拓扑结构一样，集中器到各个站点的电缆安装长度会增加。

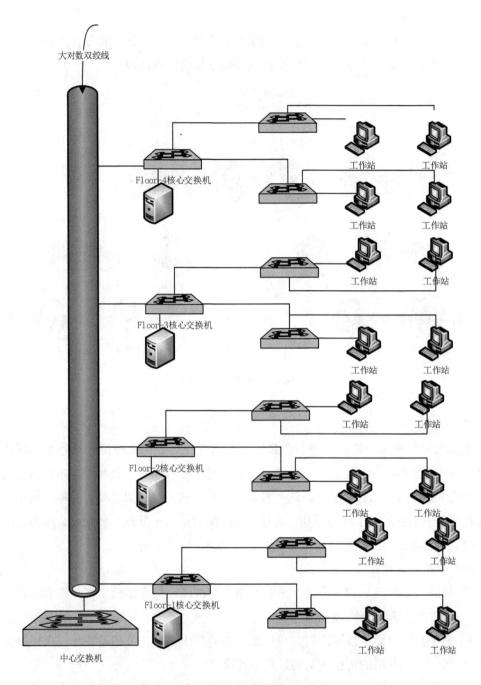

图 3-5   混合型拓扑结构

（6）网型拓扑

这种结构在广域网中得到了广泛的应用，它的优点是不受"瓶颈"问题和失效问题的影响。由于节点之间有许多条路径相连，可以为数据流的传输选择适当的路由，从而绕过失效的部件或过忙的节点。这种结构虽然比较复杂，成本也比较高，提供上述功能的网络协议也较复杂，但由于它的可靠性高，仍然受到用户的欢迎（图3-6）。

　　网型拓扑的一个应用是在 BGP 协议中。为保证 IBGP 对等体之间的连通性，需要在 IBGP 对等体之间建立全连接关系，即网状网络。假设在一个 AS 内部有 n 台路由器，那么应该建立的 IBGP 连接数就为$[n(n-1)/2]$个。

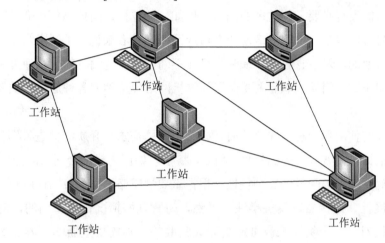

图 3-6　网型拓扑结构

网型拓扑的优点
- ➢ 节点间路径多，碰撞和阻塞减少；
- ➢ 局部故障不影响整个网络，可靠性高。

网型拓扑的缺点
- ➢ 网络关系复杂，建网较难，不易扩充；
- ➢ 网络控制机制复杂，必须采用路由算法和流量控制机制。

3.1.5　传输介质

3.1.5.1　简介

　　网络传输介质是网络中发送方与接收方之间的物理通路，它对网络的数据通信具有一定的影响。常用的传输介质有：双绞线、同轴电缆、光纤、无线传输媒介。常用的传输介质分为有线传输介质和无线传输介质两大类。

　　①有线传输介质是指在两个通信设备之间实现的物理连接部分，它能将信号从一方传输到另一方，有线传输介质主要有双绞线、同轴电缆和光纤。双绞线和同轴电缆传输电信号，光纤传输光信号。

　　②无线传输介质指我们周围的自由空间。我们利用无线电波在自由空间的传播可以实现多种无线通信。在自由空间传输的电磁波根据频谱可将其分为无线电波、微波、红外线、激光等，信息被加载在电磁波上进行传输。

不同的传输介质，其特性也各不相同。它们不同的特性对网络中数据通信质量和通信速度有较大影响。

3.1.5.2　特性

任何信息传输和共享都需要有传输介质，计算机网络也不例外。对于一般计算机网络用户来说，可能没有必要了解过多的细节，例如，计算机之间依靠何种介质、以怎样的编码来传输信息等。但是，对于网络设计人员或网络开发者来说，了解网络底层的结构和工作原理则是必要的，因为他们必须掌握信息在不同介质中传输时的衰减速度和发生传输错误时如何去纠正这些错误。本节主要介绍计算机网络中用到的各种通信介质及其有关的通信特性。

当需要决定使用哪一种传输介质时，必须将联网需求与介质特性进行匹配。这一节描述了与所有数据传输方式有关的特性。稍后，将学习如何选择适合网络的介质。通常来说，选择数据传输介质时必须考虑 5 种特性（根据重要性粗略地列举）：吞吐量和带宽、成本、尺寸和可扩展性、连接器以及抗噪性。当然，每种联网情况都是不同的，对一个机构至关重要的特性对另一个机构来说可能是无关紧要的，你需要判断哪一方面对自己是最重要的。

（1）吞吐量和带宽

在选择一个传输介质时所要考虑的最重要的因素可能是吞吐量。吞吐量是在一给定时间段内介质能传输的数据量，它通常用每秒兆位（1 000 000 位）或 Mbit/s 进行度量。吞吐量也被称为容量，每种传输介质的物理性质决定了它的潜在吞吐量。例如，物理规律限制了电沿着铜线传输的速度，也正如它们限制了能通过一根直径为 1 英寸的胶皮管传输的水量一样，假如试图引导超过它处理能力的水量，这种胶皮管最后只能是溅你一身水或胶皮管破裂而停止传输水。同样，如果试图将超过它处理能力的数据量沿着一根铜线传输，结果将是数据丢失或出错。与传输介质相关的噪声和设备能进一步限制吞吐量，充满噪声的电路将花费更多的时间补偿噪声，因而只有更少的资源可用于传输数据。带宽这个术语常常与吞吐量交换使用。严格地说，带宽是对一个介质能传输的最高频率和最低频率之间的差异进行度量；频率通常用 Hz 表示，它的范围直接与吞吐量相关。例如，若 FCC 通知你能够在 870～880 MHz 传输无线信号，那么分配给你的带宽将是 10 MHz。带宽越高，吞吐量就越高。

（2）成本

不同种类的传输介质牵涉的成本是难以准确描述的。它们不仅与环境中现存的硬件有关，而且还与你所处的场所有关。下面的变量都可能影响采用某种类型介质的最后成本。

安装成本需要考虑以下几个问题：你能自己安装介质吗？或你必须雇佣承包商做这件事吗？你是否需要拆墙或修建新的管道或机柜，你是否需要从一个服务提供商处租借线路。

新的基础结构相对于复用已有基础结构的成本需要考虑：你是否能使用已有的电线，

例如在某些情况下安装所有新的 5 类 UTP，如果你能使用已有的 3 类 UTP，电线将可以不用付费。假如仅仅替换基础结构的一部分，它是否能轻易地与已有介质集成。

维护和支持成本需要考虑：假如复用一个已有介质基础结构常常需要修理或改进，复用并不省任何钱。同时，假如使用了一种不熟悉的介质类型，可能需要花费更多，因为需要雇佣一个技师维护它。是否能自己维护介质，或你是否必须雇佣承包商维护它也决定了维护成本的费用。

因低传输速率而影响生产效率所付出的代价：如果你通过复用已有的低速的线路来省钱，你是否可能因为降低了生产率而遭受损失。换言之，你是否使你的员工在进行保存和打印报告或发送邮件时等待更长的时间。

更换过时介质的成本：你是否选择了要被逐渐淘汰或需迅速替换的介质？你是否能发现某种价格合理的连接硬件与你几年前选择的介质相兼容。

（3）尺寸和可扩展性

三种规格决定了网络介质的尺寸和可扩展性：每段的最大节点数、最大段长度，以及最大网络长度。在进行布线时，这些规格中的每一个都是基于介质的物理特性的。每段最大节点数与衰减有关，即通过一给定距离信号损失的量有关。对一个网络段每增加一个设备都将略微增加信号的衰减。为了保证一个清晰的强信号，必须限制一个网络段中的节点数。

网络段的长度也应因衰减受到限制。在传输一定的距离之后，一个信号可能因损失的太多以至于无法被正确解释。在这种损失发生之前，网络上的中继器必须重发和放大信号。一个信号能够传输并仍能被正确解释的最大距离即为最大段长度。若超过这个长度，更易于发生数据损失。类似于每段最大节点数，最大段长度也因不同介质类型而不同。在一种理想的环境中，网络可以在发送方和接收方之间实时传输数据，不论两者之间相隔多远。不幸的是我们没有生活在一个理想的环境中。一个信号从它的发送到它的最后接收之间存在一个延迟。每个网络都受这个延迟的支配。例如，当你在计算机上敲一个键将一个文件保存到网络上时，文件的数据在它到达服务器的硬盘时必须通过网络接口卡、网络中的一个集线器或也可能是一个交换机或路由器、更多的电缆以及服务器的网络接口卡。虽然电子传输迅速，它们仍然不得不经过传输这一过程。这个过程在你敲键的那一刻和服务器接收数据的那一刻之间必然存在一个短暂的延迟，这种延迟被称为时延。如同存在一个连通设备，如一路由器，接入设备的转换时间将影响时延，所使用的电缆的长度也将影响时延。但是，仅仅当一个接收节点正期望接收某种类型的数据时，如它已开始接收的数据流的剩余部分，时延的影响将可能成为问题。假如该接收节点未能接收数据流的剩余部分，它将认为没有更多的数据输入，这将导致网络上的传输错误。同时，当连接多个网络段时，也将增加网络上的时延。为了限制时延并避免相关的错误，每种类型的介质都标定一个最大连接段数。

（4）连接器

连接器是连接电线缆与网络设备的硬件。网络设备可以是一个文件服务器、工作站、交换机或打印机。每种网络介质都对应一种特定类型的连接器。所使用的连接器的种类将影响网络安装和维护的成本、网络增加段和节点的容易度，以及维护网络所需的专业技术知识，用于 UTP 电缆的连接器（看上去更像一个大的电话线连接器）在接入和替换时比用于同轴电缆的连接器的插入和替换要简单得多，UTP 电缆连接器同时也更廉价并可用于许多不同的介质设计。在本章后面部分将对不同介质所需的连接器作更多的讨论。

（5）抗噪性

正如前面提到的，噪声能使数据信号变形。噪声影响一个信号的程度与传输介质有一定关系。某些类型的介质比其他介质更易于受噪声影响。无论是何种介质，都有两种类型的噪声会影响它们的数据传输：电磁干扰（EMI）和射频干扰（RFI）。EMI 和 RFI 都是从电子设备或传输电缆发出的波。发动机、电源、电视机、复制机、荧光灯，以及其他的电源都能产生 EMI 和 RFI。RFI 也可由来自广播电台或电视塔的强广播信号产生。

对任何一种噪声，都能够采取措施限制它对网络的干扰。例如，可以远离强大的电磁源进行布线。如果环境仍然使网络易受影响，应选择一种能限制影响信号的噪声量的传输。电缆可以通过屏蔽、加厚或抗噪声算法获得抗噪性。假如屏蔽的介质仍然不能避免干扰，可以使用金属管道或管线以抑制噪声并进一步保护电缆。

3.1.5.3 双绞线

双绞线简称 TP，将一对以上的双绞线封装在一个绝缘外套中，为了降低信号的干扰程度，电缆中的每一对双绞线一般是由两根绝缘铜导线相互扭绕而成，也因此把它称为双绞线。双绞线分为非屏蔽双绞线（UTP）和屏蔽双绞线（STP），适合于短距离通信。

非屏蔽双绞线价格便宜，传输速度偏低，抗干扰能力较差。

屏蔽双绞线抗干扰能力较好，具有更高的传输速度，但价格相对较贵。

双绞线需用 RJ-45 或 RJ-11 连接头插接。

市面上出售的 UTP 分为 3 类、4 类、5 类和超 5 类四种：

3 类：传输速率支持 10 Mbit/s，外层保护胶皮较薄，皮上注有"cat3"；

4 类：网络中不常用；

5 类（超 5 类）：传输速率支持 100 Mbit/s 或 10 Mbit/s，外层保护胶皮较厚，皮上注有"cat5"。超 5 类双绞线在传送信号时比普通 5 类双绞线的衰减更小，抗干扰能力更强，在 100 MB 网络中，受干扰程度只有普通 5 类线的 1/4，这类已较少应用。

STP 分为 3 类和 5 类两种，STP 的内部与 UTP 相同，外包铝箔，抗干扰能力强、传输速率高但价格昂贵。

双绞线一般用于星型网的布线连接，两端安装有 RJ-45 头（水晶头），连接网卡与集线器，最大网线长度为 100 m，如果要加大网络的范围，在两段双绞线之间可安装中继器，最多可安装 4 个中继器，如安装 4 个中继器连 5 个网段，最大传输范围可达 500 m。

3.1.5.4 同轴电缆

同轴电缆：由一根空心的外圆柱导体和一根位于中心轴线的内导线组成，内导线和圆柱导体及外界之间用绝缘材料隔开。具有抗干扰能力强、连接简单等特点，信息传输速度可达每秒几百兆位，是中、高档局域网的首选传输介质。按直径的不同，可分为粗缆和细缆两种。

粗缆传输距离长，性能好但成本高、网络安装、维护困难，一般用于大型局域网的干线，连接时两端需终接器。①粗缆与外部收发器相连。②收发器与网卡之间用 AUI 电缆相连。③网卡必须有 AUI 接口（15 针 D 型接口）：每段 500 m，100 个用户，4 个中继器可达 2 500 m，收发器之间最小 2.5 m，收发器电缆最大 50 m。

细缆是与 BNC 网卡相连，两端装 50Ω 的终端电阻。用 T 型头，T 型头之间最小 0.5 m。细缆网络每段干线长度最大为 185 m，每段干线最多接入 30 个用户。如采用 4 个中继器连接 5 个网段，网络最大距离可达 925 m。

细缆安装较容易，造价较低，但日常维护不方便，一旦一个用户出故障，便会影响其他用户的正常工作。根据传输频带的不同，可分为基带同轴电缆和宽带同轴电缆两种类型。基带是数字信号，信号占整个信道，同一时间内能传送一种信号。宽带是可传送不同频率的信号。同轴电缆需用带 BNC 头的 T 型连接器连接。

3.1.5.5 光纤

光纤又称为光缆或光导纤维，由光导纤维纤芯、玻璃网层和能吸收光线的外壳组成。是由一组光导纤维组成的用来传播光束的、细小而柔韧的传输介质。应用光学原理，由光发送机产生光束，将电信号变为光信号，再把光信号导入光纤，在另一端由光接收机接收光纤上传来的光信号，并把它变为电信号，经解码后再处理。与其他传输介质比较，光纤的电磁绝缘性能好、信号衰小、频带宽、传输速度快、传输距离大。主要用于要求传输距离较长、布线条件特殊的主干网连接。具有不受外界电磁场的影响、无限制的带宽等特点，可以实现每秒万兆位的数据传送，尺寸小、重量轻，数据可传送几百千米，但价格昂贵。分为单模光纤和多模光纤。

单模光纤：由激光作光源，仅有一条光通路，传输距离长，20～120 km。

多模光纤：由二极管发光，低速短距离，2 km 以内。

光纤需用 ST 型头连接器连接。

3.1.5.6 无线电波

无线电波是指在自由空间（包括空气和真空）传播的射频频段的电磁波。无线电技术是通过无线电波传播声音或其他信号的技术。

无线电技术的原理在于导体中电流强弱的改变会产生无线电波。利用这一现象，通过调制可将信息加载于无线电波之上。当电波通过空间传播到达收信端，电波引起的电磁场变化又会在导体中产生电流。通过解调将信息从电流变化中提取出来，就达到了信息传递的目的。

3.1.5.7 微波

微波是指频率为 300 MHz～300 GHz 的电磁波，是无线电波中一个有限频带的简称，即波长在 1 m（不含 1 m）到 1 mm 之间的电磁波，是分米波、厘米波、毫米波和亚毫米波的统称。微波频率比一般的无线电波频率高，通常也称为"超高频电磁波"。微波作为一种电磁波也具有波粒二象性。微波的基本性质通常呈现为穿透、微波器械反射、吸收三个特性。对于玻璃、塑料和瓷器，微波几乎是穿越而不被吸收。对于水和食物等就会吸收微波而使自身发热。而对金属类东西，则会反射微波。

3.1.5.8 红外线

红外线是太阳光线中众多不可见光线中的一种，由德国科学家霍胥尔于 1800 年发现，又称为红外热辐射，太阳光谱中，红光的外侧必定存在看不见的光线，这就是红外线。也可以当作传输之媒介。太阳光谱上红外线的波长大于可见光线，波长为 0.75～1 000 μm。红外线可分为三部分，即近红外线，波长为 0.75～1.50 μm；中红外线，波长为 1.50～6.0 μm；远红外线，波长为 6.0～1 000 μm。

3.1.6 体系结构

计算机网络的体系结构可以从网络体系结构、网络组织、网络配置三个方面来描述。网络体系结构是从功能上来描述计算机网络结构。网络组织是从网络的物理结构和网络的实现两方面来描述计算机网络；网络配置是从网络应用方面来描述计算机网络的布局，硬件、软件和通信线路。

网络协议是计算机网络必不可少的，一个完整的计算机网络需要有一套复杂的协议集合，组织复杂的计算机网络协议的最好方式就是层次模型。而将计算机网络层次模型和各层协议的集合定义为计算机网络体系结构（Network Architecture）。

计算机网络由多个互联的节点组成，节点之间要不断地交换数据和控制信息，要做到有条不紊地交换数据，每个节点就必须遵守一整套合理而严谨的结构化管理体系。计算机网络就是按照高度结构化的设计方法采用功能分层原理来实现的，即计算机网络体系结构的内容。

通常所说的计算机网络体系结构，即在世界范围内统一协议，制定软件标准和硬件标准，并将计算机网络及其部件所应完成的功能精确定义，从而使不同的计算机能够在相同功能中进行信息对接。

3.1.6.1 组成结构

（1）计算机系统和终端

计算机系统和终端提供网络服务界面。地域集中的多个独立终端可通过一个终端控制器连入网络。

（2）通信处理机

通信处理机也叫通信控制器或前端处理机，是计算机网络中完成通信控制的专用计算机，通常由小型机、微机或带有 CPU 的专用设备充当。在广域网中，采用专门的计算机充当通信处理机；在局域网中，由于通信控制功能比较简单，所以没有专门的通信处理机，而是在计算机中插入一个网络适配器（网卡）来控制通信。

（3）通信线路和通信设备

通信线路是连接各计算机系统终端的物理通路。通信设备的采用与线路类型有很大关系：如果是模拟线路，在线中两端使用 Modem（调制解调器）；如果是有线介质，在计算机和介质之间就必须使用相应的介质连接部件。

（4）操作系统

计算机联入网络后，还需要安装操作系统软件才能实现资源共享和管理网络资源，Windows 98、Windows 2000、Windows XP 等。

（5）网络协议

网络协议是规定在网络中进行相互通信时需遵守的规则，只有遵守这些规则才能实现网络通信。常见的协议有：TCP/IP 协议、IPX/SPX 协议、NetBEUI 协议等。

3.1.6.2 体系结构

计算机网络是一个复杂的具有综合性技术的系统，为了允许不同系统实体互连和互操作，不同系统的实体在通信时都必须遵从相互均能接受的规则，这些规则的集合称为协议（Protocol）。

系统指计算机、终端和各种设备。实体指各种应用程序，文件传输软件，数据库管理系统，电子邮件系统等。互联指不同计算机能够通过通信子网互相连接起来进行数据通信。互操作指不同的用户能够在通过通信子网连接的计算机上，使用相同的命令或操作，使用其他计算机中的资源与信息，就如同使用本地资源与信息一样。计算机网络体系结构为不同的计算机之间互连和互操作提供相应的规范和标准。

3.1.6.3 层次结构

计算机网络体系结构可以定义为是网络协议的层次划分与各层协议的集合，同一层中的协议根据该层所要实现的功能来确定。各对等层之间的协议功能由相应的底层提供服务完成。

层次化的网络体系的优点在于每层实现相对独立的功能，层与层之间通过接口来提供服务，每一层都对上层屏蔽如何实现协议的具体细节，使网络体系结构做到与具体物理实现无关。层次结构允许连接到网络的主机和终端型号、性能可以不一致，但只要遵守相同的协议即可以实现互操作。高层用户可以从具有相同功能的协议层开始进行互联，使网络成为开放式系统。这里"开放"指按照相同协议任意两系统之间都可以进行通信。因此层次结构便于系统的实现和维护。

对于不同系统实体间互联互操作这样一个复杂的工程设计问题，如果不采用分层次分解处理，则会产生由于一个错误或性能修改而影响整体设计的弊端。

相邻协议层之间的接口包括两相邻协议层之间所有调用和服务的集合，服务是第 i 层向相邻高层提供服务，调用是相邻高层通过原语或过程调用相邻低层的服务。

对等层之间进行通信时，数据传送方式并不是由第 i 层发方直接发送到第 i 层收方。而是每一层都把数据和控制信息组成的报文分组传输到它的相邻低层，直到物理传输介质。接收时，则是每一层从它的相邻低层接收相应的分组数据，在去掉与本层有关的控制信息后，将有效数据传送给其相邻上层。

3.1.6.4 网络体系结构之 OSI/RM 参考模型

国际标准化组织（International Standards Organization，ISO）在 20 世纪 80 年代提出开放系统互联参考模型（Open System Interconnection，OSI），这个模型是一个理论模型，将计算机网络通信协议分为七层。这个模型是一个定义异构计算机连接标准的框架结构，具有如下特点：① 网络中异构的每个节点均有相同的层次，相同层次具有相同的功能；② 同一节点内相邻层次之间通过接口通信；③ 相邻层次间接口定义原语操作，由低层向高层提供服务；④ 不同节点的相同层次之间的通信由该层次的协议管理；⑤ 每层次完成对该层所定义的功能，修改本层次功能不影响其他层；⑥ 仅在最低层进行直接数据传送；⑦ 定义的是抽象结构，并非具体实现的描述。

在 OSI 网络体系结构中，除了物理层之外，网络中数据的实际传输方向是垂直的。数据由用户发送进程发送给应用层，向下经表示层、会话层等到达物理层，再经传输媒体传到接收端，由接收端物理层接收，向上经数据链路层等到达应用层，再由用户获取。数据在由发送进程交给应用层时，由应用层加上该层有关控制和识别信息，再向下传送，这一过程一直重复到物理层。在接收端信息向上传递时，各层的有关控制和识别信息被逐层剥去，最后数据送到接收进程。

现在一般在制定网络协议和标准时，都把 ISO/OSI 参考模型作为参照基准，并说明与该参照基准的对应关系。例如，在 IEEE 802 局域网 LAN 标准中，只定义了物理层和数据链路层，并且增强了数据链路层的功能。在广域网 WAN 协议中，CCITT 的 X.25 建议包含了物理层、数据链路层和网络层三层协议。一般来说，网络的低层协议决定了一个网络系统的传输特性，例如所采用的传输介质、拓扑结构及介质访问控制方法等，这些通常由硬件来实现；网络的高层协议则提供了与网络硬件结构无关的，更加完善的网络服务和应用环境，这些通常是由网络操作系统来实现的（图 3-7）。

图 3-7　OSI/RM 参考模型

（1）物理层（Physical Layer）

物理层建立在物理通信介质的基础上，作为系统和通信介质的接口，用来实现数据链路实体间透明的比特（bit）流传输。只有该层为真实物理通信，其他各层为虚拟通信。物理层实际上是设备之间的物理接口，物理层传输协议主要用于控制传输媒体。

①物理层的特性

物理层提供与通信介质的连接，提供为建立、维护和释放物理链路所需的机械的、电气的、功能的和规程的特性，提供在物理链路上传输非结构的位流以及故障检测指示。物理层向上层提供位（bit）信息的正确传送。

其中机械特性主要规定接口连接器的尺寸、芯数和芯的位置的安排、连线的根数等。电气特性主要规定了每种信号的电平、信号的脉冲宽度、允许的数据传输速率和最大传输距离。功能特性规定了接口电路引脚的功能和作用。规程特性规定了接口电路信号发出的时序、应答关系和操作过程。例如，怎样建立和拆除物理层连接，是全双工还是半双工等。

②物理层功能

为实现数据链路实体之间比特流的透明传输，物理层应具有下述功能。

a．物理连接的建立与拆除。当数据链路层请求在两个数据链路实体之间建立物理连接时，物理层能够立即为它们建立相应的物理连接。若两个数据链路实体之间要经过若干中继数据链路实体时，物理层还能够对这些中继数据链路实体进行互联，以建立起一条有效的物理连接。当物理连接不再需要时，由物理层立即拆除。

b．物理服务数据单元传输。物理层既可以采取同步传输方式，也可以采取异步传输方式来传输物理服务数据单元。

c．物理层管理。对物理层收发进行管理，如功能的激活（何时发送和接收、异常情况处理等）、差错控制（传输中出现的奇偶错和格式错）等。

（2）数据链路层（Data Link Layer）

数据链路层为网络层相邻实体间提供传送数据的功能和过程，提供数据流链路控制，检测和校正物理链路的差错。物理层不考虑位流传输的结构，而数据链路层主要职责是控制相邻系统之间的物理链路，传送数据以帧为单位，规定字符编码、信息格式，约定接收和发送过程，在一帧数据开头和结尾附加特殊二进制编码作为帧界识别符，发送端处理接收端送回的确认帧，保证数据帧传输和接收的正确性，以及发送和接收速度的匹配，流量控制等。

①数据链路层的目的。提供建立、维持和释放数据链路连接以及传输数据链路服务数据单元所需的功能和过程的手段。数据链路连接是建立在物理连接基础上的，在物理连接建立以后，进行数据链路连接的建立和数据链路连接的拆除。具体来说，每次通信前后，双方相互联系以确认一次通信的开始和结束，在一次物理连接上可以进行多次通信。数据链路层检测和校正在物理层出现的错误。

②数据链路层的功能和服务。数据链路层的主要功能是为网络层提供连接服务，并在数据链路连接上传送数据链路协议数据单元 L-PDU，一般将 L-PDU 称为帧。数据链路层服务可分为以下三种服务。

a. 无应答、无连接服务。发送前不必建立数据链路连接，接收方也不做应答，出错和数据丢失时也不做处理。这种服务质量低，适用于线路误码率很低以及传送实时性要求高的（如语音类的）信息等。

b. 有应答、无连接服务。当发送主机的数据链路层要发送数据时，直接发送数据帧。目标主机接收数据链路的数据帧，并经校验结果正确后，向源主机数据链路层返回应答帧；否则返回否定帧，发送端可以重发原数据帧。这种方式发送的第一个数据帧除传送数据外，也起数据链路连接的作用。这种服务适用于一个节点的物理链路多或通信量小的情况，其实现和控制都较为简单。

c. 面向连接的服务。该服务一次数据传送分为三个阶段：数据链路建立、数据帧传送和数据链路拆除。数据链路建立阶段要求双方的数据链路层做好传送的准备；数据帧传送阶段是将网络层递交的数据传送到对方；数据链路拆除阶段是当数据传送结束时，拆除数据链路连接。这种服务的质量好，是 ISO/OSI 参考模型推荐的主要服务方式。

③数据链路数据单元。数据链路层与网络层交换数据格式为服务数据单元。数据链路服务数据单元，配上数据链路协议控制信息，形成数据链路协议数据单元。

数据链路层能够从物理连接上传输的比特流中，识别出数据链路服务数据单元的开始和结束，以及识别出其中的每个字段，实现正确的接收和控制。能按发送的顺序传输到相邻节点。

④数据链路层协议。数据链路层协议可分为面向字符的通信规程和面向比特的通信

规程。

面向字符的通信规程是利用控制字符控制报文的传输。报文由报头和正文两部分组成。报头用于传输控制，包括报文名称、源地址、目标地址、发送日期，以及标识报文开始和结束的控制字符。正文则为报文的具体内容。目标节点对收到的源节点发来的报文，进行检查，若正确，则向源节点发送确认的字符信息；否则发送接收错误的字符信息。

面向比特的通信规程典型是以帧为传送信息的单位，帧分为控制帧和信息帧。在信息帧的数据字段（即正文）中，数据为比特流。比特流用帧标志来划分帧边界，帧标志也可用作同步字符。

（3）网络层（Net Work Layer）

广域网络一般都划分为通信子网和资源子网，物理层、数据链路层和网络层组成通信子网，网络层是通信子网的最高层，完成对通信子网的运行控制。网络层和传输层的界面，既是层间的接口，又是通信子网和用户主机组成的资源子网的界限，网络层利用本层和数据链路层、物理层两层的功能向传输层提供服务。

数据链路层的任务是在相邻两个节点间实现透明的无差错的帧级信息的传送，而网络层则要在通信子网内把报文分组从源节点传送到目标节点。在网络层的支持下，两个终端系统的传输实体之间要进行通信，只需把要交换的数据交给它们的网络层便可实现。至于网络层如何利用数据链路层的资源来提供网络连接，对传输层是透明的。

网络层控制分组传送操作，即路由选择，拥塞控制、网络互连等功能，根据传输层的要求来选择服务质量，向传输层报告未恢复的差错。网络层传输的信息以报文分组为单位，它将来自源的报文转换成包文，并经路径选择算法确定路径送往目的地。网络层协议用于实现这种传送中涉及的中继节点路由选择、子网内的信息流量控制以及差错处理等。

①网络层功能。网络层的主要功能是支持网络层的连接。网络层的具体功能如下述。

a．建立和拆除网络连接。在数据链路层提供的数据链路连接的基础上，建立传输实体间或者若干个通信子网的网络连接。互联的子网可采用不同的子网协议。

b．路径选择、中继和多路复用。网际的路径和中继不同于网内的路径和中继，网络层可以在传输实体的两个网络地址之间选择一条适当的路径，或者在互联的子网之间选择一条适当的路径和中继，并提供网络连接多路复用的数据链路连接，以提高数据链路连接的利用率。

c．分组、组块和流量控制。数据分组是指将较长的数据单元分割为一些相对较小的数据单元；数据组块是指将一些相对较小的数据单元组成块后一起传输，用以实现网络服务数据单元的有序传输，以及对网络连接上传输的网络服务数据单元进行有效的流量控制，以免发生信息"堵塞"现象。

d．差错的检测与恢复。利用数据链路层的差错报告及其他的差错检测能力来检测经网络连接所传输的数据单元，检测是否出现异常情况，并可以从出错状态中解脱出来。

②数据报和虚电路。网络层中提供无连接服务和面向连接的服务两种类型的网络服务，又被称为数据报服务和虚电路服务。

a．数据报（Datagram）服务。在数据报方式，网络层从传输层接受报文，拆分为报文分组，并且独立地传送，因此数据报格式中包含有源和目标节点的完整网络地址、服务要求和标识符。发送时，由于数据报每经过一个中继节点时，都要根据当时情况按照一定的算法为其选择一条最佳的传输路径，因此，数据报服务不能保证这些数据报按序到达目标节点，需要在接收节点根据标识符重新排序。

数据报方式对故障的适应性强，若某条链路发生故障，则数据报服务可以绕过这些故障路径而重新选择其他路径，把数据报传送至目标节点。数据报方式易于平衡网络流量，因为中继节点可为数据报选择一条流量较少的路由，从而避开流量较高的路由。数据报传输不需建立连接，目标节点在收到数据报后，也不需发送确认，因而是一种开销较小的通信方式。但是发方不能确切地知道对方是否准备好接收、是否正在忙碌，故数据报服务的可靠性不是很高。而且数据报发送每次都附加源和目标主机的全网名称降低了信道利用率。

b．虚电路（Virtue Circuit）服务。在虚电路传输方式下，在源主机与目标主机通信之前，必须为分组传输建立一条逻辑通道，称为虚电路。为此，源节点先发送请求分组Call-Request，Call-Request 包含了源和目标主机的完整网络地址。Call-Request 途径每一个通信网络节点时，都要记下为该分组分配的虚电路号，并且路由器为它选择一条最佳传输路由发往下一个通信网络节点。当请求分组到达目标主机后，若它同意与源主机通信，沿着该虚电路的相反方向发送请求分组 Call-Request 给源节点，当在网络层为双方建立起一条虚电路后，每个分组中不必再填上源和目标主机的全网地址，而只需标上虚电路号，即可以沿着固定的路由传输数据。当通信结束时，将该虚电路拆除。

虚电路服务能保证主机所发出的报文分组按序到达。由于在通信前双方已进行过联系，每发送完一定数量的分组后，对方也都给予了确认，故可靠性较高。

c．路由选择。网络层的主要功能是将分组从源节点经过选定的路由送到目标节点，分组途经多个通信网络节点造成多次转发，存在路由选择问题。路由选择或称路径控制，是指网络中的节点根据通信网络的情况（可用的数据链路、各条链路中的信息流量），按照一定的策略（传输时间最短、传输路径最短等）选择一条可用的传输路由，把信息发往目标节点。

网络路由选择算法是网络层软件的一部分，负责确定所收到的分组应传送的路由。当网络内部采用无连接的数据报送方式时，每传送一个分组都要选择一次路由。当网络层采用虚电路方式时，在建立呼叫连接时，选择一次路径，后继的数据分组就沿着建立的虚电路路径传送，路径选择的频度较低。

路由选择算法可分为静态路由算法和动态路由算法。静态路由算法是指按照某种固定的规则来选择路由，如扩散法、固定路由选择法、随机路由选择法和流量控制选择法。动态路由算法是指根据拓扑结构以及通信量的变化来改变路由，如孤立路由选择法、集中路由选择法、分布路由选择法、层次路由选择法等。

（4）传输层（Transport Layer）

从传输层向上的会话层、表示层、应用层都属于端—端的主机协议层。传输层是网络体系结构中最核心的一层，传输层将实际使用的通信子网与高层应用分开。从这层开始，各层通信全部是在源与目标主机上的各个进程间进行的，通信双方可能经过多个中间节点。传输层为源主机和目标主机之间提供性能可靠、价格合理的数据传输。具体实现上是在网络层的基础上再增添一层软件，使之能屏蔽各类通信子网的差异，向用户提供一个通用接口，使用户进程通过该接口，方便地使用网络资源并进行通信。

①传输层功能。传输层独立于所使用的物理网络，提供传输服务的建立、维护和连接拆除的功能，选择网络层提供的最适合的服务。传输层接收会话层的数据，分成较小的信息单位，再送到网络层，实现两传输层间数据的无差错透明传送。

传输层可以使源与目标主机之间以点对点的方式简单地连接起来。真正实现端—端间可靠通信。传输层服务是通过服务原语提供给传输层用户（可以是应用进程或者会话层协议），传输层用户使用传输层服务是通过传送服务端口 TSAP 实现的。当一个传输层用户希望与远端用户建立连接时，通常定义传输服务访问点 TSAP。提供服务的进程在本机 TSAP 端口等待传输连接请求，当某一节点机的应用程序请求该服务时，向提供服务的节点机的 TSAP 端口发出传输连接请求，并表明自己的端口和网络地址。如果提供服务的进程同意，就向请求服务的节点机发确认连接，并对请求该服务的应用程序传递消息，应用程序收到消息后，释放传输连接。

传输层提供面向连接和无连接两种类型的服务。这两种类型的服务和网络层的服务非常相似。传输层提供这两种类型服务的原因是，因为用户不能对通信子网加以控制，无法通过使用通信处理机来改善服务质量。传输层提供比网络层更可靠的端—端间数据传输，更完善的查错纠错功能。传输层之上的会话层、表示层、应用层都不包含任何数据传送的功能。

②传输层协议类型。传输层协议和网络层提供的服务有关。网络层提供的服务越完善，传输层协议就越简单，网络层提供的服务越简单，传输层协议就越复杂。传输层服务可分成五类：

0 类：提供最简单形式的传送连接，提供数据流控制；

1 类：提供最小开销的基本传输连接，提供误差恢复；

2 类：提供多路复用，允许几个传输连接多路复用一条链路；

3 类：具有 0 类和 1 类的功能，提供重新同步和重建传输连接的功能；

4 类：用于不可靠传输层连接，提供误差检测和恢复。

基本协议机制包括建立连接、数据传送和拆除连接。传输连接涉及四种不同类型的标识：

用户标识：即服务访问点 SAP，允许实体多路数据传输到多个用户；

网络地址：标识传输层实体所在的站；

协议标识：当有多个不同类型的传输协议的实体，对网络服务标识出不同类型的协议；

连接标识：标识传送实体，允许传输连接多路复用。

（5）会话层（Session Layer）

会话是指两个用户进程之间的一次完整通信。会话层提供不同系统间两个进程建立、维护和结束会话连接的功能；提供交叉会话的管理功能，有一路交叉、两路交叉和两路同时会话的 3 种数据流方向控制模式。会话层是用户连接到网络的接口。

①会话层的主要功能。会话层的目的是提供一个面向应用的连接服务。建立连接时，将会话地址映射为传输地址。会话连接和传输连接有三种对应关系，一个会话连接对应一个传输连接；多个会话连接建立在一个传输连接上；一个会话连接对应多个传输连接。

数据传送时，可以进行会话的常规数据、加速数据、特权数据和能力数据的传送。

会话释放时，允许正常情况下的有序释放；异常情况下由用户发起的异常释放和服务提供者发起的异常释放。

②会话活动。会话服务用户之间的交互对话可以划分为不同的逻辑单元，每个逻辑单元称为活动。每个活动完全独立于它前后的其他活动，且每个逻辑单元的所有通信不允许分隔开。

会话活动由会话令牌来控制，保证会话有序进行。会话令牌分为数据令牌、释放令牌、次同步令牌和主同步令牌四种。令牌是互斥使用会话服务的手段。

会话用户进程间的数据通信一般采用交互式的半双工通信方式。由会话层给会话服务用户提供数据令牌来控制常规数据的传送，有数据令牌的会话服务用户才可发送数据，另一方只能接收数据。当数据发完之后，就将数据令牌转让给对方，对方也可请求令牌。

③会话同步。在会话服务用户组织的一个活动中，有时要传送大量的信息，如将一个文件连续发送给对方，为了提高数据发送的效率，会话服务提供者允许会话用户在传送的数据中设置同步点。一个主同步点表示前一个对话单元的结束及下一个对话单元的开始。在一个对话单元内部或者说两个主同步点之间可以设置次同步点，用于会话单元数据的结构化。当会话用户持有数据令牌、次同步令牌和主同步令牌时就可在发送数据流中用相应的服务原语设置次同步点和主同步点。

一旦出现高层软件错误或不符合协议的事件则发生会话中断，这时会话实体可以从中断处返回到一个已知的同步点继续传送，而不必从文件的开头恢复会话。会话层定义了重传功能，重传是指在已正确应答对方后，在后期处理中发现出错而请求的重传，又称为再同步。为了使发送端用户能够重传，必须保存数据缓冲区中已发送的信息数据，将重新同步的范围限制在一个对话单元之内，一般返回到前一个次同步点，最多返回到最近一个主同步点。

（6）表示层（Presentation Layer）

表示层的目的是处理信息传送中数据表示的问题。由于不同厂家的计算机产品常使用不同的信息表示标准。例如，在字符编码、数值表示、字符等方面存在着差异。如果不解决信息表示上的差异，通信的用户之间就不能互相识别。因此，表示层要完成信息表示格式转换，转换可以在发送前，也可以在接收后，也可以要求双方都转换为某一标准的数据表示格式。所以，表示层的主要功能是完成被传输数据表示的解释工作，包括数据转换、数据加密和数据压缩等。

表示层协议主要功能有：为用户提供执行会话层服务原语的手段；提供描述负载数据结构的方法；管理当前所需的数据结构集和完成数据的内部与外部格式之间的转换。例如，确定所使用的字符集、数据编码以及数据在屏幕和打印机上显示的方法等。表示层提供了标准应用接口所需要的表示形式。

（7）应用层（Application Layer）

应用层作为用户访问网络的接口层，给应用进程提供了访问 OSI 环境的手段。

应用进程借助于应用实体（AE）、实用协议和表示服务来交换信息，应用层的作用是在实现应用进程相互通信的同时，完成一系列业务处理所需的服务功能。当然这些服务功能与所处理的业务有关。

应用进程使用 OSI 定义和通信功能，这些通信功能是通过 OSI 参考模型各层实体来实现的。应用实体是应用进程利用 OSI 通信功能的唯一窗口。它按照应用实体间约定的通信协议（应用协议），传送应用进程的要求，并按照应用实体的要求在系统间传送应用协议控制信息，有些功能可由表示层和表示层以下各层实现。

应用实体由一个用户元素和一组应用服务元素组成。用户元素是应用进程在应用实体内部，为完成其通信目的，需要使用的那些应用服务元素的处理单元。实际上，用户元素向应用进程提供多种形式的应用服务调用，而每个用户元素实现一种特定的应用服务使用方式。用户元素屏蔽应用的多样性和应用服务使用方式的多样性，简化了应用服务的实现。应用进程完全独立于 OSI 环境，它通过用户元素使用 OSI 服务。

应用服务元素可分为公共应用服务元素（CASE）和特定应用服务元素（SASE）两类。公共应用服务元素是用户元素和特定应用服务元素公共使用的部分，提供通用的最基本的服务，它使不同系统的进程相互联系并有效通信，包括联系控制元素、可靠传输服务元素、远程操作服务元素等；特定应用服务元素提供满足特定应用的服务。包括虚拟终端、文件传输和管理、远程数据库访问、作业传送等。对于应用进程和公共应用服务元素来说，用户元素具有发送和接收能力。对特定服务元素来说，用户元素是请求的发送者，也是响应的最终接收者。

3.1.6.5 网络体系结构之 TCP/IP 协议结构

虽然 OSI 参考模型在理论上比较完整，并且是国际公认的标准，但它却没有市场化，现今互联网中使用的网络协议几乎没有完全符合 OSI 参考模型的。在互联网中，人们普遍使用的现实标准是传输控制协议/因特网协议（TCP/IP）。

TCP/IP 实际上是一个网络协议族，共分为四层：网络接口层、网际层、传输层和应用层在具体划分与 OSI 参考模型有对应关系，TCP 和 IP 是其中最为重要的两个协议，虽非 OSI 中的标准协议，但事实证明它们工作得很好，已被公认为现今网络中的现实标准（图 3-8）。

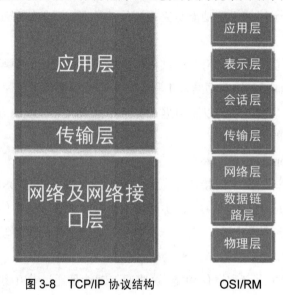

图 3-8　TCP/IP 协议结构　　　　　OSI/RM

（1）应用层协议

TCP/IP 的最高层，它负责接收并响应用户的各种请求，为用户提供各种服务，对应于 OSI 模型的上三层。主要服务协议如下：

①文件传输协议（File Transfer Protocol，FTP）：用于交互式文件传输，可以在不同计算机间传输文件。

②超文本传输协议（Hypertext Transfer Protocol，HTTP）：提供 WWW 服务，使用该协议可以访问网络上丰富的文本或超文本信息。

③简单邮件传输协议（Simple Message Transfer Protocol，SMTP）：主要负责网络上电子邮件的传输，该协议为发送电子邮件所用，接收电子邮件一般为 POP3 或 IMAP 等。

④域名服务系统（Domain Name System，DNS）：负责域名与 IP 地址之间的转换。

（2）传输层

传输层提供端节点到端节点之间的可靠通信，具有差错控制、数据包的分段与重组、数据包的顺序控制等功能。该层包括面向连接的 TCP 协议和面向无连接的 UDP（User Datagram Protocol）协议，这两个协议分别用于传输不同性质的数据。

（3）网络层

网络层提供无连接的传输服务，主要功能是寻找一条能够把数据送到目的地的路径。它对应于 OSI 的网络层，该层是通过网络互联协议（IP 协议）将不同的物理网络连接起来，以实现数据通信和资源共享。

（4）网络接口层

网络接口层为 TCP/IP 模型的最底层，对应于 OSI 模型的物理层和数据链路层。主要功能是负责从网际层接收报文数据并通过物理网络发送出去，或是从物理网络接收信号中提取报文数据并交给网际层。

TCP/IP 与 OSI 比较：TCP/IP 和 OSI 都采用层次结构。

① TCP/IP 实用、市场化。OSI 作为国际标准，复杂、理论性强；

② TCP/IP 可以越层直接使用更低层次所提供的服务，而 OSI 不能越层使用；

③ TCP/IP 具有良好网络管理功能，而 OSI 不具有。

与 TCP/IP 有关的几个概念：

① IP 地址。IP 地址是由 32 位（bit）二进制数组成，即 IP 地址占 4 个字节。为书写方便，把它们分为 4 组，每组 8 位二进制数，并用十进制数表示，每组数的范围为 0～255，每两组之间用"."隔开。IP 地址分为 A、B、C、D、E 5 类，其中 A、B、C 三类为主类地址，也是现在常用的 IP 地址，D 类地址为组播地址，E 类地址尚未使用。一般 IP 地址由网络号和主机号两个部分组成。

A 类地址第一组数的范围为 0～127；B 类 IP 地址第一组数的范围为 128～191；C 类 IP 地址第一组数的范围为 192～223。

②域名。在计算机网络中，IP 地址可以代表某台计算机，通过 IP 地址就可以访问网络中对应计算机的资源。但毕竟 IP 地址只是枯燥的数字，难以记忆。所以为了便于记忆，常采用形象、直观的字符串作为网络上各个节点的地址，如新浪的 www 服务器网址为 www.sina.com.cn。这种唯一标识网络节点地址的符号称为域名（Domain Name）。

为了便于对域名进行管理、记忆和查找，一般采用树型的层次结构来组织域名。一般域名的书写形式为：…. 三级域名. 二级域名. 顶级域名。顶级域名一般分为国家顶级域名和组织顶级域名两类（表 3-1）。

表 3-1　域名及含义

序号	域名	含义	序号	域名	含义
1	.com	公司企业	6	.edu	教育部门
2	.net	网络机构	7	.coop	合作团体
3	.org	非营利组织	8	.info	网络信息组织
4	.gov	政府部门	9	.name	个人
5	.mil	军事部门			

③ IPv6。IPv6 采用了 128 位的标识，地址空间相对 IPv4 增大了 2 的 96 次方倍。它的地址格式采用了八组四位十六进制的书写形式，如 CDCD:910A:2222:5498:8475:1111:3900:2020 就是一个合法的 IPv6 地址。其中地址中的每位数字都是十六进制，四位一组，每两组之间用 : 分隔。

3.2 计算机局域网

3.2.1 局域网的特点与组成

（1）特点（图 3-9）

> 为一个单位所拥有，地理范围有限；
> 使用专门铺设的传输介质进行联网；
> 数据传输速率高（10 Mbps～1 Gbps）、延迟时间短；
> 可靠性高、误码率低（10^{-11}～10^{-8}）。

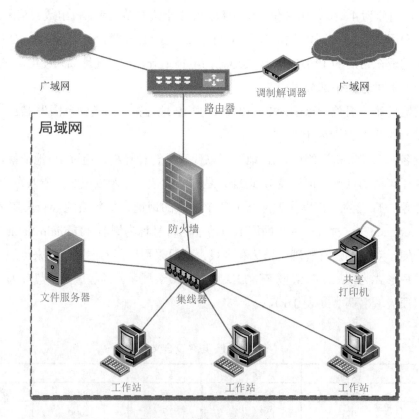

图 3-9 局域网特点与组成

（2）局域网的组成（图 3-10）

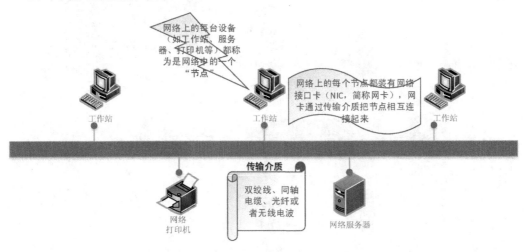

图 3-10　局域网组成

3.2.2　常用局域网介绍

（1）总线式以太网

以总线式集线器（hub）为中心，每个节点通过以太网卡和双绞线连接到集线器的一个端口，通过集线器与其他节点相互通信（图 3-11）。

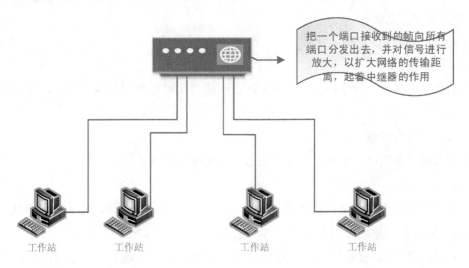

图 3-11　总线以太网

（2）交换式以太网

以交换式集线器（switch hub）为中心构成，交换式集线器是一种高速电子交换器，连接在交换器上的所有节点均可同时相互通信（图 3-12）。

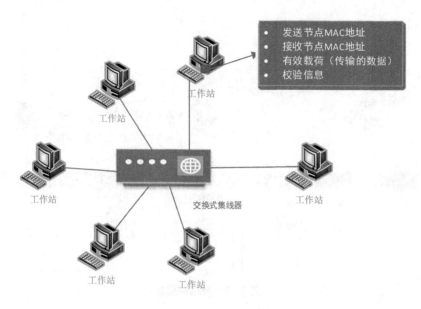

发送节点MAC地址
接收节点MAC地址
有效载荷（传输的数据）
校验信息

工作站
工作站
工作站
交换式集线器
工作站
工作站
工作站

图 3-12　交换式以太网

（3）以太网的优缺点

优点

➢ 增/删节点容易；

➢ 成本低；

➢ 维护方便；

➢ 轻负载时效率高（节点少，或者信息发送不频繁）。

缺点

重负载情况下，网络性能将急剧下降，不适合实时性要求较高的环境，特别是总线式以太网。

（4）无线局域网

无线局域网通过无线网卡、无线 hub、无线网桥等设备进行组网。

特点

➢ 使用 S 频段（2.4～2.483 5 GHz）无线电波作为传输介质，对人体没有伤害；

➢ 具有灵活性，相对于有线网络，它的组建、配置和维护较为容易；

➢ 使用扩频方式通信时，具有抗干扰、抗噪声、抗衰减能力，通信比较安全，不易偷听和窃取，具有高可用性。

3.2.3　无线局域网通信协议

（1）802.11 标准（Wi-Fi）（表 3-2）

■ 802.11a：25 Mbit/s；

- 802.11g：54 Mbit/s；
- 802.11b（传输速率能根据环境变化），最大可达 11 Mbit/s。

表 3-2　802.11 标准及传输速率

标准	传输速率
802.11	1～2 Mbit/s
802.11a	最高 54 Mbit/s
802.11b	最高 11 Mbit/s
802.11g	54 Mbit/s 和更高
802.11n	108 Mbit/s 和更高

（2）蓝牙（bluetooth）

近距离无线数字通信的标准，是 802.11 的补充，最高数据传输速率可达 1 Mbit/s（有效传输速率为 721 kbit/s），传输距离为 10 cm～10 m，适合于办公室或家庭环境的无线网络。

3.2.4　无线局域网的特点

优点
- 具有很好的灵活性；
- 最大通信范围可达几千米甚至几十千米；
- 组网、配置和维护较容易。

缺点
- 还不能完全脱离有线网络，只是有线网络的补充；
- 产品比较贵；
- 传输速度较慢。

3.3　计算机广域网

3.3.1　广域网的有关知识

广域网（WAN）是跨越很大地域范围（从几十千米到几千千米）并包含大量计算机的一种计算机网络。主要特点如下：

远距离：需要使用远程数字通信线路进行通信；

大规模：网络中包含大量的网络（子网）和计算机，数量几乎不受限制；

异构性：进行互联的局域网有多种不同类型。

从功能来说，广域网与局域网并无本质区别，只是由于数据传输速率相差很大，一些在局域网上能够实现的功能在广域网上可能很难完成。

3.3.2 专用广域网

专用广域网是由一个组织或团体自己建立、使用、控制和维护的私有通信网络。一个专用网络起码要拥有自己的通信和交换设备，它可以建立自己的线路服务，也可以向公用网络或其他专用网络进行租用。

专用传输网络主要是数字数据网（DDN）。DDN 可以在两个端点之间建立一条永久的、专用的数字通道。它的特点是在租用该专用线路期间，用户独占该线路的带宽。

3.3.3 公用数据网

一般是由政府电信部门组建、管理和控制，网络内的传输和交换装置可以提供（或租用）给任何部门和单位使用。

公共传输网络大体可以分为两类：①电路交换网络。主要包括公共交换电话网（PSTN）和综合业务数字网（ISDN）；②分组交换网络。主要包括 X.25 分组交换网、帧中继和交换式多兆位数据服务（SMDS）。

3.4 Internet 基础及应用

3.4.1 基础知识

Internet 即因特网、互联网，是由世界上许许多多的广域网、城域网、局域网等互联起来的巨型计算机网络，包含了非常庞大的信息资源，并向全世界提供信息服务。现今 Internet 已经成为获取信息的一种非常方便、快捷而有效的手段。

3.4.2 工作方式

Internet 提供的服务有很多，包括电子邮件、文件传输、WWW 服务、远程登录等，它们大多采用客户机/服务器模式，随着互联网上其他服务的涌现，又出现了浏览器/服务器模式、P2P 模式等。

（1）客户机/服务器模式

客户机/服务器模式即 Client/Server 模式，简称 C/S 模式。采用 C/S 模式的网络一般由几台服务器和大量客户端组成，服务器性能高、资源丰富，并安装专用服务器端软件，给其他计算机提供资源；客户机性能稍弱，也需安装客户端专用软件，用户通过客户端和服务器进行交互。

（2）浏览器/服务器模式

浏览器/服务器模式即 Browser/Server 模式，简称 B/S 模式。它是对 C/S 模式的一种改进。在此模式下，客户端只需要安装 WWW 浏览器。用户通过浏览器和服务器进行交互，该模式的主要工作一般在服务器端实现。因此该模式使用简单方便、界面统一，所以越来越多的服务采用 B/S 模式。

（3）P2P 模式

P2P 模式也称对等网络模型，是 Peer To Peer 的简称，也称对等网技术。在 P2P 网络中，每个节点的地位都是平等的，没有服务器和客户端之分。因此，每台计算机既可作为客户机也可作为服务器来工作。网络中每个节点都可以共享它们所拥有的部分资源，这些共享的资源可以被网络中其他对等节点直接访问而无须经过其他实体的介入。

3.4.3　Internet 应用

（1）信息搜索

搜索引擎是对互联网上的信息资源进行搜索整理并对用户提供查询功能的系统，它包括信息搜集、信息整理和用户查询三部分。现在搜索引擎已经成为互联网的核心服务。

现在著名的搜索引擎有谷歌、百度搜索等。这些搜索引擎的工作方式基本相同，一般都是定期通过某种"爬虫"程序对指定 IP 地址范围内的网站进行检索，如果发现新的网页出现，就会把该网页信息和网址等关键信息添加到数据库并按类别进行分类整理。经过一定时间的搜索，数据库中就保存了互联网上大部分的网页信息以供用户检索。

（2）信息发布

以博客、抖音、微博等软件平台来进行信息的发布。

Blog 是以网络为载体，简易、迅速并且快捷地发布自己的心得，及时、有效、轻松地与他们进行交流，集丰富多彩的个性化展示于一体的平台，它是继 E-mail、BBS、ICQ 之后出现的一种新的网络交流方式，并受到许多用户的欢迎。

抖音是一款音乐创意短视频社交软件，是一个专注年轻人的 15 s 音乐短视频社区。用户可以通过这款软件选择歌曲，拍摄 15 s 的音乐短视频，形成自己的作品。此 App 已在 Android 各大应用商店和 App Store 均有上线。

微博是微博客（MicroBlog）的简称，是一种通过关注机制分享简短实时信息的广播式的社交网络平台，也是一个基于用户关系信息分享、传播及获取的平台。用户可以通过 Web、Wap 等各种客户端组建个人社区，以 140 字左右的文字更新信息，并实现即时分享。最早且最著名的微博平台是美国 Twitter（又称推特），国内的有新浪微博、腾讯微博等。

（3）远程协助

远程协助是在网络上由一台电脑远距离地去控制另一台电脑，以帮助对方完成想要完成的操作。只要获取对方的 IP 地址或域名和用户名与密码等信息都可以进行远程协助操作。远程操作对方电脑，就像直接操作本地电脑一样的方便。

远程桌面连接功能是从 Windows2000 Server 版本的操作系统才开始由微软公司提供。开启远程桌面连接功能的操作非常简单，右键单击"我的电脑"，选择属性，单击"远程标签"，选中"允许用户远程连接到这台计算机"的复选框即可。

在对方计算机开启远程桌面连接功能之后，通过另一台计算机就可以远程连接这台计算机了。

3.5 网络信息安全

3.5.1 概述

网络信息安全是一门涉及计算机科学、网络技术、通信技术、密码技术、信息安全技术、应用数学、数论、信息论等多种学科的综合性学科。它主要是指网络系统的硬件、软件及其系统中的数据受到保护，不受偶然的或者恶意的原因而遭到破坏、更改、泄露，系统连续可靠正常地运行，网络服务不中断（图 3-13）。

网络安全所面临的威胁：①网络中信息的威胁；②对网络中设备的威胁。

造成网络威胁的来源：①人为的无意失误；②人为的恶意攻击：积极攻击和消极攻击；③系统以及网络软件的漏洞和"后门"。

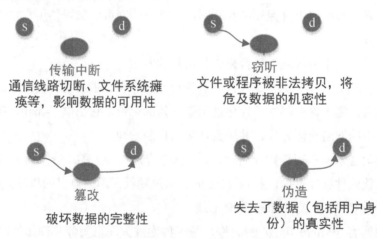

图 3-13　网络信息安全

3.5.2 网络安全策略

（1）物理安全策略。确保通信设备实体和通信链路不受破坏；良好的电磁兼容工作环境，采用电磁屏蔽技术和干扰技术；完备的安全管理制度。

（2）访问控制策略。①保证网络资源不被非法使用和非常访问：入网访问控制，网络登录的控制，通过增加网络口令的复杂性和加密。②网络权限的控制：对网络资源分级，不同级别的用户对不同的网络资源有不同的访问权限。③目录安全控制：对目录和文件的属性进行控制，以使不同用户对相同的目录和文件具有不同的读、修改、删除、写的权限。④属性安全控制：网络资源中的文件、目录应设置合适的属性。⑤网络服务器的安全控制：设置对网络服务器的使用，包括接入口令、访问时间等。⑥网络监测和锁定控制：记录对网络资源、网络服务器的访问记录。⑦网络端口和节点的安全控制：对网络端口和节点的接入、操作信息的传输采用加密和安全认证措施。⑧防火墙控制：采用防火墙技术隔离内网和外网。

（3）信息加密策略。对网内存储和传输的数据、口令、控制信息进行加密。加密方式包括链路加密、节点加密和端到端加密。

（4）非技术性安全管理策略。通过规章制度、行政手段、职业操守教育等措施，降低非技术原因导致的安全隐患。

3.5.3 数据加密

数据加密，是一门历史悠久的技术，指通过加密算法和加密密钥将明文转变为密文，而解密则是通过解密算法和解密密钥将密文恢复为明文（图 3-14）。它的核心是密码学。

数据加密目前仍是计算机系统对信息进行保护的一种最可靠的办法。它利用密码技术对信息进行加密，实现信息隐蔽，从而起到保护信息的安全的作用。

它的目的是即使被窃取，也能保证数据安全。因此，数据加密是其他信息安全措施的基础。

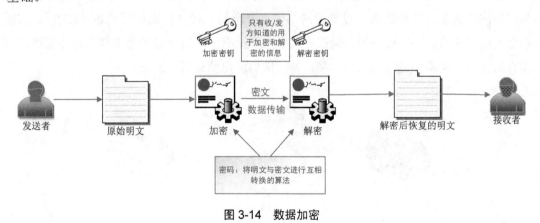

图 3-14　数据加密

3.5.4 数字签名

数字签名（又称公钥数字签名、电子签章）是一种类似写在纸上的普通的物理签名，但是使用了公钥加密领域的技术实现，用于鉴别数字信息的方法。一套数字签名通常定义两种互补的运算，一个用于签名，另一个用于验证。

数字签名，就是只有信息的发送者才能产生的别人无法伪造的一段数字串，这段数字串同时也是对信息的发送者发送信息真实性的一个有效证明。

数字签名是非对称密钥加密技术与数字摘要技术的应用。

3.5.5 身份鉴别和访问控制

（1）身份鉴别。在计算机网络中，为防止非授权介入而进行的身份合法性的鉴别。密码学上指运用密码技术进行的身份合法性的鉴别。

（2）访问控制。按用户身份及其所归属的某项定义组来限制用户对某些信息项的访问，或限制对某些控制功能的使用的一种技术，如 UniNAC 网络准入控制系统的原理就是基于此技术之上。访问控制通常用于系统管理员控制用户对服务器、目录、文件等网络资源的访问。

访问控制是几乎所有系统（包括计算机系统和非计算机系统）都需要用到的一种技术。访问控制是：给出一套方法，将系统中的所有功能标识出来、组织起来、托管起来，将所有的数据组织起来标识出来托管起来，然后提供一个简单的唯一的接口，这个接口的一端是应用系统另一端是权限引擎。权限引擎回答：谁是否对某一资源具有实施某个动作（运动、计算）的权限。返回的结果：有、没有、权限引擎异常了。

3.5.6 防火墙和入侵检测

因特网防火墙（Internet firewall）是用于将因特网的子网（最小子网是 1 台计算机）与因特网的其余部分相隔离，以维护网络信息安全的一种软件或硬件设备（要点）。其原理是对流经它的信息进行扫描，确保进入子网和流出子网的信息的合法性，它还能过滤掉黑客的攻击，关闭不使用的端口，禁止特定端口流出信息等（3-15）。

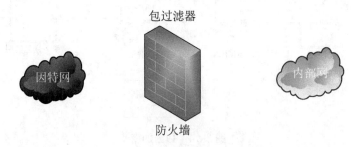

图 3-15 防火墙作用示意图

入侵检测（Intrusion Detection）是对入侵行为的发觉。他通过对计算机网络或计算机系统中若干关键点收集信息并对其进行分析，从中发现网络或系统中是否有违反安全策略的行为和被攻击的迹象。

3.5.7 计算机病毒防范

3.5.7.1 什么是计算机病毒？

计算机病毒是有人蓄意编制的一种具有自我复制能力的、寄生性的、破坏性的计算机程序。计算机病毒能在计算机中生存，通过自我复制进行传播，在一定条件下被激活，从而给计算机系统造成损害甚至严重破坏系统中的软件、硬件和数据资源。

病毒程序的特点：

➤ 破坏性；

➤ 隐蔽性；

➤ 传染性和传播性；

➤ 潜伏性。

举个例子来说，木马病毒能偷偷记录用户的键盘操作，盗窃用户账号（如游戏账号、股票账号，甚至网上银行账号）、密码和关键数据，甚至使"中马"的电脑被别有用心者所操控，安全和隐私完全失去保证。

3.5.7.2 计算机病毒的表现和危害

计算机病毒的表现和危害为破坏文件内容，造成磁盘上的数据破坏或丢失；删除系统中一些重要的程序，使系统无法正常工作，甚至无法启动；修改或破坏系统中的数据，造成不可弥补的损失；盗用用户的账号、口令等机密信息；在磁盘上产生许多"坏"扇区，减少磁盘可用空间；占用计算机内存，造成计算机运行速度降低；破坏主板 BIOS 芯片中存储的程序或数据等。

3.5.7.3 杀毒软件的功能与缺陷

杀毒软件的功能如下：检测及消除内存、BIOS、文件、邮件、U 盘和硬盘中的病毒。例如，Norton、瑞星、江民、金山毒霸、卡巴斯基等。杀毒软件也存在一些缺陷，如开发与更新总是滞后于新病毒的出现，因此无法确保百分之百的安全，不读更新才能保证其有效性；存在占用系统资源等缺点。

3.5.7.4 预防计算机病毒侵害的措施

预防计算机病毒可以采取的措施如下：

➤ 不使用来历不明的程序和数据；

➤ 不轻易打开来历不明的电子邮件，特别是附件；

➤ 确保系统的安装盘和重要的数据盘处于"写保护"状态；

➤ 在机器上安装杀毒软件（包括病毒防火墙软件），使启动程序运行、接收邮件和下载 Web 文档时自动检测与拦截病毒等；

➤ 经常和及时地做好系统及关键数据的备份工作等。

4 传感器技术

4.1 什么是传感器

从广义的角度来说，信号检出器件和信号处理部分总称为传感器。

传感器（transducer/sensor）是一种检测装置，能感受到被测量的信息，并能将感受到的信息，按一定规律变换成为电信号或其他所需形式的信息输出，以满足信息的传输、处理、存储、显示、记录和控制等要求。

传感器的特点：微型化、数字化、智能化、多功能化、系统化、网络化。它是实现自动检测和自动控制的首要环节。传感器的存在和发展，让物体有了触觉、味觉和嗅觉等感官，让物体慢慢变得活了起来。通常根据其基本感知功能分为热敏元件、光敏元件、气敏元件、力敏元件、磁敏元件、湿敏元件、声敏元件、放射线敏感元件、色敏元件和味敏元件十大类。

人的体力和脑力劳动通过感觉器官接收外界信号，将这些信号传送给大脑，大脑把这些信号分析处理传递给肌体（图 4-1）。

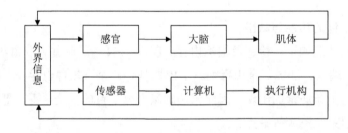

图 4-1 传感器示意图

如果用机器完成这一过程，计算机相当于人的大脑，执行机构相当于人的肌体，传感器相当于人的五官和皮肤。传感器好比人体感官的延长，有人又称"电五官"。

4.2 传感器的作用和地位

传感器广泛应用于社会发展及人类生活的各个领域，如工业自动化、农业现代化、航天技术、军事工程、机器人技术、资源开发、海洋探测、环境监测、安全保卫、医疗诊断、交通运输、家用电器等（图 4-2）。

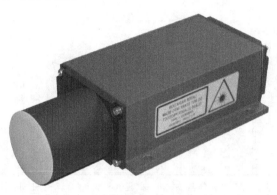

图 4-2　传感器

　　据前瞻产业研究院发布的《中国传感器制造行业发展前景与投资预测分析报告前瞻》显示，近年来，国内传感器应用主要分布在机械设备制造、家用电器、科学仪器仪表、医疗卫生、通信电子以及汽车等领域。

　　人们从外界获取信息，必须依靠感官。单靠人们自身的感觉器官，在研究自然现象和规律以及生产活动中它们的功能就远远不够了。为适应这种情况，就需要传感器。

　　新技术革命的到来，世界开始进入信息时代。在利用信息的过程中，首先要解决的就是要获取准确可靠的信息，而传感器是获取自然和生产领域中信息的主要途径与手段。要获取大量人类感官无法直接获取的信息，没有相适应的传感器是不可能的。许多基础科学研究的障碍，首先就在于对象信息的获取存在困难，而一些新机理和高灵敏度的检测传感器的出现，会导致该领域内的突破。一些传感器的发展，往往是一些边缘学科开发的先驱。

　　传感器早已渗透到诸如工业生产、宇宙开发、海洋探测、环境保护、资源调查、医学诊断、生物工程、甚至文物保护等极其之泛的领域。可以毫不夸张地说，从茫茫的太空，到浩瀚的海洋，以至各种复杂的工程系统，几乎每一个现代化项目，都离不开各种各样的传感器。

　　由此可见，传感器技术在发展经济、推动社会进步方面的重要作用是十分明显的。世界各国都十分重视这一领域的发展。相信不久的将来，传感器技术将会出现一个飞跃，达到与其重要地位相称的新水平。

4.3　传感器现状和国内外发展趋势

4.3.1　需求领域广泛

　　从图 4-3 可以看出，传感器的需求领域涉及各行各业，且部分行业需求量巨大。

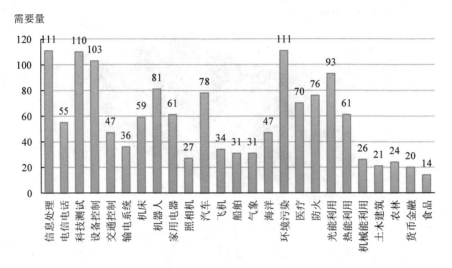

图 4-3　传感器需求领域

4.3.2　中国传感器发展现状

我国的传感器技术及产业在国家"大力加强传感器的开发和在国民经济中的普遍应用"等一系列政策导向和资金的支持下，近年来也取得了较快发展。

2011 年中国传感器行业产量约为 27.5 亿只，2012 年约为 32 亿只，2013 年中国传感器行业产量达到 38.6 亿只（1 300 亿元）。

传感器产业在科技投入（经费、高级人才资源）、产业环境以及科技实力（专利件数、新品开发周期、关键材料与零组件、量产能力）三大方面的综合竞争能力还是低于美国、日本、欧洲等发达国家，但中国传感器未来的发展不可估量。

4.3.3　传感器总的发展趋势

在传感器的应用领域，目前的发展趋势主要集中在提高与改善传感器的技术指标、开发新材料，敏感材料是传感器的重要基础，基于新材料出现的传感器采用新原理、新工艺。如高温超导磁传感器灵敏度远远高于霍耳器件，可用于磁成像技术。微型化与微功耗；集成化与多功能化；传感器的智能化；传感器的数字化和网络化。

4.4　传感器的组成和分类方法

4.4.1　组成

传感器一般由敏感元件、转换元件、信号调理转换电路三部分组成，有时还需要外加辅助电源提供转换能量，敏感元件是指传感器中能直接感受或响应被测量的部分；转换元件是指传感器中能将敏感元件感受或响应的被测量转换成适合于传输或测量的电信号部分。由于传感器输出信号一般都很微弱，因此传感器输出的信号一般需要进行信号调理与转换、放大、运算与调制之后才能进行显示和参与控制。

随着半导体器件与集成技术在传感器中的应用，已经实现了将传感器的信号调理转换电路与敏感元件一起集成在同一芯片上的传感器模块和集成电路传感器，如集成温度传感器 AD590、DS18B20 等。

4.4.2　传感器的分类

传感器分类方法较多，无统一方法，大体有以下几种（表 4-1）。

（1）按传感器检测的范畴分类。物理量传感器；化学量传感器；生物量传感器。

（2）按传感器的输出信号分类。模拟传感器；数字传感器。

（3）按传感器的结构分类。结构型传感器：材料几何形状或尺寸的改变；物性型传感器：材料物理性质的变化；复合型传感器。

（4）按传感器的功能分类。单功能传感器；多功能传感器；智能传感器。

（5）按传感器的转换原理分类。机—电传感器；光—电传感器；热—电传感器；磁—电传感器；电化学传感器。

（6）按传感器的能源分类。有源传感器；无源传感器。

（7）国标制定的传感器分类体系表将传感器分为：物理量、化学量、生物量传感器三大门类；含 12 个小类：力学量、热学量、光学量、磁学量、电学量、声学量、射线、气体、离子、温度传感器以及生化量、生物量传感器。各小类按两个层次又分若干品种。

表 4-1　传感器分类

按被测量分类	物理量传感器	力学量	压力传感器、力传感器、力矩传感器、速度传感器、加速度传感器、流量传感器、位移传感器、位置传感器、尺度传感器、密度传感器、黏度传感器、硬度传感器、浊度传感器
		热学量	温度传感器、热量传感器、热导率传感器
		光学量	可见光传感器、红外光传感器、紫外光传感器、照度传感器、色度传感器、图像传感器、亮度传感器
		磁学量	磁场强度传感器、磁通传感器
		电学量	电流传感器、电压传感器、电场强度传感器
		声学量	声压传感器、噪声传感器、超声波传感器、声表面波传感器
		射线	X 射线传感器、β 射线传感器、γ 射线传感器、辐射剂量传感器
	化学量传感器	离子传感器、气体传感器、温度传感器	
	生物量传感器	生物量	体压传感器、脉搏传感器、心音传感器、体温传感器、血流传感器、呼吸传感器、血容量传感器、体电图传感器
		生化量	酶式传感器、免疫血型传感器、微生物型传感器、血气传感器、血液电解质

4.5　几种常用传感器介绍

（1）红外对管

红外对管是根据红外辐射式传感器原理制作的一种红外对射式传感器。与一般红外传感器一样，红外对管也由三部分构成：光学系统（发射管）、探测器（接收管）、信号调理及输出电路。红外探测器是利用红外辐射与物质相互作用所呈现的物理效应来探测红外辐射的。在此接收管通过对发射管所发出的红外线做出反应实现，实现信号的采集，再通过后续信号处理电路完成信号的采集和输出。

（2）霍尔传感器

霍尔传感器是基于霍尔效应的一种传感器。霍尔效应是指置于磁场中的静止载流导体，当它的电流方向与磁场方向不一致时，载流导体上平行于电流和磁场方向上的两个面之间产生电动势的现象。它具有灵敏度高、线性度好、稳定性高、体积小和耐高温等特点。对测速装置的要求是分辨能力强、高精度和尽可能短的检测时间。

目前市场上的霍尔传感器都是集成了外围的测量电路输出的是数字信号，即当传感器检测到磁场时将输出高低电平信号。传感器主要包括两部分，一部分为检测部分的霍尔元件；另一部分为提供磁场的磁钢。

霍尔电流传感器反应速度一般在 7 μs，根本不用考虑单片机循环判断的时间。

（3）光电开关

光电开关是一种利用感光元件对变化的入射光加以接收，并进行光电转换，同时加以某种形式的放大和控制，从而获得最终的控制输出"开""关"信号的器件。它是一种反射式的光电开关，它的发光元件和接收元件的光轴在同一平面且以某一角度相交，交点一般即为待测物所在处。当有物体经过时，接收元件将接收到从物体表面反射的光，没有物体时则接收不到。

透射式的光电开关，它的发光元件和接收元件的光轴是重合的。当不透明的物体位于或经过它们之间时，会阻断光路，使接收元件接收不到来自发光元件的光，这样起到检测作用。光电开关的特点是小型、高速、非接触，而且与 TTL、MOS 等电路容易结合。

此类传感器目前也多为开关量传感器，输出的为 1、0 开关量信号，可以和单片机直接连接使用。

光电开关广泛应用于工业控制、自动化包装线及安全装置中作光控制和光探测装置。可在自控系统中用作物体检测、产品计数、料位检测、尺寸控制、安全报警及计算机输入接口等用途。

（4）超声波传感器

利用超声波在超声场中的物理特性和各种效应而研制的装置可称为超声波换能器、探测器或传感器。

超声波探头按其工作原理可分为压电式、磁致伸缩式、电磁式等，而以压电式最为常用。压电式超声波探头常用的材料是压电晶体和压电陶瓷，这种传感器统称为压电式超声波探头。它是利用压电材料的压电效应来工作的，逆压电效应将高频电振动转换成高频机械振动，从而产生超声波，可作为发射探头；而利用正压电效应，将超声振动波转换成电信号，可用于接收探头。

超声波探头主要由压电晶片组成，既可以发射超声波，也可以接收超声波。小功率超声探头多作探测作用。它有许多不同的结构，可分直探头（纵波）、斜探头（横波）、表面波探头（表面波）、兰姆波探头（兰姆波）、双探头（一个探头反射、一个探头接收）等。

超声探头的核心是其塑料外套或者金属外套中的一块压电晶片。构成晶片的材料可以有许多种。晶片的大小，如直径和厚度也各不相同，因此每个探头的性能是不同的，我们使用前必须预先了解它的性能。超声波传感器的主要性能指标包括：①工作频率。工作频率就是压电晶片的共振频率。当加到它两端的交流电压的频率和晶片的共振频率相等时，输出的能量最大，灵敏度也最高。②工作温度。由于压电材料的居里点一般比较高，特别时诊断用超声波探头使用功率较小，所以工作温度比较低，可以长时间地工作而不失效。医疗用的超声探头的温度比较高，需要单独的制冷设备。③灵敏度。主要取决于制造晶片本身。机电耦合系数大，灵敏度高；反之，灵敏度低。

（5）加速度传感器

加速度传感器又叫 G-sensor，获取的是 x、y、z 三轴的加速度数值。该数值包含地心引力的影响，单位是 m/s^2。将手机平放在桌面上，x 轴默认为 0，y 轴默认 0，z 轴默认 9.81。将手机朝下放在桌面上，z 轴为–9.81。

加速度传感器可能是最为成熟的一种 mems 产品，市场上的加速度传感器种类很多。手机中常用的加速度传感器有 BOSCH（博世）的 BMA 系列，AMK 的 897X 系列，ST 的 LIS3X 系列等。这些传感器一般提供±2 g 至±16 g 的加速度测量范围，采用 I2C 或 SPI 接口和 MCU 相连，数据精度小于 16 bit。

（6）磁力传感器

磁力传感器简称为 M-sensor，返回 x、y、z 三轴的环境磁场数据。该数值的单位常用微特斯拉μT 表示。也可以是高斯（Gs），1T=10 000 Gs。

硬件上一般没有独立的磁力传感器，磁力数据由电子罗盘传感器提供（E-compass）。电子罗盘传感器在提供磁力传感器数据的同时，还能提供方向传感器数据。

（7）方向传感器

方向传感器简称为 O-sensor，返回三轴的角度数据，方向数据的单位是角度。

电子罗盘 E-compass 在获取到 G-sensor 的数据之后，经过计算生产 O-sensor 数据以及 M-sensor 数据。O-sensor 提供三个数据，分别为 azimuth、pitch 和 roll。azimuth：方位，

返回水平时磁北极和 Y 轴的夹角，范围为 0°至 360°。0°=北，90°=东，180°=南，270°=西。pitch：x 轴和水平面的夹角，范围为–180°至 180°。当 z 轴向 y 轴转动时，角度为正值。roll：y 轴和水平面的夹角，由于历史原因，范围为–90°至 90°。当 x 轴向 z 轴移动时，角度为正值。

电子罗盘在获取正确的数据前需要进行校准，通常可用 8 字校准法。8 字校准法要求用户使用需要校准的设备在空中做 8 字晃动，原则上尽量多地让设备法线方向指向空间的所有 8 个象限。

（8）陀螺仪传感器

陀螺仪传感器叫作 Gyro-sensor，返回 x、y、z 三轴的角加速度数据，角加速度的单位是 rad/s。

根据 Nexus S 手机实测：

水平逆时针旋转，z 轴为正。

水平逆时针旋转，z 轴为负。

向左旋转，y 轴为负。

向右旋转，y 轴为正。

向上旋转，x 轴为负。

向下旋转，x 轴为正。

（9）重力传感器

重力传感器简称 GV-sensor，输出重力数据。在地球上，重力数值为 9.8，单位是 m/s^2，坐标系统与加速度传感器相同。当设备复位时，重力传感器的输出与加速度传感器相同。

（10）线性加速度传感器

线性加速度传感器简称 LA-sensor。线性加速度传感器是加速度传感器减去重力影响获取的数据，单位是 m/s^2，坐标系统与加速度传感器相同。

（11）旋转矢量传感器

旋转矢量传感器简称 RV-sensor。旋转矢量代表设备的方向，是一个将坐标轴和角度混合计算得到的数据。RV-sensor 输出三个数据：$x \times \sin(\theta/2)$、$y \times \sin(\theta/2)$、$z \times \sin(\theta/2)$ $\sin(\theta/2)$ 是 RV 的数量级。

RV 的方向与轴旋转的方向相同。

RV 的三个数值，与 $\cos(\theta/2)$ 组成一个四元组。

RV 的数据没有单位，使用的坐标系与加速度相同。

举例：

sensors_event_t.data[0] = $x \times \sin(\theta/2)$

sensors_event_t.data[1] = $y \times \sin(\theta/2)$

sensors_event_t.data[2] = $z \times \sin(\theta/2)$

sensors_event_t.data[3] = cos（$\theta/2$）

GV、LA 和 RV 的数值没有物理传感器可以直接给出，需要 G-sensor、O-sensor 和 Gyro-sensor 经过算法计算后得出。

4.6　智能传感器

4.6.1　基本概念

智能传感器（intelligent sensor）是具有信息处理功能的传感器。智能传感器带有微处理机，具有采集、处理、交换信息的能力，是传感器集成化与微处理机相结合的产物。其优点是：通过软件技术可实现高精度的信息采集，而且成本低；具有一定的编程自动化能力；功能多样化。

4.6.2　组成

智能传感器由被测量、传感器、信号调理电路、微处理器、输出接口和数字量输出组成（图 4-4）。

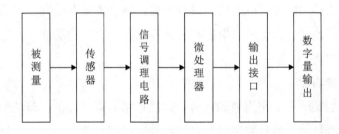

图 4-4　智能传感器的组成

4.6.3　功能

智能传感器的功能包括以下几个方面。

（1）复合敏感功能

我们观察周围的自然现象，常见的信号有声、光、电、热、力和化学等。敏感元件测量一般通过直接和间接两种方式测量。而智能传感器具有复合功能，能够同时测量多种物理量和化学量，能给出较全面反映物质运动规律的信息。如美国加利福尼亚大学研制的复合液体传感器，可同时测量介质的温度、流速、压力和密度。美国 EG&GIC Sensors 公司研制的复合力学传感器，可同时测量物体某一点的三维振动加速度、速度、位移等。

（2）自适应功能

智能传感器可在条件变化的情况下，在一定范围内使自己的特性自动适应这种变化。通过采用自适应技术，由于它能补偿老化部件引起的参数漂移，所以自适应技术可延长器件或装置的寿命。同时也扩大其工作领域，因为它能自动适应不同的环境条件。自适应技术提高了传感器的重复性和准确度。因为其校正和补偿数值已不再是一个平均值，而是测量点的真实修正值。

（3）自检、自校、自诊断功能

普通传感器需要定期检验和标定，以保证它在正常使用时有足够的准确度，这些工作一般要求将传感器从使用现场拆卸，并送到实验室或检验部门进行，对在线测量传感器出现异常时不能及时诊断。采用智能传感器时，情况则大有改观。首先，自诊断功能在电源接通时进行自检，诊断测试以确定组件有无故障。其次，根据使用时间可以在线进行校正，微处理器利用存在 E^2PROM 内的计量特性数据进行对比校对。

（4）信息存储功能

信息往往是成功的关键，智能传感器可以存储大量的信息，用户可随时查询。这些信息可包括装置的历史信息。例如，传感器已工作多少小时，更换多少次电源等，包括传感器的全部数据和图表，还包括组态选择说明等。此外还包括串行数、生产日期、目录表和最终出厂测试结果等。内容可以无限，只受智能传感器本身存储容量的限制。智能传感器除了增加过程数据处理、自诊断、组态和信息存储四个方面的功能外，还提供了数字通信能力和自适应能力。

（5）数据处理功能

过程数据处理是一项非常重要的任务，智能传感器本身提供了该功能。智能传感器不但能放大信号，而且能使信号数字化，再用软件实现信号调节。通常，基本的传感器不能给出线性信号，而过程控制却把线性度作为重要的追求目标。智能传感器通过查表方式可使非线性信号线性化。当然对每个传感器要单独编制这种数据表。智能传感器过程数据处理的另一个例子是通过数字滤波器对数字信号滤波，从而可减少噪声或其他相关效应的干扰。而且用软件研制复杂的滤波器要比用分立电子电路容易得多。环境因素补偿也是数据处理的一项重要任务。微控制器能帮助提高信号检测的精确度。例如，通过测量基本检测元件的温度可获得正确的温度补偿系数，从而可实现对信号的温度补偿。用软件也能实现非线性补偿和其他更复杂的补偿。这是因为查询表几乎能产生任意形状的曲线。有时必须测量和处理几个不同的物理量，这样将给出各自的数据。智能传感器的微控制器使用户很容易实现多个信号的加、减、乘、除运算。在过程数据处理方面，智能传感器可以大显身手。

此外，它把这些操作从中心控制室下放到接近信号产生点也是大有好处的。一是因为把附加信号发送到控制室花费很大，而用智能传感器就省去了附加传感器和引线的成本。

二是由于附加信息是在信息的应用点检测到的，这样就大大降低了长距离传输引入的负效应（如噪声、电位差等），从而使信号更准确。三是可以简化主控制器中的软件，提高控制环的速度。

（6）组态功能

智能传感器的另一个主要特性是组态功能。信号应该放大的倍数，温度传感器是以摄氏度还是华氏度输出温度？对于智能传感器用户可随意选择需要的组态。例如，检测范围，可编程通/断延时，选组计数器，常开/常闭，8/12 位分辨率选择等。这只不过是当今智能传感器无数组态中的几种。灵活的组态功能大大减少了用户需要研制和更换必备的不同传感器类型和数目。利用智能传感器的组态功能可使同一类型的传感器工作在最佳状态，并且能在不同场合从事不同的工作。

（7）数字通信功能

如上所述，由于智能传感器能产生大量信息和数据，所以用普通传感器的单一连线无法对装置的数据提供必要的输入和输出。但也不能对应每个信息各用一根引线，因为这样会使系统非常庞杂。因此它需要一种灵活的串行通信系统。在过程工业中，通常看到的是点与点串接以及串联网络，如今的大趋势是朝串联网络方向发展。因为智能传感器本身带有微控制器，所以它是属于数字式的，因此自然能配置与外部连接的数字串行通信。因为串行网络抗环境影响（如电磁干扰）的能力比普通模拟信号强得多。把串行通信配接到装置上，可以有效地管理信息的传输，使数据只在需要时才输出。

4.6.4　特点

（1）精度高

智能传感器可通过自动校零功能去除零点，与标准参考基准实时对比自动进行整体系统标定、非线性等系统误差的校正，实时采集大量数据进行分析处理，消除偶然误差影响，保证智能传感器的高精度。

（2）高可靠性与高稳定性

智能传感器能自动补偿因工作条件与环境参数发生变化而引起的系统特性的漂移，如环境温度、系统供电电压波动而产生的零点和灵敏度的漂移；在被测参数变化后能自动变换量程，实时进行系统自我检验、分析、判断所采集数据的合理性，并自动进行异常情况的应急处理。

（3）高信噪比与高分辨力

由于智能传感器具有数据存储、记忆与信息处理功能，通过数字滤波等相关分析处理，可去除输入数据中的噪声，自动提取有用数据；通过数据融合、神经网络技术，可消除多参数状态下交叉灵敏度的影响。

（4）强自适应性

智能传感器具有判断、分析与处理功能，它能根据系统工作情况决策各部分的供电情况、与高/上位计算机的数据传输速率，使系统工作在最优低功耗状态并优化传输效率。

（5）较高的性能价格比

智能传感器具有的高性能，不是像传统传感器技术那样通过追求传感器本身的完善、对传感器的各个环节进行精心设计与调试、进行"手工艺品"式的精雕细琢来获得的，而是通过与微处理器/微计算机相结合，采用廉价的集成电路工艺和芯片以及强大的软件来实现的，所以具有较高的性价比。

4.6.5 发展趋势

智能传感器的发展趋势如下述。

（1）向高精度发展

随着自动化生产程度的提高，对传感器的要求也在不断提高，必须研制出具有灵敏度高、精确度高、响应速度快、互换性好的新型传感器以确保生产自动化的可靠性。

（2）向高可靠性、宽温度范围发展

传感器的可靠性直接影响电子设备的抗干扰等性能，研制高可靠性、宽温度范围的传感器将是永久性的方向。发展新兴材料（如陶瓷）传感器将很有前途。

（3）向微型化发展

各种控制仪器设备的功能越来越强，要求各个部件体积越小越好，因而传感器的体积也是越小越好，这就要求发展新的材料及加工技术，目前利用硅材料制作的传感器体积已经很小。如传统的加速度传感器是由重力块和弹簧等制成的，体积较大、稳定性差、寿命也短，而利用激光等各种微细加工技术制成的硅加速度传感器体积非常小、互换性可靠性都较好。

（4）向微功耗及无源化发展

传感器一般都是非电量向电量的转化，工作时离不开电源，在野外现场或远离电网的地方，往往是用电池供电或用太阳能等供电，开发微功耗的传感器及无源传感器是必然的发展方向，这样既可以节省能源又可以提高系统寿命。目前，低功耗损的芯片发展很快，如 T12702 运算放大器，静态功耗只有 1.5 A，而工作电压只需 2～5 V。

（5）向智能化、数字化发展

随着现代化的发展，传感器的功能已突破传统的功能，其输出不再是单一的模拟信号（如 0～10 mV），而是经过微电脑处理好后的数字信号，有的甚至带有控制功能，这就是数字传感器。

（6）向网络化发展

网络化是传感器发展的一个重要方向，网络的作用和优势正逐步显现出来。网络传感器必将促进电子科技的发展。

4.7 MEMS 技术

4.7.1 定义

MEMS（MicroElectro-Mechanical System，微机电系统），是指尺寸在几毫米乃至更小的高科技装置，其内部结构一般在微米甚至纳米量级，是一个独立的智能系统。主要由传感器、动作器（执行器）和微能源三大部分组成。微机电系统涉及物理学、半导体、光学、电子工程、化学、材料工程、机械工程、医学、信息工程及生物工程等多种学科和工程技术，为智能系统、消费电子、可穿戴设备、智能家居、系统生物技术的合成生物学与微流控技术等领域开拓了广阔的用途。常见的产品包括 MEMS 加速度计、MEMS 麦克风、微马达、微泵、微振子、MEMS 压力传感器、MEMS 陀螺仪、MEMS 湿度传感器等以及它们的集成产品。

MEMS 是一个独立的智能系统，可大批量生产，其系统尺寸在几毫米乃至更小，其内部结构一般在微米甚至纳米量级。例如，常见的 MEMS 产品尺寸一般都在 3 mm×3 mm×1.5 mm，甚至更小。

微机电系统在国民经济和军事系统方面将有着广泛的应用前景，主要民用领域是电子、医学、工业、汽车和航空航天系统。

4.7.2 技术特点及研究内容

MEMS 具有以下几个基本特点：微型化、智能化、多功能、高集成度和适于大批量生产。MEMS 技术的目标是通过系统的微型化、集成化来探索具有新原理、新功能的元件和系统。MEMS 技术是一种典型的多学科交叉的前沿性研究领域，几乎涉及自然及工程科学 MEMS 传感器，尺寸微小的所有领域，如电子技术、机械技术、物理学、化学、生物医学、材料科学、能源科学等。

其研究内容一般可以归纳为以下三个基本方面。

（1）理论基础。在当前 MEMS 所能达到的尺度下，宏观世界基本的物理规律仍然起作用，但由于尺寸缩小带来的影响（Scaling Effects），许多物理现象与宏观世界有很大区别，许多原来的理论基础都会发生变化，如力的尺寸效应、微结构的表面效应、微观摩擦机理等，因此有必要对微动力学、微流体力学、微热力学、微摩擦学、微光学和微结构学进行深入的研究。这方面的研究虽然受到重视，但难度较大，往往需要多学科的学者进行基础研究。

（2）技术基础研究。主要包括微机械设计、微机械材料、微细加工、微装配与封装、集成技术、微测量等技术基础研究。

（3）微机械在各学科领域的应用研究。

5 关键技术

5.1 通信技术

5.1.1 无线低速网络

物联网背景下连接的物体，既有智能的也有非智能的。为了适应物联网中那些能力较低的节点低速率、低通信半径、低计算能力和低能量的要求，要采取低速网络协议，这是实现全面互联互通的前提。典型的无线低速网络技术，如蓝牙、紫蜂等（见 2.4）。

5.1.2 移动通信网络

移动通信（Mobile communication），是指通信双方或至少有一方处于运动中进行信息传输和交换的通信方式。移动通信系统包括无绳电话、无线寻呼、陆地蜂窝移动通信、卫星移动通信等。移动体之间通信联系的传输手段只能依靠无线电通信，因此无线通信是移动通信的基础。

（1）移动通信系统的组成

移动通信是移动体之间的通信，或移动体与固定体之间的通信。移动体可以是人，也可以是汽车、火车、轮船、收音机等在移动状态中的物体。

移动通信包括无线传输、有线传输，信息的收集、处理和存储等，使用的主要设备有无线收发信机、移动交换控制设备和移动终端设备。

移动通信无线服务区由许多正六边形小区覆盖而成，呈蜂窝状，通过接口与公众通信网（PSTN、ISDN、PDN）互联。

移动通信系统包括移动交换子系统（SS）、操作维护管理子系统（OMS）、基站子系统（BSS）和移动台（MS），是一个完整的信息传输实体。

（2）移动通信系统的组成

移动通信中建立一个呼叫是由 BSS 和 SS 共同完成的；BSS 提供并管理 MS 和 SS 之间的无线传输通道，SS 负责呼叫控制功能，所有的呼叫都是经由 SS 建立连接的；OMS 负责管理控制整个移动网（图 5-1）。

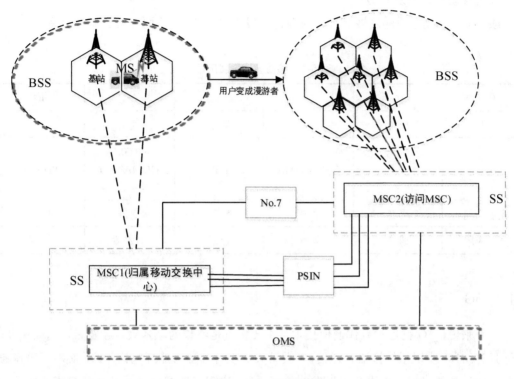

图 5-1　移动通信系统

　　MS 也是一个子系统。它实际上是由移动终端设备和用户数据两部分组成的，移动终端设备称为移动设备；用户数据存放在一个与移动设备可分离的数据模块中，此数据模块称为用户识别卡（SIM）。

　　（3）移动通信的工作频段

　　早期的移动通信主要使用 VHF 和 UHF 频段。目前，大容量移动通信系统均使用 800 MHz 频段（CDMA），900 MHz 频段（GSM），并开始使用 1 800 MHz 频段（GSM1800），该频段用于微蜂窝（Microcell）系统。第三代移动通信使用 2.4 GHz 频段。

　　（4）移动通信的工作方式

　　从传输方式的角度来看，无线通信分为单向传输（广播式）和双向传输（应答式）。单向传输只用于无线电寻呼系统。双向传输有单工、双工和半双工三种工作方式。

　　（5）移动通信的组网

　　移动通信采用无线蜂窝式小区覆盖和小功率发射的模式。蜂窝式组网放弃了点对点传输和广播覆盖模式，把整个服务区域划分成若干个较小的区域（cell，在蜂窝系统中称为小区），各小区均用小功率的发射机（即基站发射机）进行覆盖，许多小区像蜂窝一样能布满（即覆盖）任意形状的服务地区。

（6）移动通信的发展历程

表 5-1 为移动通信的发展历程，目前已经发展到了 5G，后面会有详细的介绍。

表 5-1　移动通信发展历程

代际	1G	2G	2.5G	3G	4G
信号	模拟	数字	数字	数字	数字
制式		GSM CDMA	GPRS	WCDMA CDMA2000 TD-SCDMA	TD-LTE
主要功能	语音	数据	窄带	宽带	广带
典型应用	通话	短信-彩信	蓝牙	多媒体	高清

5.1.3　5G

简单来说，5G 就是第五代通信技术，主要特点是波长为毫米级，超宽带，超高速度，超低延时。1G 实现了模拟语音通信，"大哥大"没有屏幕只能打电话；2G 实现了语音通信数字化，功能机有了小屏幕可以发短信了；3G 实现了语音以外图片等的多媒体通信，屏幕变大可以看图片了；4G 实现了局域高速上网，大屏智能机可以看短视频了，但在城市信号好，农村信号差。1G~4G 都是着眼于人与人之间更方便快捷的通信，而 5G 将实现随时、随地、万物互联，让人类敢于期待与地球上的万物通过直播的方式无时差同步参与其中（图 5-2）。

图 5-2　移动通信发展历程

有线？无线？通信技术，归根到底，就分为两种——有线通信和无线通信。信息数据要么在空中传播（看不见、摸不着），要么在实物上传播（看得见、摸得着）（图 5-3）。

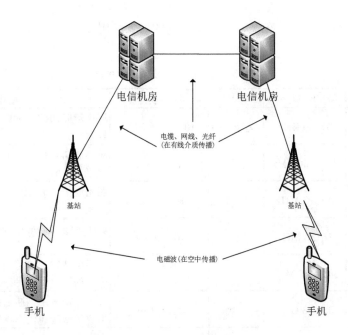

图 5-3　有线和无线通信示意图

在有线介质上传播数据，速率可以达到很高的数值。而空中传播这部分，才是移动通信的瓶颈所在。目前主流的 4G LTE，理论速率只有 150 Mbit/s。这个和有线是完全没办法相比的。

所以，5G 如果要实现端到端的高速率，重点是突破无线这部分的瓶颈。无线通信就是利用电磁波进行通信。电波和光波，都属于电磁波。电磁波的功能特性，是由它的频率决定的。不同频率的电磁波，有不同的属性特点，从而有不同的用途。例如，高频的 γ 射线，具有很大的杀伤力，可以用来治疗肿瘤。

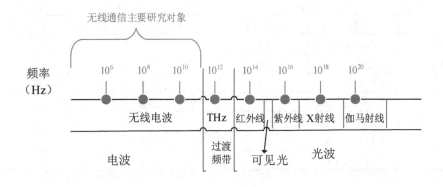

图 5-4　电磁波分类及应用

目前主要使用电波进行通信。当然，光波通信也在崛起，例如 LiFi。

无线电波属于电磁波的一种，它的频率资源是有限的。为了避免干扰和冲突，我们在电波这条公路上进一步划分车道，分配给不同的对象和用途（表5-2）。

表 5-2　通信电磁波频率及用途

名称	符号	频率	波段	波长	主要用途
基低频	VLF	3～30 KHz	超长波	100～1 000 km	海岸潜艇通信；远距离通信；超远距离导航
低频	LF	30～300 KHz	长波	1～10 km	越洋通信；中距离通信；地下岩层通信；远距离导航
中频	MF	0.3～3 MHz	中波	100～1 000 m	船用通信；业余无线电通信；移动通信；中距离导航
高频	HF	3～30 MHz	短波	10～100 m	远距离短波通信；国际定点通信；移动通信
基高频	VHF	30～300 MHz	米波	1～10 m	电离层散射；流星余迹通信；人造电离层通信；对空间飞行体通信；移动通信
特高频	UHF	0.3～3 GHz	分米波	0.1～1 m	小容量微波中继通信；对流层散射通信；中容量微波通信；移动通信
超高频	SHF	3～30 GHz	厘米波	1～10 cm	大容量微波中继通信；移动通信；卫星通信；国际海事卫星通信
极高频	EHF	30～300 GHz	毫米波	1～10 mm	在大气层时的通信；波导通信

一直以来，我们主要是用中频～超高频进行手机通信的。例如经常说的"GSM900""CDMA800"，是指工作频段在 900 MHz 的 GSM 和工作频段在 800 MHz 的 CDMA。

目前全球主流的 4G LTE 技术标准，属于特高频和超高频。我们国家主要使用超高频（表5-3）。

表 5-3　我国 LTE 频谱划分　　　　　　　　　　　　　　单位：MHz

归属方	TDD		FDD		合计
	频谱	频谱资源	频谱	频谱资源	
中国移动	1 880～1 900	20			130
	2 320～2 370	50			
	2 575～2 635	60			
中国联通	2 300～2 320	20	1 955～1 980	25	90
	2 555～2 575	20	2 145～2 170	25	
中国电信	2 370～2 390	20	1 755～1 785	30	100
	2 635～2 655	20	1 850～1 880	30	

注：数据来源于工信部、招商证券。

大家能看出来，随着 1G、2G、3G、4G 的发展，使用的电波频率是越来越高的。这主要是因为，频率越高，能使用的频率资源越丰富。频率资源越丰富，能实现的传输速率就越高。

那么就意味着更高的频率→更多的资源→更快的速度。频率资源就像车厢，越高的频率，车厢越多，相同时间内能装载的信息就越多。那么，5G 使用的频率具体是多少呢？如表 5-4 所示。

表 5-4　频率范围名称及对应的频率

频率范围名称	对应的频率范围
FR1	45～6 000 MHz
FR2	24 250～52 600 MHz

5G 的频率范围分为两种：一种是 6 GHz 以下，这个和目前我们的 2G/3G/4G 差别不算太大。另一种，就很高了，在 24 GHz 以上，目前，国际上主要使用 28 GHz 进行试验。

如果按 28 GHz 来算，根据电磁波速 c 和波长 λ 与频率 υ 的关系：$c = \lambda\upsilon$，可以计算出其对应的波长约为 1.07 mm。这个就是 5G 的第一个技术特点——毫米波。

既然频率高这么好，"为什么以前我们不用高频率呢？"不是不想用，是用不起。电磁波的显著特点：频率越高，波长越短，越趋近于直线传播（绕射和穿墙能力越差）。频率越高，在传播介质中的衰减也越大。激光笔（波长 635 nm 左右），射出的光是直的，挡住了就过不去了。卫星通信和 GPS 导航（波长 1 cm 左右），如果有遮挡物，就没信号了（图 5-5）。

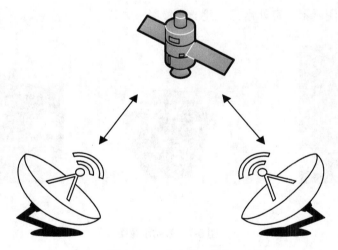

图 5-5　卫星通信示意图

卫星必须校准瞄着卫星的方向，否则哪怕稍微歪一点，都会影响信号质量。移动通信如果用了高频段，那么它最大的问题，就是传输距离大幅缩短，覆盖能力大幅减弱。覆盖同一个区域，需要的 5G 基站数量，将大大超过 4G（图 5-6）。

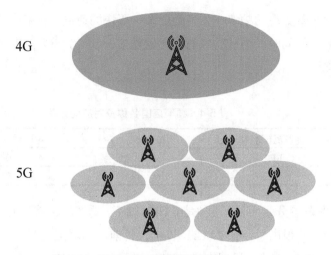

图 5-6　4G 和 5G 需要的基站数量

　　基站数量意味着成本。频率越低，网络建设就越省钱，竞争起来就越有利。这就是为什么中国电信、中国移动、中国联通为了低频段而竞争。有的频段甚至被称为——黄金频段。所以，基于以上原因，在高频率的前提下，为了减轻网络建设方面的成本压力，5G 必须寻找新的出路。

　　首先，就是微基站。基站有两种：微基站和宏基站。看名字就知道，微基站很小，宏基站很大！如下图所示，室外常见，建一个覆盖一大片。

宏基站　　　　　　　　　　微基站　　　　　　　　　　微基站

图 5-7　基站示意图

　　还有更小的，巴掌那么大，如图 5-7 所示。其实，微基站现在就有不少，尤其是城区和室内，经常能看到。以后，到了 5G 时代，微基站会更多，到处都会装上，几乎随处可见。那么多基站在身边，会不会对人体造成影响？回答是肯定的：不会。其实，和传统认知恰好相反，事实上，基站数量越多，辐射反而越小！试想一下，冬天，一群人的房子里，一个大功率取暖器好，还是几个小功率取暖器好？图 5-8，图 5-9 分别是大功率方案和小功率方案。

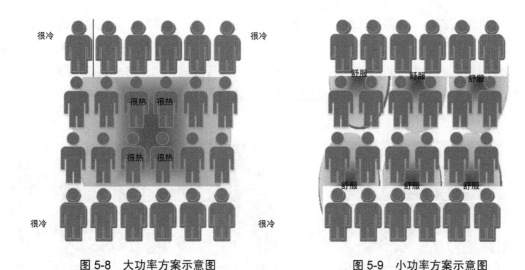

图 5-8　大功率方案示意图　　　　图 5-9　小功率方案示意图

　　基站小，功率低，对大家都好。如果只采用一个大基站，离得近，辐射大，离得远，没信号，反而不好。

　　天线去哪了？以前"大哥大"都有很长的天线，早期的手机也有突出来的小天线，为什么现在我们的手机都没有天线了？其实，并不是不需要天线，而是天线变小了。根据天线特性，天线长度应与波长成正比，在 1/10～1/4。

　　随着时间变化，手机的通信频率越来越高，波长越来越短，天线也就跟着变短啦！毫米波通信，天线也变成毫米级，这就意味着，天线完全可以塞进手机的里面，甚至可以塞很多根啦，这就是 5G 的第三大撒手锏——Massive MIMO（大规模多天线技术）。MIMO就是"多进多出"（Multiple-Input Multiple-Output），多根天线发送，多根天线接收。在 LTE时代，我们就已经有 MIMO 了，但是天线数量并不算多，只能说是初级版的 MIMO。到了 5G 时代，继续把 MIMO 技术发扬光大，现在变成了加强版的 Massive MIMO（Massive：大规模的，大量的）（图 5-10）。

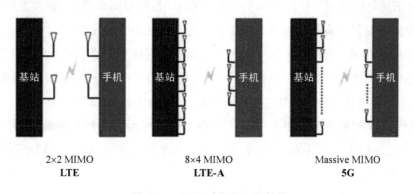

2×2 MIMO　　　　　8×4 MIMO　　　　　Massive MIMO
LTE　　　　　　　**LTE-A**　　　　　　　**5G**

图 5-10　不同时代的天线数量

手机里面都能塞好多根天线，基站就更不用说了。以前的基站，天线就那么几根。5G时代，天线数量不是按根来算了，是按"阵""天线阵列"，一眼看去密密麻麻，图 5-11为天线阵列。天线之间的距离也不能太近，因为天线特性的要求，多天线阵列要求天线之间的距离保持在半个波长以上。如果距离近了，就会互相干扰，影响信号的收发。

基站

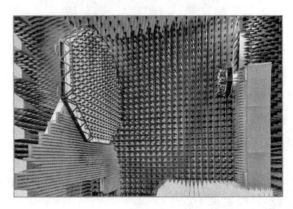

天线阵列

图 5-11　基站和天线阵列

基站发射信号的时候，就有点像灯泡发光。信号是向四周发射的，对于光，当然是照亮整个房间，如果只是想照亮某个区域或物体，那么，大部分的光都浪费了。基站也是一样，大量的能量和资源都浪费了。能不能找到一只无形的手，把散开的光束缚起来呢？这样既节约了能量，也保证了要照亮的区域有足够的光。答案是可以。这就是波束赋形。

波束赋形在基站上布设天线阵列，通过对射频信号相位的控制，使得相互作用后的电磁波的波瓣变得非常狭窄，并指向它所提供服务的手机，而且能根据手机的移动而转变方向。这种空间复用技术，由全向的信号覆盖变为了精准指向性服务，波束之间不会干扰，在相同的空间中提供更多的通信链路，极大地提高基站的服务容量。

在目前的移动通信网络中，即使是两个人面对面拨打对方的手机（或手机对传照片），信号都是通过基站进行中转的，包括控制信令和数据包。而在 5G 时代，这种情况就不一定了。5G 的第五大特点——D2D，也就是 Device to Device（设备到设备）。

5G 时代，同一基站下的两个用户，如果互相进行通信，他们的数据将不再通过基站转发，而是直接手机到手机，这样就节约了大量的空中资源，也减轻了基站的压力（图 5-12）。

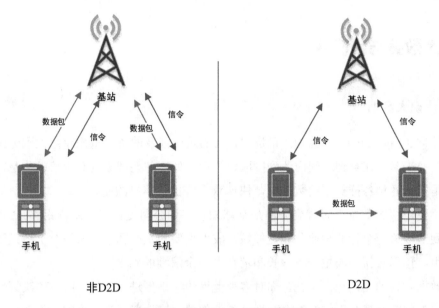

图 5-12　非 D2D 和 D2D 示意图

5.1.4　设备对设备通信技术（M2M）

M2M（machine-to-machine）是"机器对机器"的缩写，也有人理解为人对机器（man-to-machine）、机器对人（machine-to-man）等，旨在通过通信技术来实现人、机器和系统三者之间的智能化、交互式无缝连接（图 5-13）。

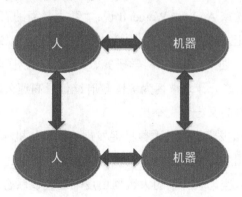

图 5-13　M2M 技术示意图

M2M 设备是能够回答包含在一些设备中的数据的请求或能够自动传送包含在这些设备中的数据的设备。M2M 则聚焦在无线通信网络应用上，是物联网应用的一种主要方式。

现在，M2M 应用遍及电力、交通、工业控制、零售、公共事业管理、医疗、水利、石油等多个行业，涉及车辆防盗、安全监测、自动售货、机械维修、公共交通管理等领域。

5.2　大数据与物联网

5.2.1　认识大数据

大数据（Big Data），或称为巨量资料，指的是所涉及的资料量规模巨大到无法通过目前主流软件工具，在合理时间内达到撷取、管理、处理并整理成为有价值的信息。大数据技术，是指从各种各样类型的数据中，快速获得有价值信息的能力

最早提出"大数据"时代到来的是全球知名咨询公司麦肯锡。麦肯锡称："数据，已经渗透到当今每一个行业和业务职能领域，成为重要的生产因素。人们对于海量数据的挖掘和运用，预示着新一波生产率增长和消费者盈余浪潮的到来。"

大数据时代的生活令人神往，你对客观世界的认识更进了一步，所做的决策也不再仅仅依赖主观判断。甚至于你的一个习惯动作、你的一次消费行为、你的一份就诊记录，都正在被巨大的数字网络串联起来。移动互联网风潮汹涌，大数据正悄悄包围着我们，甚至连世界经济格局也在酝酿着巨大变革！

《纽约时报》2012 年 2 月的一篇专栏中所称，"大数据"时代已经降临，在商业、经济及其他领域中，决策将日益基于数据和分析而作出，而并非基于经验和直觉。

哈佛大学社会学教授加里·金说："这是一场革命，庞大的数据资源使得各个领域开始了量化进程，无论学术界、商界还是政府，所有领域都将开始这种进程。"

亚马逊前任首席科学家 Andreas Weigend 说："数据是新的石油。"

2012 年 3 月美国奥巴马政府发布了"大数据研究和发展倡议"，投资 2 亿美元以上，正式启动"大数据发展计划"。计划在科学研究、环境、生物医学等领域利用大数据技术进行突破。奥巴马政府的这一计划被视为美国政府继信息高速公路（Information Highway）计划之后在信息科学领域的又一重大举措。

2012 年 5 月，联合国发表名为《大数据促发展：挑战与机遇》的政务白皮书中，指出大数据对于联合国和各国政府来说是一个历史性的机遇，还探讨了如何利用包括社交网络在内的大数据资源造福人类。联合国的大数据白皮书还建议联合国成员国建设"脉搏实验室 Pulse Labs"网络开发大数据的潜在价值。

随着一系列标志性事件的发生和建立，人们越发感觉到大数据时代的力量。因此 2013 年被许多国外媒体和专家称为"大数据元年"。

当今"大社会"，三分技术，七分数据，得数据者得天下。

5.2.2　大数据时代到来的必然性

《大数据时代：生活、工作与思维的大变革》一书的作者维克托·迈尔·舍恩伯格说：

"如果你是一个人，如果你拒绝的话，可能会失去生命，如果是一个国家的话，拒绝大数据时代的话，可能失去这个国家的未来，失去一代人的未来。"这一句话恐怕不能算作耸人听闻，因为每当人们站在现在这个节点的时候，总会去眺望未来，但是未来往往在你不经意当中已经悄悄地来到你的身边。

随着硬件成本的降低、网络带宽的提升、云计算的兴起、网络技术的发展、智能终端的普及，电子商务、社交网络、电子地图等的全面应用和物联网的广泛应用，大数据已经不可避免地来到了。

5.2.3　大数据有多"大"？

那么大数据到底有多大呢，我们来看一些数据：全球流量累计达到1EB（即10亿GB）的时间一年（2001）、一个月（2004）、一周（2007）、一天（2013）产生的信息量可刻满1.88亿张DVD光盘。

全球网民平均每月使用流量：1MB（1998）、10MB（2000）、100MB（2003）、1GB（2008）、10GB（2014），如图5-14所示。

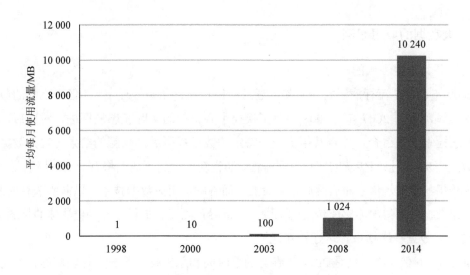

图 5-14　全球网民平均每月使用流量

我国网民数量居世界之首，每天产生的数据量也位于世界前列（图5-15）。

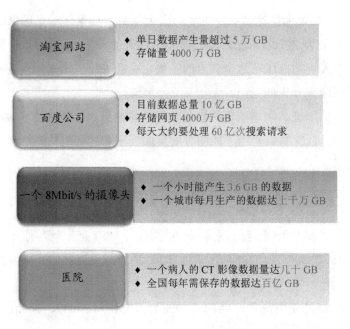

图 5-15　网民产生的数据

5.2.4　大数据的应用案例

（1）公共卫生领域的应用

2009 年 H1N1 流行病毒背景下谷歌通过检测检索词条，处理了 4.5 亿个不同的数据模型，通过预测并与 2007 年、2008 年美国疾控中心记录的实际流感病例进行对比后，确定了 45 条检索词条组合，并将其用于一个特定的数学模型后，预测的结果与官方数据的相关系数高达 97%。按照传统的信息返回流程，通告新流感病毒病例将有一到两周的延迟。对于飞速传播的疾病，信息滞后两周是致命的。而谷歌运用大数据技术，以前所未有的方式，通过海量数据分析得出流感所传播的范围，为世界预测流感提供了一种更快捷的预测工具。

（2）大数据首次播报春运迁徙实况

40 天，36 亿人次，这是 2014 年春运的总时间和总出行人数。在这场堪称人类历史上最大规模的短期迁徙中，人群从哪儿去了哪儿？哪些线路最热门？在以往，这些问题可能难以精确回答。但随着技术进步，通过应用"大数据"这一技术利器，人们已经接近"在迷宫中感受全局"地看见春运的全景。

（3）金融领域

华尔街"德温特资本市场"公司首席执行官保罗·霍廷每天的工作之一，就是利用电脑程序分析全球 3.4 亿微博账户的留言，进而判断民众情绪，再以"1"到"50"进行打分。根据打分结果，霍廷再决定如何处理手中数以百万美元计的股票。霍廷的判断原则很简单：如果所有人似乎都高兴，那就买入；如果大家的焦虑情绪上升，那就抛售。这一招收效显著——当年第一季度，霍廷的公司获得了7%的收益率。

5.2.5 大数据时代的机遇和挑战

（1）大数据支撑新时代

大数据，或称巨量资料，是指所涉及的资料量规模巨大，以致无法通过目前主流软件工具在合理时间内撷取、管理、处理并整理成为帮助企业达致经营决策目的的资讯。大数据技术不仅能够提高人们利用数据的效率，而且能够实现数据的再利用和重复利用，进而大大降低交易成本，提升人们开发自我潜能的空间。人们可以低成本或零成本进行事物信息全息式的纵向历史比对和横向现实比对。大数据技术自身不仅能够迅速衍生为新兴信息产业，还可以同云计算、物联网和智慧工程技术联动，支撑一个信息技术的新时代。

云计算、物联网、大数据、智慧工程都是新一代信息技术。云计算技术是一种按使用量付费的模式，这种模式可以提供可用的、便捷的、按需的网络访问，进入可配置的计算资源共享池（资源包括网络、服务器、存储、应用软件、服务），这些资源能够被快速提供，只需投入很少的管理工作，或与服务供应商进行很少的交互。云计算技术可以使人们及时利用各类大数据。物联网技术的实质就是物物相连的互联网，物联网的核心和基础仍然是互联网，其用户端延伸和扩展到了任何物品与物品之间，进行信息交换和通信。物联网技术可以溯源大数据和保证信息的真实性。智慧工程就是把感应器嵌入和装备到电网、铁路、桥梁、隧道、公路、建筑、供水系统、大坝、油气管道等各种物体中，并且进行普遍连接，与现有的互联网整合起来，实现人类社会与物理系统的整合。智慧工程可以激活沉寂的大数据。

可见，云计算、物联网、大数据、智慧工程四者之间有着紧密的联系。云计算是互联网的广泛普及和深度应用，实现了从芯片操作系统、应用软件到服务产业链的垂直整合。物联网突破了机器到机器的连接，是感知、传输、处理等技术高速发展的产物。大数据是大量数据的处理技术，实现了从数据到知识的飞跃。智慧工程基于云计算、物联网和大数据技术，实现完美结合，将数据、知识、设备、网络转换成为智慧。

（2）大数据引领新发展

资源配置实现灵动化。物联网通过智能感知、识别技术与普适计算、泛在网络的融合应用，实现全球资源的网联。在此基础上，云计算使全球资源实现了从"端"到"云"的重新分布，给全球资源配置方式带来全局性的颠覆、整合和创新。随着全球网联水平的不断提高，云计算、物联网、大数据、智慧工程在社会生活和经济各行业中将越发起到基础性和工具性作用，并将带来全球经济乃至社会的变革，改变人们的生活、工作甚至思考的方式。在新技术支撑下，资源配置不再受制于地理位置、物理状态，而是能按需调配，呈现灵动化趋势。

国际竞争延伸至赛博空间（Cyberspace）。领土、领海、领空这三大领域是传统国际竞争的焦点。随着大数据时代的到来，更重要的竞争领域开始凸显——赛博空间（赛博空间是哲学和计算机领域中的一个抽象概念，指在计算机以及计算机网络里的虚拟现实，有的文献译作网络电磁空间，有的误译为网络空间）。美国 2014 财年预算提出增加赛博安全防御经费，奥巴马政府希望通过给予研究人员更多资金和资源，使美国能够在当前的全球赛博军备竞赛中开展竞争。

大数据成为关键生产要素。随着大数据时代的到来，数据将如能源、材料一样，成为战略性资源。2012 年 3 月，奥巴马政府在白宫网站发布了《大数据研究和发展倡议》，将其视为"未来的新石油"，提出通过大数据加速在科学、工程领域的创新步伐，强化美国国土安全，转变教育和学习模式。如何利用数据资源发掘知识、提升效益、促进创新，使其服务于国家治理、企业决策乃至个人生活服务，是大数据时代的重要战略课题。

（3）大数据在社会治理中的创新应用实践

建立大数据中心，及时搜集、实时处理数据信息，为科学决策提供坚实基础。政府部门是社会治理的主导者，在出台社会规范和政策时，依赖大数据进行分析，可以减少因缺少数据支撑而带来的偏差，提高公共服务的效率。实践中，浙江法院系统通过建立全国法院案件信息数据库，及时、全面、准确地采集反映案件及其审理过程情况的各类信息，为加强对办案的全流程监管，实现科学分类、多元检索和海量数据的分析比对奠定了基础。

打造大数据电子政务平台，畅通利益诉求与沟通渠道，建立主动应对的社会治理模式。大数据分析注重用户行为的分析和反馈，通过网上办事、区域联动、资源共享的电子政务平台和网格化社会管理体系，促进政府和公众互动，获取公众行为的大数据并加以分析，可以更加及时地发现社会矛盾和问题，将过去政府被动应对问题转变为主动发现问题和解决问题的治理模式。

对社会大数据进行历时性和实时性分析，加强社会风险控制，提高政府预测预警能力和应急响应能力。无论是对现实社会各行业的运行监控，还是对网络虚拟社会的治理，都可以基于历时和实时的大数据分析，密切掌握市场调节失灵、社会秩序与稳定受到威胁等需要社会治理介入的节点或情况，这对于进一步加强和完善社会公共安全体系、完善社会应急管理体制等具有重要作用。

（4）挑战

大数据技术的运用仍有困难。大数据给信息安全带来新挑战。

5.3 云计算与物联网

5.3.1 云计算是什么?

云计算（cloud computing）是分布式计算的一种，指的是通过网络"云"将巨大的数据计算处理程序分解成无数个小程序，然后，通过多部服务器组成的系统进行处理和分析这些小程序得到结果并返回给用户。云计算早期，简单地说，就是简单的分布式计算，解决任务分发，并进行计算结果的合并。因而，云计算又称为网格计算。通过这项技术，可以在很短的时间内（几秒钟）完成对数以万计的数据的处理，从而达到强大的网络服务。

现阶段所说的云服务已经不单单是一种分布式计算，而是分布式计算、效用计算、负载均衡、并行计算、网络存储、热备份冗杂和虚拟化等计算机技术混合演进并跃升的结果（图 5-16）。

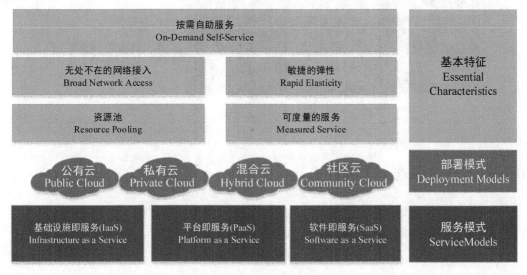

图 5-16　云计算模式

5.3.2　云计算的优点（图 5-17）

- 数据在云端：不怕丢失，不必备份，可以任意点的恢复；
- 软件在云端：不必下载自动升级；
- 无所不在的计算：在任何时间、任意地点、任何设备登录后就可以进行计算服务；
- 无限强大的计算：具有无限空间的，无限速度；
- 超大规模：Google 云计算拥有 100 多万台服务器，Amazon、IBM 等也有几十万台；
- 虚拟化：物理属性（地理位置、存储磁盘等）对用户透明；
- 高可靠性：数据具有多副本容错、计算节点同构来保障服务的高可靠性；
- 通用性：在云计算支撑下，可以构造千变万化的应用服务；
- 高可伸缩性：规模可以动态伸缩，满足应用和用户规模增长的需要；
- 按需服务：将计算作为一种资源，用户按需购买；
- 极其廉价：体现在多个方面，计算节点廉价、管理成本低、能源利用率高等。

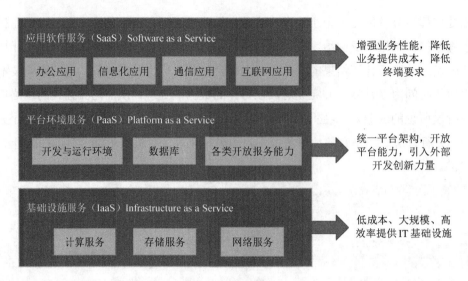

图 5-17   云计算优点

5.3.3   云计算的缺点

➢ 企业级安全性问题；

➢ 云计算宿主离线所产生的事故；

➢ 迫使用户适应新的操作环境、更改使用习惯；

➢ 网络带宽的局限性问题。

5.3.4   云计算技术体系结构

云计算分为 IaaS、PaaS 和 SaaS 三种类型，目前不同的厂家提供了不同的解决方案，还没有一个统一的技术体系结构；综合不同厂家的方案，图 5-18 为云计算体系结构，它概括了不同解决方案的主要特征，每一种方案或许只实现了其中部分功能，或许也还有部分相对次要功能尚未概括进来。

云计算技术体系结构分为四层：物理资源层、资源池层、管理中间件层和 SOA 构建层（图 5-18）。

物理资源层包括计算机、存储器、网络设施、数据库和软件等；资源池层是将大量相同类型的资源构成同构或接近同构的资源池，如计算资源池、数据资源池等。构建资源池更多是物理资源的集成和管理工作。管理中间件负责对云计算的资源进行管理，并对众多应用任务进行调度，使资源能够高效、安全地为应用提供服务。

SOA 构建层将云计算能力封装成标准的 Web Services 服务，并纳入 SOA 体系进行管理和使用，包括服务注册、查找、访问和构建服务工作流等。管理中间件和资源池层是云计算技术的最关键部分，SOA 构建层的功能更多依靠外部设施提供。

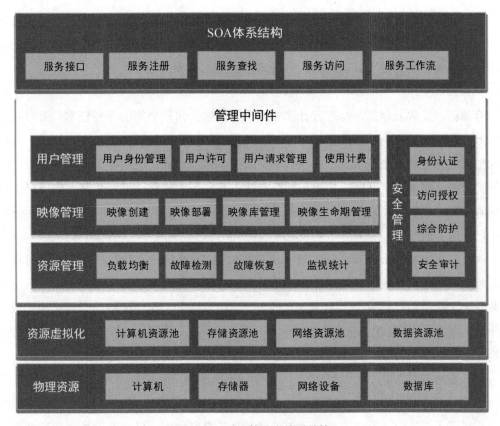

图 5-18 云计算技术体系结构

计算的管理中间件负责资源管理、任务管理、用户管理和安全管理等工作。

资源管理负责均衡地使用云资源节点，检测节点的故障并试图恢复或屏蔽它，并对资源的使用情况进行监视统计。

任务管理负责执行用户或应用提交的任务，包括完成用户任务映像（Image）的部署和管理、任务调度、任务执行、任务生命期管理等。

用户管理是实现云计算商业模式的一个必不可少的环节，包括提供用户交互接口、管理和识别用户身份、创建用户程序的执行环境、对用户的使用进行计费等。

安全管理保障云计算设施的整体安全，包括身份认证、访问授权、综合防护和安全审计等。

5.3.5 云计算的应用

较为简单的云计算技术已经普遍服务于现如今的互联网服务中，最为常见的就是网络搜索引擎和网络邮箱。

搜索引擎大家最为熟悉的莫过于谷歌和百度了，在任何时刻，只要用过移动终端就可以在搜索引擎上搜索任何自己想要的资源，通过云端共享了数据资源。而网络邮箱也是如此，在过去，寄写一封邮件是一件比较麻烦的事情，同时也是很慢的过程，而在云计算技术和网络技术的推动下，电子邮箱成为社会生活中的一部分，只要在网络环境下，就可以实现实时的邮件的寄发。其实，云计算技术已经融入现今的社会生活。

（1）存储云

存储云，又称云存储，是在云计算技术上发展起来的一个新的存储技术。云存储是一个以数据存储和管理为核心的云计算系统。用户可以将本地的资源上传至云端上，可以在任何地方连入互联网来获取云上的资源。大家所熟知的谷歌、微软等大型网络公司均有云存储的服务，在国内，百度云和微云则是市场占有量最大的存储云。存储云向用户提供了存储容器服务、备份服务、归档服务和记录管理服务等，大大方便了使用者对资源的管理。

（2）医疗云

医疗云，是指在云计算、移动技术、多媒体、4G 通信、大数据，以及物联网等新技术基础上，结合医疗技术，使用"云计算"来创建医疗健康服务云平台，实现了医疗资源的共享和医疗范围的扩大。因为云计算技术的运用与结合，医疗云提高医疗机构的效率，方便居民就医。像现在医院的预约挂号、电子病历、医保等都是云计算与医疗领域结合的产物，医疗云还具有数据安全、信息共享、动态扩展、布局全国的优势。

（3）金融云

金融云，是指利用云计算的模型，将信息、金融和服务等功能分散到庞大分支机构构成的互联网"云"中，旨在为银行、保险和基金等金融机构提供互联网处理和运行服务，同时共享互联网资源，从而解决现有问题并且达到高效、低成本的目标。在 2013 年 11 月 27 日，阿里云整合阿里巴巴旗下资源并推出来阿里金融云服务。其实，这就是现在基本普及了的快捷支付，因为金融与云计算的结合，现在只需要在手机上简单操作，就可以完成银行存款、购买保险和基金买卖。现在，不仅阿里巴巴推出了金融云服务，像苏宁金融、腾讯等企业均推出了自己的金融云服务。

（4）教育云

教育云，实质上是指教育信息化的一种发展。具体的，教育云可以将所需要的任何教育硬件资源虚拟化，然后将其传入互联网中，以向教育机构和学生老师提供一个方便快捷的平台。现在流行的慕课就是教育云的一种应用。慕课 MOOC，指的是大规模开放的在线课程。现阶段慕课的三大优秀平台为 Coursera、edX 以及 Udacity，在国内，中国大学 MOOC 也是非常好的平台。在 2013 年 10 月 10 日，清华大学推出来 MOOC 平台——学堂在线，许多大学现已使用学堂在线开设了一些课程的 MOOC。

5.3.6 发展中的问题

（1）访问的权限问题

用户可以在云计算服务提供商处上传自己的数据资料，相比于传统的利用自己计算机或硬盘的存储方式，此时需要建立账号和密码完成虚拟信息的存储和获取。这种方式虽然为用户的信息资源获取和存储提供了方便，但用户失去了对数据资源的控制，而服务商则可能存在对资源的越权访问现象，从而造成信息资料的安全难以保障。

（2）技术保密性问题

信息保密性是云计算技术的首要问题，也是当前云计算技术的主要问题，如用户的资源被一些企业进行资源共享。网络环境的特殊性使人们可以自由地浏览相关信息资源，信息资源泄漏是难以避免的，如果技术保密性不足就可能严重影响信息资源的所有者。

（3）数据完整性问题

在云计算技术的使用中，用户的数据被分散的存储于云计算数据中心的不同位置，而不是某个单一的系统中，数据资源的整体性受到影响，使其作用难以有效地发挥。另一种情况就是，服务商没有妥善、有效的管理用户的数据信息，从而造成数据存储的完整性受到影响，信息的应用作用难以被发挥。

（4）法律法规不完善

云计算技术相关的法律法规不完善也是主要的问题，想要实现对云计算技术作用的有效发挥，就必须对其相关的法律法规进行完善。目前来看，法律法规尚不完善，云计算技术作用的发挥仍然受到制约。就当前云计算技术在计算机网络中的应用来看，其缺乏完善的安全性标准，缺乏完善的服务等级协议管理标准，没有明确的责任人承担安全问题的法律责任。另外，缺乏完善的云计算安全管理的损失计算机制和责任评估机制，法律规范的缺乏也制约了各种活动的开展，计算机网络的云计算安全性难以得到保障。

5.3.7　解决措施

（1）合理设置访问权限，保障用户信息安全

当前，云计算服务由供应商提供，为保障信息安全，供应商应针对用户端的需求情况，设置相应的访问权限，进而保障信息资源的安全分享。在开放式的互联网环境之下，供应商一方面要做好访问权限的设置工作，强化资源的合理分享及应用；另一方面，要做好加密工作，从供应商到用户都应强化信息安全防护，注意网络安全构建，有效保障用户安全。因此，云计算技术的发展，应强化安全技术体系的构建，在访问权限的合理设置中，提高信息防护水平。

（2）强化数据信息完整性，推进存储技术发展

存储技术是计算机云计算技术的核心，如何强化数据信息的完整性，是云计算技术发展的重要方面。首先，云计算资源以离散的方式分布于云系统之中，要强化对云系统中数据资源的安全保护，并确保数据的完整性，这有助于提高信息资源的应用价值；其次，加快存储技术发展，特别是大数据时代，云计算技术的发展，应注重存储技术的创新构建；最后，要优化计算机网络云技术的发展环境，通过技术创新、理念创新，进一步适应新的

发展环境，提高技术的应用价值，这是新时期计算机网络云计算技术的发展重点。

（3）建立健全法律法规，提高用户安全意识

随着网络信息技术的不断发展，云计算应用的领域日益广泛。建立完善的法律法规，是为了更好地规范市场发展，强化对供应商、用户等行为的规范及管理，为计算机网络云计算技术的发展提供良好条件。此外，用户端要提高安全防护意识，能够在信息资源的获取中，遵守法律法规，规范操作，避免信息安全问题造成严重的经济损失。因此，新时期计算机网络云计算技术的发展，要从实际出发，通过法律法规的不断完善，为云计算技术发展提供良好环境。

5.4 人工智能与物联网

5.4.1 人工智能概述

（1）人工智能的由来

人工智能的传说可以追溯到古埃及，但随着 1941 年以来电子计算机的发展，技术已最终可以创造出机器智能，"人工智能"一词最初是在 1956 年 Dartmouth 学会上提出的，从那以后，研究者们发展了众多理论和原理，人工智能的概念也随之扩展，在它还不长的历史中，人工智能的发展比预想的要慢，但一直在前进，从 40 年前出现至今，已经出现了许多 AI 程序，并且它们也影响到了其他技术的发展。

（2）人工智能的定义

人工智能（Artificial Intelligence，AI）亦称智械、机器智能，指由人制造出来的机器所表现出来的智能。通常人工智能是指通过普通计算机程序来呈现人类智能的技术。该词也指出研究这样的智能系统是否能够实现，以及如何实现。人工智能于一般教材中的定义领域是"智能主体（intelligent agent）的研究与设计"，智能主体指一个可以观察周遭环境并作出行动以达到目标的系统。约翰·麦卡锡于 1955 年的定义是"制造智能机器的科学与工程"。安德里亚斯·卡普兰（Andreas Kaplan）和迈克尔·海恩莱因（Michael Haenlein）将人工智能定义为"系统正确解释外部数据，从这些数据中学习，并利用这些知识通过灵活适应实现特定目标和任务的能力"。人工智能的研究是高度技术性和专业的，各分支领域都是深入且各不相通的，因而涉及范围极广。

AI 的核心问题包括建构能够跟人类似甚至超卓的推理、知识、规划、学习、交流、感知、移物、使用工具和操控机械的能力等。当前有大量的工具应用了人工智能，其中包括搜索和数学优化、逻辑推演。而基于仿生学、认知心理学，以及基于概率论和经济学的算法等也在逐步探索当中。思维来源于大脑，而思维控制行为，行为需要意志去实现，而思维又是对所有数据采集的整理，相当于数据库，所以人工智能最后会演变为机

器替换人类。

2017 年 12 月，人工智能入选"2017 年度中国媒体十大流行语"。

（3）人工智能定义详解

人工智能的定义可以分为两部分，即"人工"和"智能"。"人工"比较好理解，争议性也不大。有时我们会要考虑什么是人力所能及制造的，或者人自身的智能程度有没有高到可以创造人工智能的地步等。

关于什么是"智能"，这涉及其他诸如意识（CONSCIOUSNESS）、自我（SELF）、思维（MIND）［包括无意识的思维（UNCONSCIOUS_MIND）］等问题。人唯一了解的智能是人本身的智能，这是普遍认同的观点。但是对我们自身智能的理解都非常有限，对构成人的智能的必要元素也了解有限，所以就很难定义什么是"人工"制造的"智能"了。因此人工智能的研究往往涉及对人的智能本身的研究。其他关于动物或其他人造系统的智能也普遍被认为是人工智能相关的研究课题。

人工智能在计算机领域内，得到了愈加广泛的重视，并在机器人、经济政治决策、控制系统、仿真系统中得到应用。

著名的美国斯坦福大学人工智能研究中心尼尔逊教授对人工智能下了这样一个定义："人工智能是关于知识的学科——怎样表示知识以及怎样获得知识并使用知识的科学。"而美国麻省理工学院的温斯顿教授认为："人工智能就是研究如何使计算机去做过去只有人才能做的智能工作。"这些说法反映了人工智能学科的基本思想和基本内容。即人工智能是研究人类智能活动的规律，构造具有一定智能的人工系统，研究如何让计算机去完成以往需要人的智力才能胜任的工作，也就是研究如何应用计算机的软硬件来模拟人类某些智能行为的基本理论、方法和技术。

人工智能是计算机学科的一个分支，20 世纪 70 年代以来被称为世界三大尖端技术之一（空间技术、能源技术、人工智能）。也被认为是 21 世纪三大尖端技术（基因工程、纳米科学、人工智能）之一。这是因为近 30 年来它获得了迅速的发展，在很多学科领域都获得了广泛应用，并取得了丰硕的成果，人工智能已逐步成为一个独立的分支，无论在理论和实践上都已自成一个系统。

人工智能是研究使计算机来模拟人的某些思维过程和智能行为（如学习、推理、思考、规划等）的学科，主要包括计算机实现智能的原理、制造类似于人脑智能的计算机，使计算机能实现更高层次的应用。人工智能将涉及计算机科学、心理学、哲学和语言学等学科。可以说几乎是自然科学和社会科学的所有学科，其范围已远远超出了计算机科学的范畴，人工智能与思维科学的关系是实践和理论的关系，人工智能处于思维科学的技术应用层次，是它的一个应用分支。从思维观点看，人工智能不仅限于逻辑思维，要考虑形象思维、灵感思维才能促进人工智能的突破性的发展，数学常被认为是多种学科的基础科学，数学也进入语言、思维领域，人工智能学科也必须借用数学工具，数学不仅在标准逻辑、模糊数学等范围发挥作用，数学进入人工智能学科，它们将互相促进而更快地发展。

5.4.2　人工智能的发展阶段及成果

人工智能的发展主要经历了五个阶段。

（1）萌芽阶段，20 世纪 50 年代，以申农为首的科学家共同研究了机器模拟的相关问题，人工智能正式诞生。

（2）第一发展期，20 世纪 60 年代是人工智能的第一个发展黄金阶段，该阶段的人工智能主要以语言翻译、证明等研究为主。

（3）瓶颈阶段，20 世纪 70 年代经过科学家深入的研究，发现机器模仿人类思维是一个十分庞大的系统工程，难以用现有的理论成果构建模型。

（4）第二发展期，已有人工智能研究成果逐步应用于各个领域，人工智能技术在商业领域取得了巨大的成果。

（5）平稳发展阶段，20 世纪 90 年代以来，随着互联网技术的逐渐普及，人工智能已经逐步发展成为分布式主体，为人工智能的发展提供了新的方向。

5.4.3　人工智能的应用

人工智能应用（Applications of artificial intelligence）的范围很广，包括医药、诊断、金融贸易、机器人控制、法律、科学发现和玩具。20 世纪 90 年代和 21 世纪初，人工智能技术变成大系统的元素；但很少人认为这属于人工智能领域的成就。

成功的人工智能应用实在是太多了，最好的人工智能应用就是隐形的服务——让我们意识不到背后有人工智能的服务。

（1）搜索引擎

最常用的就是搜索引擎了，被几十亿人使用，这是人工智能下面信息检索的应用，当然还有推荐系统，也是几十亿人在使用。

（2）知识图谱

知识图谱旨在描述真实世界中存在的各种实体或概念，是一系列结构化数据的处理方法。如利用谷歌知识图谱，Google Play Movies & TV 应用中添加了一项功能，当用户使用安卓系统暂停播放视频时，视频旁边就会弹出屏幕上人物或者配乐的信息。

（3）语音识别

语音识别就是语音转文字。最成功的就用在了微信里，被数亿人使用（图 5-19）。

（4）自然语言处理

最典型的就是 Amazon Echo 和苹果的 Siri，被亿万人使用。

IBM 的沃森赢得了问答节目《危险边缘》（*Jeopardy*!）的冠军，引起了巨大轰动。当然更重要的其实还有信息检索等技术。

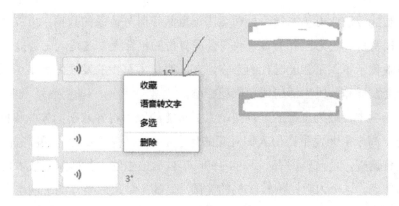

图 5-19　语音转文字

（5）翻译

谷歌翻译被亿万人使用。还有微软推出的即时口译，用起来也非常的棒。

（6）图像识别

Snapchat 的变脸功能、faceU 的变脸功能，以及手机/相机中的人脸识别，方便我们调节光线等。

（7）图像搜索

图片搜索引擎，识图，连图片都能懂。

（8）机器人

当然最成功的是 Boston Dynamics 的 Big Dog 等机器人，每次出来都是大新闻。

（9）计算机视觉

计算机视觉是一门研究如何使机器"看"的科学，更进一步地说，就是指用摄影机和计算机代替人眼对目标进行识别、跟踪和测量等机器视觉，并进一步做图像处理，用计算机处理成为更适合人眼观察或传送给仪器检测的图像。所以图像识别是计算机视觉的一个子集，增强现实领域（AR）大量应用计算机视觉，典型的就是微软的 Hololens。

（10）机器学习

机器学习的应用更广，最简单的一个例子，比如将机器学习算法用于反垃圾邮件系统中。

5.4.4　人工智能的发展争议

（1）人工智能中的人类与机器人的界限

2016 年，美国斯坦福大学在其发布的《2030 年的人工智能与人类生活》研究报告中指出，在交通运输、家务劳动、医疗保健、娱乐产业、雇佣工作环境、公共安全、低能耗社区和教育这八大社会领域，人工智能已经开始逐步改变日常生活。2016 年，Deepmind 公司设计的人工智能程序 AlphaGo 在围棋领域挑战顶级职业选手获胜，并被披露该公司计划使用人工智能算法在五年内学习处理英国国家医疗服务体系的数据；2017 年，索菲亚被授予沙特公民身份，成为世界上首个获得公民身份的机器人，这是人工智能领域中的里程碑事件，清晰预示了人工智能时代的来临，在证明技术进步的发展潮流不可阻挡的同时，也对现代社会发展和公民生活造成了广泛影响。

在诸多影响中，最为直接的影响便是人工智能的应用将导致新的失业和再就业大潮。尽管这种情况尚未全面发生，但人们对此的焦虑情绪已经产生。根据盖洛普 2013—2016 年工作和教育调查，当前美国有 34%的 1980 年以后出生的一代感到因技术资源缺乏可能失去工作的焦虑，这个人数比例较 27%的美国"二战"结束后婴儿潮时期出生的工作者上涨了 7 个百分点；而根据估算，37%的美国"80 后"属于被人工智能取代工作机会的高风险人群，比战后婴儿潮一代的 32%提高了 5 个百分点。

除了对工作岗位和未来就业前景的冲击，人工智能通过改变交流技术和媒介，社交网络、新型数据交互方式，在很大程度上改变了现代社会的人际交流方式。在北极星和 ASM 联合撰写的调查报告中，有接近甚至超过半数的受访民众表示，尽管每天都在使用社交网络媒体和手机应用，但并未意识到这些科技产品中的人工智能所发挥的作用。人工智能在潜移默化地改变人们的社交习惯和沟通方式，已成为新媒体时代不可逆转的潮流。不仅如此，人工智能在诸多领域取得了比肩人类的成就，对人类文明的自我反思也起到了推动作用。

在人工智能时代，回答机器人伦理、法律问题，思考人类和机器人的界限问题，已经是一项急迫的文明使命。2017 年 12 月 1 日电气与电子工程师协会发布新版人工智能与伦理白皮书，意味着人工智能技术、法律、伦理领域的深度研究和合作，成为未来一段时期人类文明思考的重要方向。

（2）大众和专家对人工智能的态度

尽管社会大众对人工智能技术的关注持续升温，但现有针对大众对人工智能技术发展意见的调查，仍处于起步阶段。在 2017 年，对人工智能产业的调查报告中，仍然主要聚焦人工智能行业的产业规模、资源配置和意见领袖。缺乏对大众参与和理解的足够关注，是当前人工智能产业发展的基本现状。

值得注意的是，媒体作为塑造并指导大众意见的重要社会资源，尚未寻找到有效整合大众对人工智能的理解，同专家意见和产业发展一同协调合作的道路。尽管如此，来自社会各界的专家，通过主流社交媒体迅速形成了人工智能意见领袖群体，并对人工智能发展的舆论导向产生了巨大影响。其中以脸书公司总裁扎克伯格为代表的技术乐观派认为，过度强调人工智能技术的风险、所引发失业率上升的担忧，都是不必要的；人工智能最终会促进人类进步，而非取代人类。与之相反，比尔·盖茨和史蒂芬·霍金则认为人们对人工智能对人类生存带来的威胁缺乏了解，从长期发展角度来看，是极大的安全隐患。这一强调人工智能发展风险的专家、产业领袖群体，俨然在公共媒体中，成为技术乐观派的对立派别。当前媒体对大众意见的整合和引导，主要通过呈现技术乐观和谨慎忧虑派的意见纷争，激发大众讨论的方式完成。

事实上，仅依靠意见领袖吸引新闻流量，激发大众关注，远不足以打造一个健康、稳定的社会意见体系来支撑人工智能产业的良性发展。当前大众意见同专家学者意见欠缺有效整合，主要表现在以下两个方面。

首先是大众意见对人工智能的影响力估计，同专家意见存在明显落差。在学者专家看来，人工智能全面取代诸多就业岗位这一趋势，已经势不可挡。例如，创新工场董事长兼CEO李开复曾预测，从事翻译、新闻报道、助理、保安、销售、客服、交易、会计、司机等工作的人，未来 10 年将有约 90% 被人工智能全部或部分取代。但在北极星和 ASM 联合撰写的调查报告中，普通民众出于对安全和效率的双重考虑下，有超过半数的人认为，在重型制造、物流、公共交通、医疗、军事、消防、农业和烹饪领域，人工智能无法胜任人类工作。学者专家和业界领袖对人工智能的变革影响力非常乐观，而大众对此则相对保守，甚至过于谨慎。

其次是对人工智能的立场态度，存在大众和专家群体之间的显著差异。专家学者对于人工智能的未来前景，分为立场明确的乐观支持和谨慎质疑两大阵营。而据现有调查显示，很难用明确支持和忧虑风险对大众意见进行有效归类，在北极星和 ASM 联合撰写的调查报告中，对人工智能未来持担忧、缺乏信心、迷惑、激动、兴奋和乐观的人数，分别占受访者比例的 27%、25%、9%、20%、30%、33%。现对于业界和学界意见领袖的立场鲜明，大众对待人工智能未来的态度更加温和保守，更多地持观望态度。

大众理解和专家意见的不同和分歧，意味着在应对人工智能发展所带来的社会变革、关系人类文明发展的重大问题上，现有的社会智力资源尚未获得有效整合。这既对人工智能重大伦理、法律问题的解决造成了阻力，也增加了人工智能未来发展所可能产生的风险。

（3）学者、大众与媒体需要良性互动

如何将学者研究、专家意见、公众参与有效整合，形成合力，铺就人工智能产业的未来发展道路，是当前人工智能乃至全社会亟须反思应对的重要问题。根据现有调查报告和产业发展现状，以下两个思路有其借鉴价值。

一方面，需要建立针对大众对人工智能发展的历时性跟踪调查，深入了解大众对人工智能态度的转变机制。北极星和 ASM 联合撰写的调查报告指出，尽管当前只有 55% 的受访民众愿意信任无人驾驶汽车，但考虑科技发展，预计在未来 10 年内愿意信任无人驾驶汽车的人数比例可能提升到 70%；随着人工智能技术的发展，大众对相关产业的理解和态度，也必将产生变化。通过历时性民意调查观测民众对颠覆性技术的态度转变，有助于相关产业发展的自身调整和应对策略，也有助于媒体平台更好地完成社会智力资源整合工作。

另一方面，要搭建科学家群体同大众互动的媒体平台，促进科研人员群体同社会大众的充分交流。打造专家、大众、媒体之间分享、参与和关怀的完整互动链条，一是让大众更加直观地获得人工智能领域的发展趋势和最新成果，引导大众参与技术变革，培养大众主动应对技术变革的思考习惯和积极态度；二是通过大众的参与和意见表达，对产业领袖和专家的意见形成有效监督约束，督促人工智能产业以更具责任感、对人类文明负责的态度，讨论技术进步和产业发展问题。这一专家、大众、媒体的良性互动链条，也将成为人工智能产业发展的快速通道。

5.4.5 人工智能的发展趋势

比尔·盖茨在给大学毕业生的信息中称当前时代是"一个非常好的时代"。在未来10～20年，人工智能将给世界带来颠覆性的变化，一切都将变得聪明。在未来10年，人工智能将无处不在。

与此同时，担心、不安甚至可怕的情绪开始在人群中蔓延开来。来自未知的力量使人们焦躁不安，但不知所措。人们不知道人工智能是否是一个充满灾难的潘多拉盒子，或者是通往更多人类先进文明电梯的门户。唯一确定的是盒子已经打开，电梯按钮已被按下，没有人可以阻止它。

当人们按下人工智能的开始按钮时，它永远不会停止。就像高速列车一样，没有人有机会下车，也不知道从哪里乘坐。

当然，人工智能的发展趋势并非没有踪影。人工智能将在未来几年呈现以下四个主要发展趋势。

趋势1：人工智能技术进入大规模商业化阶段，人工智能产品全面进入消费市场。

中国通信巨头华为发布了自己的人工智能芯片并将其应用于其智能手机产品。由苹果推出的 iPhone X 也采用人工智能技术实现面部识别等功能。三星最新发布的语音助手Bixby 已经从软件层升级为语音助手，长时间陷入了"你问我回答"模式。人工智能通过智能手机变得更贴近人们的生活。

在类人机器人市场中，由日本的软银公司开发的人形情感机器人 Pepper 自2015年6月起每月向普通消费者销售1 000个单位，并且每次都被抢购一空。隐藏在人工智能机器人背后的巨大商机也使国内企业家陷入了热情。国内有100多个人工智能机器人队伍。图灵机器人 CEO 俞志晨相信未来几年："人们会像智能手机一样挑选机器人。"在我看来，价格并不是人工智能机器人打开消费市场难的关键，因为随着行业技术的成熟，降低成本是必然趋势，市场竞争因素将进一步降低人工价格。智能机器人产品会吸引更多开发人员，而丰富产品功能和使用场景是打开市场的关键。另一个好消息是人工智能机器人吸引了商业巨头的兴趣。

商业服务领域的全面应用为人工智能的大规模商业化应用开辟了一条新途径。也许人工智能机器人占据了购物中心等公共场所，而不是占据我们的起居室。

趋势 2：基于深度学习的人工智能的认知能力将达到人类专家顾问的水平。

人工智能技术在过去几年的快速发展主要归功于三个要素的整合：更强大的神经网络、低成本芯片和大数据。神经网络是人脑的模拟，是深度学习机器的基础。在某一领域的深度学习将使人工智能接近人类专家顾问的水平，并在未来进一步取代人类专家顾问。当然，这种学习过程伴随着大数据的获取和积累。

国内创业团队目前正在将人工智能技术与保险业结合起来，基于保险产品数据库分析和计算知识地图，收集保险语料库，为人工智能问答系统制作数据储备，最后连接用户和保险产品。对于仍然受销售渠道驱动的中国保险市场来说，这显然是一个颠覆性的消息，这可能意味着销售人员的大规模失业。

关于人工智能的学习能力，凯文·凯利曾经生动地总结道："使用人工智能的人越多，人工智能越多。人工智能越聪明，人们使用得越多。"就像人类专家顾问的水平一样，在很大程度上，根据服务客户的经验，人工智能的经验是数据和处理数据的经验。随着越来越多的人使用人工智能专家顾问，人工智能有望在未来 2～5 年内达到人类专家顾问的水平。

趋势 3：人工智能实用主义趋于重要，未来将成为可购买的智能服务。

事实上，当大多数人谈论人工智能时，首先想到的问题是："它做什么？""它可以在哪里使用？""人类可以解决哪些问题？"在人工智能技术应用方面，中国互联网公司似乎更加务实。专注于人工智能的百度将人工智能技术应用于其所有产品和服务。雄心勃勃的 NASA 计划、阿里巴巴也致力于将技术推向"普惠"。

人工智能与不同行业的结合使其实用主义倾向越来越明显，使人工智能逐渐成为可购买的商品。吴恩达博士将人工智能与未来的电力进行了比较。"电力"已成为今天可以按需购买的商品，任何人都可以花钱将电力带回家。你可以用电来看电视，你可以用电来煮饭、洗衣服，以后你可以用购买的人工智能来创建一个智能家居系统，这也是同样的道理。凯文·凯利之前做过类似的预判，他说未来我们可能会从亚马逊或中国公司购买智能服务。

毕竟，人工智能是一个务实的事情。越来越多的医疗机构使用人工智能来诊断疾病。越来越多的汽车制造商正在使用人工智能技术来开发无人驾驶汽车。越来越多的普通人正在使用人工智能来做出诸如投资、保险等决策。这意味着人工智能已经走出"体育技术"阶段，未来将真正进入实用阶段。

趋势 4：人工智能技术将严重影响劳动密集型产业，改变全球经济生态。

许多科技界一方面受益于人工智能技术；另一方面担心人工智能技术的发展受到威胁。包括比尔·盖茨、埃隆·马斯克、蒂芬·霍金和其他人已经警告过人工智能的发展。虽然现在要担心人工智能取代甚至摧毁人类还为时尚早，但毫无疑问，人工智能正在窃取各行各业工人的工作。

可能由人工智能引起的大规模失业是目前最紧迫的问题。阿里巴巴董事会主席马云在大数据峰会上说："如果我们继续以前的教学方法，我可以保证我们的孩子30年后找不到工作。"阿里巴巴在电子商务领域的反对者，京东董事会主席刘强东发誓说："五年后，所有工作将交付给机器人。"未来2~5年人工智能引发的大规模失业将首先从劳动密集型产业开始。例如，在制造业中，在主要依赖劳动力的阶段，其商业模式基本上是为了获得劳动力的剩余价值。当技术成本低于雇用劳动力成本时，很明显劳动力将被无情地消除，制造企业的商业模式也将发生变化。例如，在物流行业，大多数企业已经实现了无人机仓库管理和机器人自动分拣货物。然后，无人驾驶运载工具、无人机也可能取代一些物流和配送人员。

就目前的中国情况而言，它正处于从劳动密集型产业向技术密集型产业转型的过程中，不可避免地受到人工智能技术的影响，经济落后的国家和地区具有廉价的劳动力优势。尽管如此，人工智能技术的影响仍然很小。世界经济论坛2016年的调查数据预测，到2020年，机器人技术和人工智能的兴起将导致全球15个主要工业化国家的510万个工作岗位流失，其中大多数是基于低成本的劳动密集型工作岗位。

5.5 区块链

5.5.1 当前政策观点

中共中央政治局2019年10月24日就区块链技术发展现状和趋势进行第十八次集体学习。中共中央总书记习近平在主持学习时强调，区块链技术的集成应用在新的技术革新和产业变革中起着重要作用。我们要把区块链作为核心技术自主创新的重要突破口，明确主攻方向，加大投入力度，着力攻克一批关键核心技术，加快推动区块链技术和产业创新发展。他指出，区块链技术应用已延伸到数字金融、物联网、智能制造、供应链管理、数字资产交易等多个领域。目前，全球主要国家都在加快布局区块链技术发展。我国在区块链领域拥有良好基础，要加快推动区块链技术和产业创新发展，积极推进区块链和经济社会融合发展。习近平总书记强调，要强化基础研究，提升原始创新能力，努力让我国在区块链这个新兴领域走在理论最前沿、占据创新制高点、取得产业新优势。要推动协同攻关，加快推进核心技术突破，为区块链应用发展提供安全可控的技术支撑。要加强区块链标准化研究，提升国际话语权和规则制定权。要加快产业发展，发挥好市场优势，进一步打通创新链、应用链、价值链。要构建区块链产业生态，加快区块链和人工智能、大数据、物联网等前沿信息技术的深度融合，推动集成创新和融合应用。要加强人才队伍建设，建立完善人才培养体系，打造多种形式的高层次人才培养平台，培育一批领军人物和高水平创新团队。

习近平总书记指出，要抓住区块链技术融合、功能拓展、产业细分的契机，发挥区块链在促进数据共享、优化业务流程、降低运营成本、提升协同效率、建设可信体系等方面的作用。要推动区块链和实体经济深度融合，解决中小企业贷款融资难、银行风控难、部门监管难等问题。要利用区块链技术探索数字经济模式创新，为打造便捷高效、公平竞争、稳定透明的营商环境提供动力，为推进供给侧结构性改革、实现各行业供需有效对接提供服务，为加快新旧动能接续转换、推动经济高质量发展提供支撑。要探索"区块链"在民生领域的运用，积极推动区块链技术在教育、就业、养老、精准脱贫、医疗健康、商品防伪、食品安全、公益、社会救助等领域的应用，为人民群众提供更加智能、更加便捷、更加优质的公共服务。要推动区块链底层技术服务和新型智慧城市建设相结合，探索在信息基础设施、智慧交通、能源电力等领域的推广应用，提升城市管理的智能化、精准化水平。要利用区块链技术促进城市间在信息、资金、人才、征信等方面更大规模的互联互通，保障生产要素在区域内有序高效流动。要探索利用区块链数据共享模式，实现政务数据跨部门、跨区域共同维护和利用，促进业务协同办理，深化"最多跑一次"改革，为人民群众带来更好的政务服务体验。

习近平总书记强调，要加强对区块链技术的引导和规范，加强对区块链安全风险的研究和分析，密切跟踪发展动态，积极探索发展规律。要探索建立适应区块链技术机制的安全保障体系，引导和推动区块链开发者、平台运营者加强行业自律、落实安全责任。要把依法治网落实到区块链管理中，推动区块链安全有序发展。

习近平总书记指出，相关部门及其负责领导同志要注意区块链技术发展现状和趋势，提高运用和管理区块链技术能力，使区块链技术在建设网络强国、发展数字经济、助力经济社会发展等方面发挥更大作用。

5.5.2 比特币及区块链的发展历史

大家接触和了解区块链，最早应该是从比特币开始的。确实，区块链确实也是起源于比特币，但是又不局限于货币圈。区块链可以在金融、保险、医疗、政府等领域被广泛使用。既然区块链起源于货币，那我们就从货币开始谈起。

货币本质上是一种所有者与市场关于交换权的契约，根本上是所有者相互之间的约定。货币的发展从物物交换到现在的纸币、电子货币经历了漫长的过程。当初稀有的贝壳、金银等作为一般等价物，现在广泛使用纸币，纸币的制作成本也许只有几厘钱，但是却可以换取价值数百元或者更多的物品，原因是有国家的信用背书做约定，让人们相信几张制作成本为几厘钱的纸币，可以获取实际价值几百元的物品。近几年，电子货币已经走入人们的生活，每个人每笔钱的收入与支出仅是银行系统对一个数字的加减，每笔交易也是银行在记账，而且只有银行有记账权。

2008 年全球经济危机中，因为美国政府拥有记账权，所以可以无限增发货币。中本聪觉得这样很不合理，于是他想出了一种新型支付体系系统：大家都有权来记账，货币不能超发，而且整个账本完全公开透明。这就是比特币产生的原因和动机。中本聪在 2008 年全球经济危机爆发之后，在网上发表了一篇论文：《比特币：一种点对点式的电子现金系统》（*Bitcoin: A Peer-to-Peer Electronic Cash System*），文中描述了一种全新的、一种总量恒定、去中心化的电子现金系统的发行和流通问题，在这个系统中，信息公开透明，每一笔转账都会被全网记录。这篇论文就是所谓的比特币白皮书，这篇论文的问世，标志着比特币底层技术区块链的诞生。

想要更好地了解区块链就需要进一步了解中本聪和比特币。

中本聪是比特币的开发者兼创始者，密码朋克邮件组成员之一（密码朋克可以算是一个极客组织，组织早起成员有非常多的 IT 精英，如维基百科创始人阿桑奇，BT 下载的作者布拉姆科恩，万维网发明者蒂姆·伯纳斯·李，Facebook 创始人之一肖恩帕克等）。但中本聪本人一直没有出现在公众视野。历史上也出现过很多位"中本聪"：

（1）2012 年 5 月，计算机科学家泰德·尼尔森在 YouTube 上曝料化名中本聪是京都大学的数学教授望月新一，但是这个说法始终没有被认证。

（2）2014 年黑客黑进中本聪使用过的邮箱，然后找到了邮件的主人：多利安·中本；但是中本表示只是偶然发现了邮箱的用户名和密码，并不是中本聪本人。

（3）2016 年 5 月，澳大利亚企业家克雷格·史蒂芬·赖特通过媒体宣布，自己就是比特币创始人中本聪，之后赖特宣布放弃证明自己是中本聪。

到现在，大家还是不知道中本聪到底是谁，只知道他坐拥百万枚比特币，还获得了诺贝尔经济学奖提名，被誉为世界上最神秘的人。

"区块链"和"比特币"来源于密码朋克（Cyberpunk），比特币可以说是一群不信任全球政府和现存金融体系的互联网极客的产物：用先进的技术和自由人的自发结合，对抗全球的现行体制。

这样一种出于不信任某种中心体系而做出的行为，最终却推动了一个信任机器的开动。区块链的内涵不仅仅是比特币或者是某种货币，还包括智能合约等一系列基于信任的应用。

这些应用的一个最核心的思想就是，由中心化的体系来保证某种东西的价值是不可信的，中心化体系那些自我监督的花言巧语更是不可信的，唯一可信任的是信任本身。在这个系统中，每一个节点只需要根据自身利益行事。出于"自私"的目的进行的竞争，最终造就了保护系统安全的基础。

这有两个比较强的发明和构造：一个是上层的原生数字资产，大家称之为"代币"，比如比特币 BitCoin 和以太币 Ether，以及基于零知识证明的 Zcash 等。

另外一个是底层的网络，在上面可以用其去中心化的特性进行各种结构体系的设计。比如说比特币采用了基于互联网的 P2P（peer-to-peer）网络架构。P2P 网络的节点之间交互运作、协同处理：每个节点在对外提供服务的同时也使用网络中其他节点所提供的服务。P2P 网络也因此具有可靠性、去中心化，以及开放性。

5.5.3　区块链技术的本质

如果说蒸汽机释放了人们的生产力，电力解决了人们基本的生活需求，互联网彻底改变了信息传递的方式，那么区块链作为构造信任的机器，将可能彻底改变整个人类社会价值传递的方式。

5.5.3.1　区块链本质

区块链本质上是一个分布式的公共账本，任何人都可以对这个公共账本进行核查，但不存在一个单一的用户可以对它进行控制。在区块链系统中的参与者们，会共同维持账本的更新：它只能按照严格的规则和共识来进行修改，这背后有非常精妙的设计。

举个通俗的例子来解释，W 先生全家，包括 W 先生，W 夫人，W 爷爷，W 奶奶，各自的账本上都记录了大家的开支。因为 W 先生全家互相不信任。W 先生自己勤勤恳恳每个月养老婆，可 W 夫人可能会收到 1 000 元却记收到 100 元，用区块链如何解决这个问题呢？假如某天 W 先生给了 W 夫人 1 000 元，他只要对全家人说一声——W 先生给了 W 夫人 1 000 元，请大家在各自的账本上记下"W 先生给了 W 夫人 1 000 元"，就 OK 了。于是 W 先生全家每个人都成了一个节点，每次 W 先生家的交易都会被每个人（每个节点）记录下来。每次晚上谁洗了碗（工作量证明）之后就可以在公共账本上结账，而且洗碗还有报酬，必须在前一天大家都公认的账本后面添加新的交易，而且其他人也会参与验证当天的交易。自然会有人问，能否进行恶意操作来破坏整个区块链系统？如不承认别人的结果，或者伪造结果怎么办？如 W 夫人某天忽然说 W 先生没给她 1 000 元，那么全家人都会站起来斥责她。如果 W 夫人某天洗完碗想在结账的时候动手脚，其他参与验证的人也会站起来斥责她（除非她能收买超过一半以上的人），被发现作假会导致她那天的碗就白洗了，报酬也会拿不到，很可能第二天还要继续洗碗。最后那个公认的账本也只会增加，不会减少。后续加入的家庭成员都会从最长的那个账本那里继续结账。

区块链就是个超级平台，且具有两大特性：第一大特性：接近于零的信任成本。第二大特性：构造和交易资产的边际成本趋近于零。

5.5.3.2　区块链给人类社会带来的三大革命性改变

（1）机器信任

网络曾流行"怎么证明我妈是我妈"的新闻，这其实是一个直接用区块链就能解决的问题。

过去，我们的出生证、房产证、婚姻证等，需要一个中心的节点如政府备书，大家才能承认。一旦跨国，你就会遇到无穷的麻烦，跨国以后合同和证书可能就失效了，因为缺少全球性的中心节点。

区块链技术不可篡改的特性从根本上改变了中心化的信用创建方式，通过数学原理而非中心化信用机构来低成本地建立信用。我们的出生证、房产证、婚姻证都可以在区块链上公证，变成全球都信任的东西，当然也可以轻松证明"我妈是我妈"。

人是善变的，而机器是不会撒谎的，区块链有望带领我们从个人信任、制度信任进入机器信任的时代。

（2）机器信任的意义

回顾历史，人类文明是建立在信任和共识的基础上搭建起合作网络，从而人类成为地球的主宰。

最早智人为什么能够战胜其他人种，从而统一人类？其实是因为语言的出现和讲故事能力的提升，人们能够以极其灵活的方式与陌生人进行大规模的协作，而其他人种因为不具备这种能力，所以无法更高效地聚集起团队，于是很快就分崩离析。

至今，互联网也是新一代"大型合作网络"，互联网上的领袖就是超级信任节点，他们的信任靠的是长时间的积累。

传统金融的合作网络建立在钢筋水泥的大厦上，所以银行都需要盖大楼，让大家相信他们是值得信任的。政治上的信任构建也大体如此，需要大量的成本。

从个人信任进化到制度信任是人类文明的一大进步，制度的产生源于降低交易成本的需求。通过对符合制度规定的行为进行认可与鼓励，对违反制度规定的行为进行惩戒，引导人们将自己的行为控制在一定的范围内，从而达到降低交易成本的目的。

但制度和国家机器等中心节点为我们建立信用的成本偏高，因为需要很多人来维持这个体系。不管哪个时代，需要大量的人来维持的体系成本必然很高。

区块链技术则用代码构建了一个最低成本的信任方式 —— 机器信任，我们不需要相信语言和故事，也不需要有钢筋水泥、中央机构为基础，不需要靠个人领袖背书，只需要知道那些区块链上的代码会执行，也不需要担心制度会被腐败掉，就可以做到互相协作，低成本构建大型合作网络。

机器信任其实是无须信任的信任。人类历史将第一次可以接近零成本建立地球上前所未有的大型合作网络，这必将是一场伟大的群众运动。

（3）价值传递

人类正处于一场从物理世界向虚拟世界迁徙的历史性运动中，而不能否认一个事实，人类的财富也将渐渐往互联网转移，这已经是既成事实。

传统的互联网不是为传递价值而生，互联网上信息的传输，本质是信息的拷贝。而现实中的货币流通要依靠中心化的组织做背书来维护运行，如微信支付、支付宝、银联等。但现在有哪家公司能活 1 000 年以上的吗？所以，依靠中心化的方式实现价值传递，弊病很多。

而区块链是第一个能够实现价值传递的网络，区块链技术有望带领人类从信息互联网过渡到价值互联网的伟大时代。

（4）价值传递的意义

在人类社会中，价值传递的重要性与信息传播不相上下。

互联网的出现，使信息传播手段实现了飞跃，信息实现了高效流动，但互联网价值传递的效率依然很慢。当前互联网上的电子货币本质上依然是传统的纸币，跨国支付也依然是个大问题。

而区块链的诞生正是人类构建价值传输网络的开始。它将使人们能够在网上像传递信息一样方便、低成本地传递价值，这些价值可以表现为资金、资产或其他形式。

区块链的价值传递应该按照两层意思来理解：

第一层是简单的价值传输，我们可以发送一个比特币给任何一个人。代币的全球性流通，让价值传输无比便利。这个虽然看起来简单，但意义可能是巨大的。我们这么来看，微信、支付宝小额移动支付的便利激活了一个万亿级别的知识付费行业（方便地打赏和购买），这是支付的便利带来的行业变革，而区块链带来的价值流动的便利性必然会给全球带来更巨大的影响。

第二层则是代币的流通或者说代币经济学带来的价值吸纳。首先，代币发行让融资更加便利，这个在很多海外项目 ICO 的疯狂上就可以看到。其次，代币的流通会吸纳价值。购买代币背后不是简单的购买服务，而是购买了整个生态。举个例子，比如基于区块链的内容平台 Steemit，发行了代币 STEEM 来奖励内容生产者。Steemit 平台上每一个内容资产的增加，都会带来新价值的产生，又会吸引更多的用户，用户越多，STEEM 代币的消费也增加了，STEEM 代币的价值也相应增加，可以吸引更多的内容生产者，这种正向循环，从而形成生态效应。由于代币 STEEM 的限量流通，代币 STEEM 能够吸纳整个 Steemit 生态的价值。对于价值传递，价值流动越快，社会就越有活动。因为价值互联网，人类社会也必将迎来一场更完美的革命。

（5）智能合约

区块链的智能合约是条款以计算机语言而非法律语言记录的智能合同。

智能合约让我们可以与真实世界的资产进行交互。当一个预先编好的条件被触发时，智能合约执行相应的合同条款。

一个典型案例：爷爷生前立下一份遗嘱，声称在其去世后且孙子年满 18 周岁时将自己名下的财产转移给孙子。若将此遗嘱记录在区块链上，那么区块链就会自动检索计算其孙子的年龄，当孙子年满 18 周岁的条件成立之后，区块链在政府的公共数据库等地方检索是否存在爷爷的一份离世证明。如果这两个条件同时符合，那么这笔资产将会不受任何约束地自动转移到孙子的账户之中，这种转移不会受到国界、外界阻挠等各种因素的制约，并且会自动强制执行。

智能合约的潜在好处很多，如较低的签约成本、执行成本和合规成本等，是低成本的契约实现方式，尤其适用于大量的日常交易，所以需要昂贵的法务或者公证参与的纸质合同和契约，都能用电子化的智能合约来实现。

人类文明已经从"身份社会"进化到了"契约社会"，而区块链有望带领人类从契约社会过渡到智能合约的社会。

（6）智能合约意义

智能合约能够替代所有的纸质契约，而且更重要的是，区块链能够完美的连接物理世界和虚拟世界。

例如，要真正地实现所有权与使用权分离的共享经济社会，区块链技术就是最优的解决方案：把租车人的身份和汽车的身份都登记在区块链总账上，那么租车就像下楼开自己的车一样方便，车辆的出租方也能在区块链上以秒级时间确认租车人的身份，如果再加上智能合约，一切都自动完成，拥有它与使用它也就完全没有区别了。

利用智能合约我们未来也可以实现可编程经济。

如一位妈妈想限制未成年儿女的零花钱支出，她可以通过智能合约设置这些支出的规则，如不可以购买垃圾食品、不可以一次性花光等，子女每发起一笔交易便可以触发一个智能合约运行，只有符合事先设置条件的交易才可以得到顺利执行。

区块链、物联网和人工智能完美结合，想象空间更巨大！

（7）如何实现机器信任？

共识机制其实就是构建机器信任的保证，在区块链系统中的参与者们，都可以核查，也会共同维持账本的更新，按照严格的规则和共识来进行修改。

既然大家都严格遵守规则和共识，加上区块链去中心化、不可篡改等特性，构建了信任的基石。区块链天然能够低成本地建立信任，构建前所未有的大型合作网络。

在上面 W 先生的例子里，他们全家之间可以完全不信任，但是只要区块链技术在那里，大家就会相信那个记账的结果。

（8）如何实现价值传递？

在互联网上进行价值交换，需解决三个问题：

一是如何确保价值交换的唯一性。怎么理解？要知道互联网里信息可以被无数次地复制，然而价值交换不能多次记账；

二是如何确立价值交换双方的信任关系；

三是如何确保双方的承诺能够完成依靠网络的自治机制而自动执行，而无须可信第三方的介入。

区块链这种新型的去中心化协议，链上数据不可随意更改或伪造，因而提供了无须信任积累的信用建立范式，唯一性的问题通过嵌入时间戳和区块链唯一性签名信息就可以解决，而共识机制保证了网络的自制。

（9）如何实现智能合约？

智能合约看上去就是一段计算机执行程序，满足条件后即自动执行。

如何简单的理解智能合约呢？可以这么简单的理解，过去在比特币上大家达成共识后执行的都是"记账"的动作，现在我们把记账的动作换成一个简单的程序即可。

简单的理解，智能合约是条款以计算机语言而非法律语言记录的智能合同，让一个预先编好的条件被触发时，智能合约执行相应的合同条款。同样地，单独一方就无法操纵合约，因为对智能合约执行的控制权不在任何单独一方的手中。

如前面提到的，一位妈妈可以通过智能合约设置女儿的支出的规则，如不可以购买垃圾食品，子女每发起一笔交易便可以触发一个智能合约，只有符合条件的交易才可以执行。

那么为什么用传统的技术很难实现，而需要区块链等新技术呢？

传统技术无法同时实现区块链的特性包括：

一是数据无法删除、修改，只能新增，保证了历史的可追溯，同时作恶的成本将很高，因为其作恶行为将被永远记录；

二是去中心化，避免了中心化因素的影响。比如说我们如果依赖于第三方公司，公司效率会大大降低。

5.5.4　为什么我们需要区块链

区块链的诞生可谓符合"天时地利人和"，当前互联网正处于过度中心化的阶段。

我们再来回顾一下互联网的历史。1989 年，Tim Berners-Lee（伯纳斯-李）提出要建立一个全球超文本项目——万维网（www），让所有人都能顺利地从网上获取并共享信息。他肯定没有意料到自己的构想会影响到未来人类文明发展的进程。他肯定也没有想到，在28 年后，他却要为互联网的过度中心化现状感到深深的忧虑。

互联网已经被巨头垄断了，大家高频使用的网站或者 App，就那么几个。中国人就是 BAT 系列，美国人就是 Google/Facebook/Amazon 等，这几乎是全球同步的趋势。

互联网过度中心化之后，用户的利益就容易被侵犯。过去内容分布在互联网各个角落。过度中心化一大坏处就在于，即使你不喜欢 BAT，你基本也不得不使用它。

中心化也可能导致互联网不再开放，Facebook 是封闭的系统，微信也是封闭的系统。这些封闭系统制造了信息的孤岛，严重阻碍了信息的流动。用户在这里创造了数据，理论上说用户是拥有它的，但实际上用户拿不到它，甚至没法备份它，只能被企业所用。

而社会的发展近似一种螺旋的前进，在社会发展的早期，由于个人的力量相对单薄，为了推动社会的快速发展，个人将一部分权利让渡给一个中心化的体系，由这样的中心化体系来保证系统资源的高效运转。

随着社会的进步，个人所能创造的价值已经极大地增加，在这样的情况下，中心化体系往往践踏个人的权利，比如垄断企业在不断侵犯消费者权益，如一些滥用垄断地位绑架消费者的中国互联网企业。

　　去中心化将给我们一个更自由、更透明、更公平的环境。以去中心化比特币为例，任何人都可以发起一笔交易，任何人也都可以参与验证交易，任何人也都可以同时读取区块链上的所有信息。

　　为什么现在用户创造的数据却不属于用户？很简单，因为你的数据存储在别人家的服务器上啊！你的数据寄人篱下，宿主能不能给你自由的权利就完全依赖于宿主的仁慈。

　　现实世界中，"经济基础决定上层建筑"，而在虚拟的互联网世界中，底层技术架构决定了上层建筑。Tim Berners-Lee 在设计 www（万维网）的时候，它本来就是个去中心的结构，每个人都可以建设自己的网站，现在互联网却变成中心化结构了，为什么？因为服务器是私有的！

　　物质决定意识，数据不能脱离服务器，而服务器的私有属性本质上决定了数据的最终控制权将属于服务器的控制者，也决定了数据很难被自由的流动和迁移。

　　服务器是私有的，所以互联网的现状就像极了资本主义，不可避免地走向寡头垄断。区块链作为历史上第一个真正的公有计算平台，则有望实现数据、计算和存储的"共产主义"。比如 Filecoin，以点对点的分布式协议实现了全球剩余储存空间的共享。要知道，从硬盘到数据中心，全球约有 1/2 的储存空间未被完全利用。

　　公有区块链（public chain）是一个可信的公有计算设施。这种新的底层的技术架构让我们拥有了新的可能性。如让用户能够轻便的控制自己的身份和行为数据。所有的个人隐私数据，均可以通过用户自己来拥有，并在需要的时候有限地授权第三方使用。基于区块链，我们有望免寡头的"数据剥削"。

　　在巨头垄断的时代，你无法重建一个 Facebook 去打败 Facebook，但是区块链这种新的底层技术架构为弯道超车提供了一种可能性。基于区块链的新的用户数据隐私形态，为创业公司提供了一个全新的契机。

5.5.5　区块链的技术挑战

　　（1）"自行车"级的性能

　　目前公链网络（也适用于大部分私链）的吞吐量极其有限，而且不具备向外扩容性。这样的性能显然无法支撑起"世界电脑"所需要的大型计算能力。

　　（2）链无法自主进化，而必须依赖"硬分叉"

　　区块链平台像一个生命体，它需要不断地自我适应和升级。然而今天的大部分区块链没有任何自我变更的能力，唯一的方式是硬分叉，也就是启用一个全新的网络并让所有人大规模迁移。

　　这些致命问题，都是当前区块链需要解决的。

　　此外，我们始终也要清楚，区块链技术这种去中心化并且需要全局共识的计算方式，在效率上会一直低于中心化的实现方式。所以中心化能够完美解决的场景，很难用区块链技术去颠覆。

5.5.6　区块链的应用前景

（1）区块链在金融领域的应用前景

区块链在国际汇兑、信用证、股权登记和证券交易所等金融领域有着潜在的巨大应用价值。

将区块链技术应用在金融行业中，可省去第三方中介环节，实现点对点的对接，从而在大大降低成本的同时，快速完成交易支付。

如 Visa 推出基于区块链技术的 Visa B2B Connect，它能为机构提供一种费用更低、更快速和安全的跨境支付方式来处理全球范围的企业对企业的交易。要知道传统的跨境支付需要等 3～5 天，并为此支付 1%～3% 的交易费用。

又如纳斯达克推出基于区块链的交易平台 Linq，Linq 的具体应用场景是非上市公司的股权管理和股权交易。

Visa 还联合 Coinbase 推出了首张比特币借记卡，花旗银行则在区块链上测试运行加密货币"花旗币"。

区块链将成为金融行业核心生产系统的基础平台，金融业面貌必将焕然一新。此外，他最看好区块链在跨境支付领域上的应用，由于各国之间天然缺乏信用中介，无法方便地中心化清算，而区块链解决了这个问题。

（2）区块链在物联网和物流领域的应用前景

区块链在物联网和物流领域也可以天然结合。通过区块链可以降低物流成本，追溯物品的生产和运送过程，并且提高供应链管理的效率。该领域被认为是区块链一个很有前景的应用方向。

Skuchain 创建了基于区块链的新型供应链解决方案，实现商品流与资金流的同步，同时缓解假货问题。而伦敦的区块链初创企业 Provenanc 为企业提供供应链溯源服务，通过在区块链上记录零售供应链上的全流程信息，实现产品材料、原料和产品的起源和历史等信息的检索和追踪，提升供应链上信息的透明度和真实性。

德国一个初创公司 Slock.it 做了一个基于区块链技术的智能锁，将锁连接到互联网，通过区块链上的智能合约对其进行控制。只需通过区块链网络向智能合约账户转账，即可打开智能锁。用在酒店里，客人就能很方便地开门了，这是真正的共享经济！

（3）区块链在公共服务领域的应用前景

区块链在公共管理、能源、交通等领域都与民众的生产生活息息相关，但是目前这些领域的中心化特质也带来了一些问题，可以用区块链来改造。

例如，乌克兰敖德萨地区政府已经试验建立了一个基于区块链技术的在线拍卖网站，通过该平台以更加透明的方式来销售和出租国有资产，避免此前的腐败和欺诈行为的发生。

西班牙 Lugo 市政府则利用区块链建立了一个公开公正的投票系统。

爱沙尼亚政府与 Bitnation 合作，在区块链上开展政务管辖，通过区块链为居民提供结婚证明、出生证明、商务合同等公证服务。

欧洲能源署则利用区块链使得公民在能源零售市场中发挥更大的作用，能源零售市场的智能化（Micro-Generation Energy Market）使得消费者可以让多余的电量在市场上进行交换和出售，并显著降低电费开支。

（4）区块链在认证、公证领域的应用前景

区块链具有不可篡改的特性，所以在认证和公证领域也有巨大的市场。

Bitproof 是一家专门利用区块链技术进行文件验证的公司。区块链初创公司 Bitproof 已经与霍伯顿学校（Holberton School）开展合作，该校宣布将利用比特币区块链技术向学生颁发学历证书，解决学历造假等问题。

（5）区块链在数字版权领域的应用前景

通过区块链技术，可以对作品进行鉴权，证明文字、视频、音频等作品的存在，保证权属的真实、唯一性。作品在区块链上被确权后，后续交易都会进行实时记录，实现数字版权全生命周期管理，也可作为司法取证中的技术性保障。

例如，Ujo Music 平台借助区块链，建立了音乐版权管理平台新模式，歌曲的创作者与消费者可以建立直接的联系，省去了中间商的费用提成。

（6）区块链在预测市场和保险领域的应用

在保险理赔方面，保险机构负责资金归集、投资、理赔，往往管理和运营成本较高。通过智能合约的应用，既无须投保人申请，也无须保险公司批准，只要触发理赔条件，实现保单自动理赔。

典型的应用案例 LenderBot，是 2016 年由区块链企业 Stratumn、德勤与支付服务商 Lemonway 合作推出，它允许人们通过 Facebook Messenger 的聊天功能，注册定制化的微保险产品，为个人之间交换的高价值物品进行投保，而区块链在贷款合同中代替了第三方角色。

（7）区块链在公益慈善上的应用

区块链上存储的数据，高可靠且不可篡改，天然适合用在社会公益场景。

公益流程中的相关信息，如捐赠项目、募集明细、资金流向、受助人反馈等，均可以存放于区块链上，并且有条件地进行透明公开公示，方便社会监督。

如 BitGive 平台，BitGive 是一家非营利性慈善基金会，致力于将比特币及相关技术应用于慈善和人道主义工作中。2015 年，BitGive 公布慈善 2.0 计划，应用区块链技术建立公开透明的捐赠平台，平台上捐款的使用和去向都会面向捐助方和社会公众完全开放。

6 典型应用

6.1 生态环境监测网络

6.1.1 什么是生态环境监测

（1）基本概念

生态监测是环境监测的组成部分；是利用各种技术测定和分析生命系统各层次，对自然或人为作用的反应或反馈效应的综合表征，来判断和评价这些干扰对环境的影响。

生态监测就是利用生命系统及其相互关系的变化反应做"仪器"来监测环境质量状况及其变化。

（2）目的

生态监测是评估人类的活动对我们所研究的某一生态系统的影响和该系统的自然演变过程，对这一范围的能量流动、物质循环、信息传递过程进行监测，看它是否处于良性循环状态，以便及时采取调控措施。

6.1.2 生态监测的分类及特点

（1）分类

从不同的生态系统的角度出发，生态监测可分为城市生态监测、农村生态监测、森林生态监测、草原生态监测及荒漠生态监测等。

根据生态监测的对象和内容，可把生态监测概括地分为两类，即宏观监测和微观监测，这也是生态监测两个基本的空间尺度。

（2）特点

综合性：一个完整的生态监测计划将会涉及农、林、牧、副、渔、工等各个生产领域，也必须配备一个包括生物、地理、环境、生态、物理、化学、数学信息和技术科学等多学科的科技队伍。

长期性：自然界中许多生态过程十分缓慢，而且生态系统具有自我调控功能，一次或短期的监测数据及调查结果不可能对生态系统的变化趋势作出准确的判断，必须进行长期的监测，通过科学对比，才能对一个地区的生态环境质量进行准确的描述。

复杂性：生态监测要区分人类的干扰作用和自然变异以及自然干扰作用通常十分困难，特别是在人类干扰作用并不明显的情况下，许多生态过程在生态学的研究中并不十分清楚，这就使得生态监测十分复杂。

分散性：由于生态监测费时费工，耗资巨大，设计复杂，监测台站的设置不可能像环境监测那样有众多的监测点或监测断面。监测网络具有较大的分散性，特别是那些跨区域的及全球级的监测计划，监测台站的分散性更大。同时，由于生态变化的缓慢性，监测的时间尺度很大，通常采取周期性的间断监测。

6.1.3 生态监测技术路线

生态监测计划的制订、方案的实施及成果的应用，这一全过程应按图 6-1 技术路线来进行。

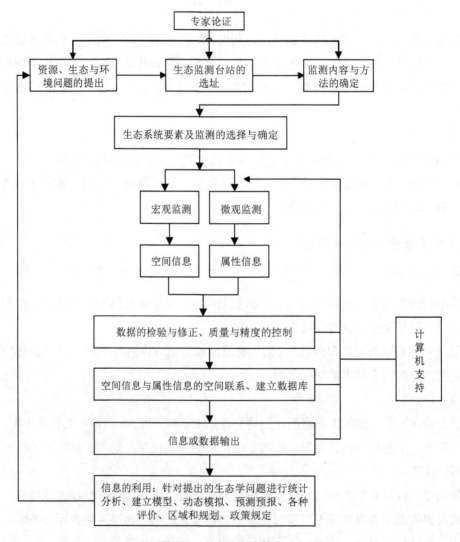

图 6-1 生态监测实施程序

6.1.4　指标体系及监测方法

生态监测指标体系主要是指野外生态站的地面或水面监测项目。在设置指标体系时，首要的考虑因素是生态类型及系统的完整性，也就是说，所选择的指标应包括生态系统的各个组成部分。

（1）指标体系的确定原则

①根据监测内容充分考虑指标的代表性、综合性及可操作性；

②不同监测台站间同种生态类型的监测必须按统一的指标体系进行，尽量实现监测内容具有可比性；

③各监测台站可依监测项目的特殊性增加特定指标，以突出各自的特点；

④指标体系应能反映生态系统的各个层次和主要的生态环境问题，并应以结构和功能指标为主；

⑤宏观监测可依监测项目选定相应的数量指标和强度指标。微观生态监测指标应包括生态系统的各个组分，并能反映主要的生态过程。

（2）指示体系

陆地生态站的指标体系分为 6 个部分：气象要素、水文要素、土壤要素、植物要素、动物要素和微生物要素；

水文生态站分为 8 个部分：水文气象要素、水质要素、底质要素、浮游植物要素、浮游动物要素、游泳动物要素、底栖生物要素和微生物要素。

陆地生态系统包括农田生态系统、森林生态系统和草原生态系统等。

水生生态系统又分海洋和淡水两种类型。

在指标的设置上，要充分考虑生态系统的功能以及不同生态类型间相互作用的关系。大气和陆地界面、陆地和水域界面及大气和水域界面之间的物质和能量的迁移和转换指标应包括在生态监测指标体系范围之内（表 6-1）。

表 6-1　陆地生态系统监测指标

要素	常规指标	选择指标
气象	气温、湿度、风向、风速、降水量及分布、蒸发量、地面及浅层地温、日照时数	大气干湿沉降物及其化学组成，林间二氧化碳浓度（森林）
水文	地表径流量、径流水化学组成：酸度、碱度、总磷、总氮及 NO_2^-、NO_3^-、农药（农田），径流水总悬浮物，地下水位，泥沙颗粒组成及流失量，泥沙化学组成：有机质、全氮、全磷、全钾及重金属、农药（农田）	附近河流水质，附近河流泥沙流失量，农田灌水量、入渗量和蒸发量（农田）
土壤	有机质、养分含量：全氮、全磷、全钾、速效磷、速效钾，pH，交换性酸及其组成，交换性盐基及其组成，阳离子交换量，颗粒组成及团粒结构，容重，含水量	CO_2 释放量（稻田测 CH_4），农药残留量，重金属残留量、盐分总量、水田氧化还原电位、化肥和有机肥施用量及化学组成（农田），元素背景值，生命元素含量，沙丘动态（荒漠）

要素	常规指标	选择指标
植物	种类及组成，种群密度，现存生物量，凋落物量及分解率，地上部分生产量，不同器官的化学组成：粗灰分、氮、磷、钾、钠、有机碳、水分和光能的收支	可食部分农药、重金属、NO_2^-、NO_3^-含量（农田），可食部分粗蛋白、粗脂肪含量
动物	动物种类及种群密度，土壤动物生物量，热值，能量和物质的收支，化学成分：灰分、蛋白质、脂肪、钾、钠、镁	体内农药、重金属残留量（农田）
微生物	种类及种群密度，生物量，热值	土壤酶类型，土壤呼吸强度，土壤固氮作用

表 6-2　水生生态系统监测指标

要素	常规指标	选择指标
水文气象	日照时数，总辐射量，降水量，蒸发量，风速、风向、气温、湿度、大气压、云量、云形、云高及可见度	海况（海洋），入流量和出流量（淡水），入流和出流水的化学组成（淡水），水位（淡水），大气干湿沉降物量及组成（淡水）
水质	水温；颜色，气味，浊度，透明度，电导率，残渣，氧化还原电位，pH，矿化度，总氮，亚硝酸盐氮，硝酸盐氮，氨氮，总磷，总有机氮，溶解氧，化学需氧量，生物需氧量	重金属（镉、汞、砷、铬、铜、锌、镍），农药，油类，挥发酚类
底质	氧化还原电位，pH，粒度，总氮，总磷，有机质	重金属（总汞、砷、铬、铜、锌、镉、铅、镍），硫化物，农药
游泳动物	个体种类及数量，年龄和丰富度，现存量，捕捞量和生产力	体内农药、重金属残留量，致死量和亚致死量，酶活性（P-450酶）
浮游植物	群落组成，定量分类数量分布（密度），优势种动态生物量，生产力	体内农药、重金属残留量，酶活性（P-450酶）
浮游动物	群落组成定性分类，定量分类数量分布，优势种动态，生物量	体内农药、重金属残留量
微生物	菌总数，细菌种类，大肠杆菌群及分类	
着生藻类和底栖动物	定性分类，定量分类，生物量动态，优势种	体内农药、重金属残留量

6.1.5　生态监测方法

（1）地面监测

在所监测的区域建立固定站，由人用徒步或乘车等方式按规划的路线进行测量和数据收集。此法只能收集几千米到几十千米范围内的数据，而且费用较高，但它是最基本且不可缺少的手段。因为地面监测可以直接获取数据，同时可以对空中和卫星监测进行校核。某些数据如降水量、土壤湿度等只能从地面监测中获得。

（2）空中监测

一般采用 4～6 座单引擎轻型飞机，由 4 人执行工作：驾驶员、领航员和两名观察记录员。首先绘制工作区域图，将坐标图覆盖所研究的区域，典型的坐标是 10 km×10 km 的小格，飞行时间一般定于上午或下午，飞行速度一般为 150 km/h，高度约为 100 m，视角约为 90°，观测地面宽度约为 250 m。

（3）卫星监测

利用地球资源卫星监测天气、农作物生长状况、森林病虫害、空气和地表水的污染状况等目前已在国内外普及。如简称为"ENVISAT"的地球环境监测卫星净重 8 111 kg，体积庞大，上面装有大量先进的环境监测仪器，工作寿命至少为 5 年，地球环境监测卫星每 100 min 环绕地球一周，重点监测地球大气层的环境变化，获取有关全球变暖、臭氧层损耗及地球海洋、陆地、冰帽、植被等的变化信息。

卫星监测最大的优点是覆盖面广，可获取人工难以到达的高山、丛林资料。随着资料来源的增加，费用相对降低，但此法对地面细微变化难以了解，因此地面监测、空中监测和卫星监测相结合才能获得完整的资料。

（4）"3S"技术

生态监测包括对大范围生态系统的宏观监测。因此，许多传统的监测技术不适应于大区域的生态监测，只有借助于现代高新技术，高效、快速地了解大区域生态环境的动态变化，为迅速制定治理、保护的方案和对策提供依据。RS（遥感技术）、GIS（地理信息系统）、GPS（全球定位系统）（简称"3S"）一体化的高新技术可以解决这个问题。

6.1.6 生态监测网案例

中国生态系统研究网络（CERN）是为了监测中国生态环境变化，综合研究中国资源和生态环境方面的重大问题，发展资源科学、环境科学和生态学，于 1988 年开始组建成立。

（1）CERN 简介

CERN 是为了监测中国生态环境变化，综合研究中国资源和生态环境方面的重大问题，发展资源科学、环境科学和生态学，于 1988 年开始组建成立。目前，该研究网络由 16 个农田生态系统试验站、11 个森林生态系统试验站、3 个草地生态系统试验站、3 个沙漠生态系统试验站、2 个沼泽生态系统试验站、3 个湖泊生态系统试验站、3 个海洋生态系统试验站、1 个城市生态站，以及水分、土壤、大气、生物、水域生态系统 5 个学科分中心和 1 个综合研究中心所组成。

CERN 设立领导小组（设办公室）、科学指导委员会和科学委员会（设秘书处）等组织机构，全面负责 CERN 的运行和管理，以及组织重大科学研究计划的实施，开展生态环境监测、数据集成和对外服务等业务。

（2）研究网络职责

CERN 是中国科学院知识创新工程的重要组成部分，是我国生态系统监测和生态环境研究基地，也是全球生态环境变化监测网络的重要组成部分。CERN 不仅是我国开展与资源、生态环境有关的综合性重大科学问题研究实验平台，还是生态环境建设、农业与林业生产等高新技术开发基地，中国生态学研究与先进科学技术成果的试验示范基地，培养生态学领域高级科技人才基地，国内外合作研究与学术交流基地和国家科普教育基地。

（3）研究网络目标

当前 CERN 科学研究的主要目标为：

①通过对我国主要类型生态系统的长期监测，揭示其不同时期生态系统及环境要素的变化规律及其动因。

②建立我国主要类型生态系统服务功能及其价值评价、生态环境质量评价和健康诊断指标体系。

③阐明我国主要类型生态系统的功能特征和 C、N、P、H_2O 等生物地球化学循环的基本规律。

④阐明全球变化对我国主要类型生态系统的影响，揭示我国不同区域生态系统对全球变化的作用及响应。

⑤阐明我国主要类型生态系统退化、受损过程机理，探讨生态系统恢复重建的技术途径，建立一批退化生态系统综合治理的试验示范区。

（4）研究方向

根据中国科学院知识创新工程的总体规划，结合国际科学前沿、国家需求和自身优势，突出网络化的特色，准确把握国际科学发展的综合化、系统化和交叉渗透融合的大趋势，现阶段的主要研究方向为：

①我国主要类型生态系统长期监测和演变规律；

②我国主要类型生态系统的结构功能及其对全球变化的响应；

③典型退化生态系统恢复与重建机理；

④生态系统的质量评价和健康诊断；

⑤区域资源合理利用与区域可持续发展；

⑥生态系统生产力形成机制和有效调控；

⑦生态环境综合整治与农业高效开发试验示范。

6.2 智慧城市

6.2.1 什么是智慧城市

智慧城市就是运用信息和通信技术手段感测、分析、整合城市运行核心系统的各项关键信息，从而对包括民生、环保、公共安全、城市服务、工商业活动在内的各种需求做出智能响应。其实质是利用先进的信息技术，实现城市智慧式管理和运行，进而为城市中的人创造更美好的生活，促进城市的和谐、可持续成长。

随着人类社会的不断发展，未来城市将承载越来越多的人口。目前，我国正处于城镇化加速发展的时期，部分地区"城市病"问题日益严峻。为解决城市发展难题，实现城市可持续发展，建设智慧城市已成为当今世界城市发展不可逆转的历史潮流。

智慧城市的建设在国内外许多地区已经展开，并取得了一系列成果，国内的如智慧上海、智慧双流；国外如新加坡的"智慧国计划"、韩国的"U-City 计划"等。

6.2.2 智慧城市的起源

2008 年 11 月，在纽约召开的外国关系理事会上，IBM 提出了"智慧的地球"这一理念，进而引发了智慧城市建设的热潮。2010 年，IBM 正式提出了"智慧的城市"愿景，希望为世界和中国的城市发展贡献自己的力量。IBM 经过研究认为，城市由关系到城市主要功能的不同类型的网络、基础设施和环境六个核心系统组成：组织（人）、业务/政务、交通、通信、水和能源。这些系统不是零散的，而是以一种协作的方式相互衔接。而城市本身，则是由这些系统所组成的宏观系统。

欧盟于 2006 年发起了欧洲 Living Lab 组织，它采用新的工具和方法、先进的信息和通信技术来调动方方面面的"集体的智慧和创造力"，为解决社会问题提供机会。该组织还发起了欧洲智慧城市网络。Living Lab 完全是以用户为中心，借助开放创新空间的打造帮助居民利用信息技术和移动应用服务提升生活质量，使人的需求在其间得到最大的尊重和满足。

2009 年，迪比克市与 IBM 合作，建立美国第一个智慧城市。利用物联网技术，在一个有 6 万居民的社区里将各种城市公用资源（水、电、油、气、交通、公共服务等）连接起来，监测、分析和整合各种数据以做出智能化的响应，更好地服务市民。

日本 2009 年推出"I-Japan 智慧日本战略 2015"，旨在将数字信息技术融入生产生活的每个角落，目前将目标聚焦在电子政务治理、医疗健康服务、教育与人才培养三大公共事业领域。

韩国以网络为基础，打造绿色、数字化、无缝移动连接的生态、智慧型城市。通过整合公共通信平台，以及无处不在的网络接入，消费者可以方便地开展远程教育、医疗、办理税务，还能实现家庭建筑能耗的智能化监控等。

新加坡 2006 年启动"智慧国 2015"计划，通过物联网等新一代信息技术的积极应用，将新加坡建设成为经济、社会发展一流的国际化城市。在电子政务、服务民生及泛在互联方面，新加坡成绩引人注目。其中智能交通系统通过各种传感数据、运营信息及丰富的用户交互体验，为市民出行提供实时、适当的交通信息。

美国麻省理工学院比特和原子研究中心发起的 Fab Lab（微观装配实验室）基于从个人通信到个人计算再到个人制造的社会技术发展脉络，试图构建以用户为中心、面向应用的用户创新制造环境，使人们即使在自己的家中也可随心所欲地设计和制造他们想象中的产品，巴塞罗那等城市从 Fab Lab 到 Fab City 的实践则从另外一个视角解读了智慧城市以人为本可持续创新的内涵。

近年来，欧洲许多城市都确立了智慧城市战略，智慧城市被视为重振经济的重要领域，亦作为提升城市竞争力及解决城市发展问题、再造城市的重要途径。2002—2005 年欧洲实施了"电子欧洲"行动计划，2006—2010 年完成了第三阶段的信息社会发展战略。在这个基础上，欧洲各城市开始了智慧城市的实践。2000 年英国南安普顿市启动了智能卡项目。2005 年英国政府启动了推进移动泛在政府管理与公共服务的游牧项目。2006 年瑞典斯德哥尔摩市开展了颇具代表性的智能交通建设实践。而一些先行城市也越来越多的开始从以人为本的视角开展智慧城市的建设，如欧盟启动了面向知识社会创新 2.0 的 Living Lab（生活实验室）计划，致力于将城市打造成为开放创新空间，营造有利于创新涌现的城市生态，并以 Living Lab 为载体推动智慧城市的建设。芬兰的赫尔辛基、丹麦哥本哈根、荷兰阿姆斯特丹、西班牙巴塞罗那等城市也相继启动了智慧城市建设。欧洲在智能城市基础设施建设与相关技术创新、公共服务、交通及能源管理等领域进行了多项成功实践并在打造开放创新、可持续智慧城市方面取得了较大的进展。

6.2.3　智慧城市的应用领域

城市是人类活动最为密集的区域，大规模的人类活动与城市中各行业的运行数据交织在一起。大数据时代的到来，进一步改变了人们对城市信息化建设的认知，加速了由"数字城市建设"到"智慧城市"的转变。

在大数据时代，所有人都需要用数据来说话，学会运用大数据。涉及智能感知技术、分布式存储技术、智能统计分析和数据挖掘技术、智能化实时动态可视化技术、云计算技术及基于网络的智能服务技术等，这些也是"智慧城市"建设的重要技术。

智慧城市应用领域包括以下多个领域，具体如下述。

（1）智慧社区

智慧社区涵盖社区内部和社区周边的各项服务，社区内主要包括智慧家庭、智慧物业、智慧照明、智慧安防、智慧停车等基础设施服务，社区周边主要包含智慧养老、智慧医疗、智慧教育、智慧零售、智慧金融、智慧家政、智慧能源等民生服务。

在政策支持及基础设施完备的基础上，智慧城市的应用场景日益丰富，例如智慧安防、智慧交通、智慧社区、智慧商业、智慧旅游、智慧环保、智慧能源等。智慧安防、智慧交通、智慧社是目前智慧城市发展中需求最高、落地最快、技术与服务相对成熟的三大领域。

（2）智慧安防

自 2015 年起，安防行业逐渐引入物联网技术，城市的安防从过去简单的安全防护系统向城市综合化体系演变，城市的安防项目涵盖众多的领域，有街道社区、楼宇建筑、银行邮局、道路监控、机动车辆、警务人员、移动物体、船只等。特别是针对重要场所，如机场、码头、水电气厂、桥梁、大坝、河道、地铁等场所，引入物联网技术后可以通过无线移动、跟踪定位等手段建立全方位的立体防护。兼顾了整体城市管理系统、环保监测系统、交通管理系统、应急指挥系统等多领域进行融合，围绕安全主题扩大产业内涵，呈现出优势互补、协同发展的"大安防"产业格局。

（3）智慧交通

交通是一个城市的核心动脉，也是智慧城市建设的重要组成部分。智慧交通是在智能交通的基础上，在交通领域中充分运用物联网、云计算、互联网、人工智能、自动控制、移动互联网等技术，通过高新技术汇集交通信息，对交通管理、交通运输、公众出行等交通领域全方面以及交通建设管理全过程进行管控支撑，使交通系统在区域、城市甚至更大的时空范围具备感知、互联、分析、预测、控制等能力。以充分保障交通安全、发挥交通基础设施效能、提升交通系统运行效率和管理水平，为通畅的公众出行和可持续的经济发展服务。

6.2.4　智慧城市的典型解决方案

华为 e-City 智慧城市致力于打造安全、快捷、和谐的智慧城市。其关键点一：互联。关键点二：技术的综合应用。关键点三：可持续。通过构建统一的智慧城市平台，提供综合的应用支撑和管理能力。

图 6-2～图 6-5 从智慧城市全景图、智慧城市整体框架图、智慧城市平台架构图和智慧城市平台核心能力图来全面了解华为的 e-City 智慧城市解决方案。

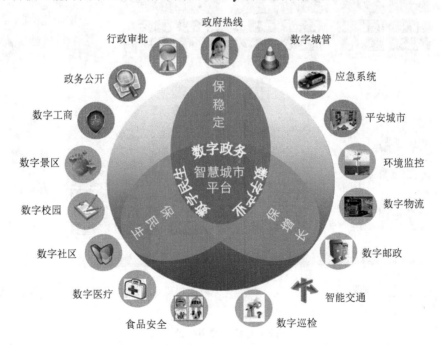

图 6-2　智慧城市全景

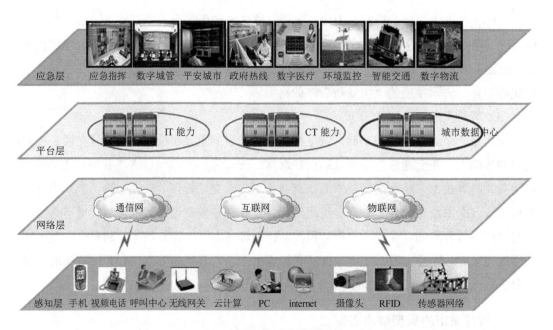

图 6-3   智慧城市整体框架

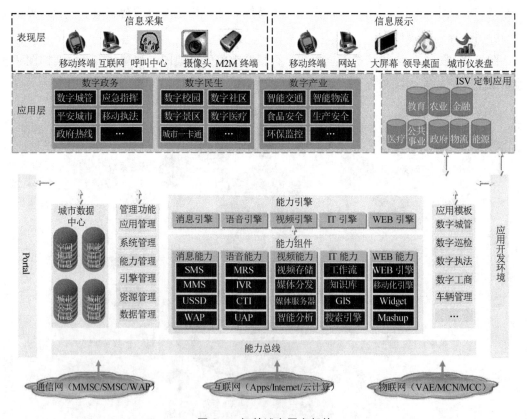

图 6-4   智慧城市平台架构

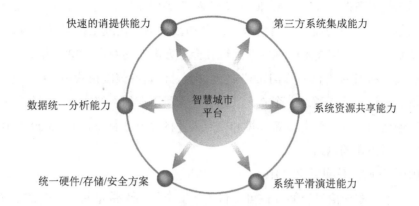

图 6-5　智慧城市平台核心能力

6.2.5　智慧城市的现状及问题

（1）全球智慧城市建设情况

全球有 600 多个城市正在建设"无线城市"。美国的亚特兰大、波士顿、拉斯维加斯、洛杉矶、旧金山、西雅图、费城、奥斯汀、克利夫兰、马里恩、匹兹堡、密尔沃基等城市都在建设无线网络，Dusseldorf、Gyor、Jerusalem、Monaco、Westminster、新加坡、日本 U-Japan，韩国的首尔、仁川、釜山 6 个城市 U-city 以及马来西亚的吉隆坡、澳大利亚的 Sydney 都在积极建设无线数字城市等。

①日本 U-Japan 计划

2000 年日本政府首先提出了"IT 基本法"，其后由隶属于日本首相官邸的 IT 战略本部提出了"e-Japan 战略"，希望能推进日本整体 ICT 的基础建设。2004 年 5 月，日本总务省向日本经济财政咨询会议正式提出了以发展 ubiquitous 社会为目标的 U-Japan 构想。在总务省的 U-Japan 构想中，在 2010 年日本建设成一个"任何时间、任何地点、任何人、任何物"都可以联网的环境。此构想于 2004 年 6 月 4 日被日本内阁通过。

②韩国 U-Korea 战略

韩国也经历了类似的发展过程。韩国最先于 2002 年 4 月提出了 e-Korea（电子韩国）战略，其关注的重点是如何加紧建设 IT 基础设施，使得韩国社会的各方面在尖端科技的带动下跨上一个新的发展台阶。为了配合 e-Korea 战略，该国于 2004 年 2 月推出了 IT839 战略。韩国情报通信部又于 2004 年 3 月公布了 U-Korea 战略，这个战略旨在使所有人可以在任何地点、任何时间享受现代信息技术带来的便利。U-Korea 意味着信息技术与信息服务的发展不仅要满足产业和经济的增长，而且将对人们日常生活带来革命性的进步。

③新加坡"下一代 I-Hub"计划

1992 年，新加坡提出 IT 2000 计划，即"智能岛"计划。此后，该国先后确定了"21

世纪资讯通信技术蓝图""ConnectedCity（连城）"等国家信息化发展项目，希望进一步加大信息通信技术的普及力度。综合看来，之前的数次信息化战略都可以说是处在"e"阶段，即通过提高信息通信技术的利用率促进社会方方面面的发展。2005 年 2 月，新加坡资讯通信发展局发布名为"下一代 I-Hub"的新计划，标志着该国正式将"U"型网络构建纳入国家战略。该计划旨在通过一个安全、高速、无所不在的网络实现下一代的联结。新加坡希望在普遍通信设施、商业政策环境和信息人才的良好条件下，到 2009 年在全国创建一个真正的无所不在的网络。

④ i2010——欧洲信息社会 2010

目标 1：单一欧洲信息空间提供可支付的、安全的高速带宽通信，丰富多样的内容资源和数字服务。

目标 2：通过缩小欧洲与主要竞争者间的差距，在 ICT 研究和创新方面取得世界领先的成就。

目标 3：建设具有很高的包容性、提供优质公共服务、提高生活品质的信息社会。

（2）中国智慧城市建设

山东、四川、北京、天津、青岛、武汉、上海、南京、杭州、广州、深圳、扬州、厦门等已经明确了无线城市计划，正在建设当中。从地域分布来看，这些城市主要集中在长三角、珠三角和环渤海地区。

（3）国内数字城市建设遇到的问题

① 缺乏有效规划，重复建设。信息化全局工作缺乏有效的规划，导致部分重复建设。

② 信息孤岛现象严重。各部门、各行业都在信息化，但不能连接起来发挥综合效应。

③ 缺乏完整、科学的标准体系。缺乏统一的城市信息化标准体系。不同部门组织制订的信息化标准之间不协调。

④ 缺乏合适的运行管理模式。缺乏科学、实用的城市信息化建设的总体框架。缺乏适合不同类型城市使用的建设与运行模式。

6.3 智能交通

6.3.1 智能交通系统的概念

（1）智能交通的定义

智能交通系统（Intelligent Traffic Systems，ITS）的前身是智能车辆道路系统（Intelligent Vehicle Highway System，IVHS）。智能交通系统将先进的信息技术、数据通信技术、传感器技术、电子控制技术以及计算机技术等有效地综合运用于整个交通运输管理体系，从而建立起一种大范围内、全方位发挥作用的，实时、准确、高效的综合运输和管理系统（图 6-6）。

图 6-6　智能交通系统

智能交通系统包括机场、车站客流疏导系统，城市交通智能调度系统，高速公路智能调度系统，运营车辆调度管理系统，机动车自动控制系统等。通过人、车、路的和谐、密切配合提高交通运输效率，缓解交通阻塞，提高路网通过能力，减少交通事故，降低能源消耗，减轻环境污染。

（2）智能交通的发展

1994 年我国部分学者参加了在法国巴黎召开的第一届 ITS 世界大会，为中国 ITS 的开展揭开了序幕。

1996 年交通部公路科学研究所开展了交通部重点项目"智能运输系统发展战略研究"工作，1999 年《智能运输系统发展战略研究》一书正式出版发行。

1999 年由交通部公路科学研究所牵头，全国数百名专家学者参加的"九五"国家科技攻关重点项目"中国智能交通系统体系框架研究"工作全面展开，2001 年课题完成，通过科技部验收，2002 年出版《中国智能交通系统体系框架》一书。

2000 年由科技部主办，全国 ITS 协调指导小组办公室协办的第四届亚太地区智能交通（ITS）年会在北京举行。

2000 年 2 月 29 日，科技部会同国家计委、经贸委、公安部、交通部、铁道部、建设部、信息产业部等部委相关性部门的充分协商和酝酿的基础上，建立了发展中国 ITS 的政府协调领导机构——全国智能交通系统（ITS）协调指导小组及办公室，并成立了 ITS 专家咨询委员会。

2002 年 4 月科技部正式批复"十五"国家科技攻关"智能交通系统关键技术开发和示

范工程"重大项目正式实施，北京、上海、天津、重庆、广州、深圳、中山、济南、青岛、杭州十个城市作为首批智能交通应用示范工程的试点城市。

2002 年 9 月，由中国科技部和交通部共同举办的"第二届北京国际智能交通系统（ITS）技术研讨暨技术与产品展览会"在北京举行。

2003 年 11 月，科技部马颂德副部长第一次率中国政府代表团参加在西班牙马德里举办的第十届 ITS 世界大会，科技部联合交通部、建设部、公安部和北京市政府联合申办"2007 年第十四届 ITS 世界大会"获得成功，标志着中国的智能交通系统建设将在更加开放、竞争与合作并存的环境中加速发展。

2004 年 10 月，科技部第一次大规模组团参加第十一届在日本名古屋举办的第十一届 ITS 世界大会，中国政府展览团在 ITS 大会的首次展览，获得成功。

2007 年 10 月 9—13 日，第十四届智能交通世界大会在北京展览馆举行。大会展示了中国多年来各部门、各地区在 ITS 领域所取得的成就，并加强了中国在 ITS 领域的对外交流。

2012 年 5 月 25 日，由北京交通大学主办，香港交通运输协会协办的 2012 年智能交通系统国际研讨会（International Workshop on Intelligent Transport Systems，2012）在中苑宾馆举行。本次国际会议旨在加强智能交通系统领域专家学者的学术交流，进一步加深我国与其他国家和地区在智能交通系统领域的合作与研究，扩大我国交通科学研究在国际上的影响。

（3）智能交通的优势

①智能交通系统将主要由移动通信、宽带网、RFID、传感器、云计算等新一代信息技术作支撑，更符合人的应用需求，可信任程度提高并变得"无处不在"。

②技术领域特点。智能交通系统综合了交通工程、信息工程、通信技术、控制工程、计算机技术等众多科学领域的成果，需要众多领域的技术人员共同协作。

③政府、企业、科研单位及高等院校共同参与，恰当的角色定位和任务分担是系统有效展开的重要前提条件。

6.3.2　智能交通的重要性

6.3.2.1　满足社会公众对于城市交通的需求

从社会公众层面来看，人们要想做到合理利用出行时间，必须掌握交通路线、交通流量以及实时交通情况，从而制定最合理的交通出行方案。因为当前的网络交通系统可以为民众规划多种出行路线，所以智能交通系统应具有较强的普适性，并且可以满足多种平台需求（图 6-7）。人们在利用物联网技术的智能交通系统时，可以针对不同的出行计划制定不同的出行方案。如人们可以通过物联网及时改签、退票等，这些操作的基础之一就是物联网。

图6-7　商业网点查询

6.3.2.2　企业与经济发展需求

在国民经济和企业发展过程中，发展效率和发展进度受交通运输业的影响，因此需要实时监控相关车辆，以实现车辆的统筹调用，并确保车辆在安全出行的基础上提升运行效率。企业要想实时监管远程车辆，就应对外出车辆安装相应的监控设备，利用卫星传感技术收集、处理车辆数据并传达到监控室，进而实时掌握汽车运行状态，减少交通事故的发生概率，降低因为交通事故造成的经济损失，有效地为企业发展和国民经济运行保驾护航（图6-8）。

EMS　查询电话：11183　　　　　　　　　　　　　　　　淘宝订单查询

5012969739501 🔍

☰ 列表

2014-01-21 14:24:00	●	西宁市邮政南院揽投站:收寄
2014-01-21 14:42:12	●	西宁市邮政南院揽投站:离开处理中心,发往西宁市
2014-01-21 15:55:36	●	西宁市:到达处理中心,来自西宁市邮政南院揽投站
2014-01-21 16:50:05	●	西宁市:离开处理中心,发往苏州市
2014-01-26 02:05:36	⊗	苏州市:离开处理中心,发往张家港市

图6-8　物流查询

6.3.2.3 城市交通管理需求

从城市交通系统的管理角度来看，实现高效的城市交通管理应该从四个方面入手。第一，实时监控城市中的运行车辆，构建智能化交通系统。其主要工作就是识别、收集、处理城市交通系统中的车辆信息。第二，利用运行过程中的智能监控技术，规范城市交通系统中车辆的正常形式。引进物联网技术，可以针对行驶车辆实现精确定位，极大程度上便利了车辆管理工作。第三，利用物联网技术实现智能安全管理。其主要以安全监测为基础，将监测到的数据实时传入监控中心，进而在出现事故时及时制订合理的解决方案，避免因交通事故造成交通拥堵。第四，实现交通系统中的车辆调控。利用物联网技术可以实时调控公共交通系统中的交通车辆，大大地提高城市公共交通系统的运行效率，达到了智能交通的要求（图 6-9）。

图 6-9　交通管制需求

6.3.3　智能交通的应用

在科技发展如火如荼的现在，智慧交通的发展也成为不可缺少的一部分，如今智慧交通的应用主要有以下几方面。

（1）建设高清视频监控系统。完善卡口、电子警察、交通诱导、信号控制、交通信息分析、交通事件检测、移动警务等系统，可协助交通管理人员进行交通指挥调度、遏制交通违法、维护交通秩序，可协助公安人员进行治安防控、刑侦冲突等。

（2）建设车联网系统。互联网公司在无人驾驶领域动作频频，利用自身技术、数据沉淀、资本的优势以及成熟的互联网思维，不断推出车联网产品和解决方案，抢占市场，在智慧交通行业发展中起到重要作用。

（3）建设公交车监管系统。有效解决公交车内治安监控、监视乘客逃票和司乘人员窃取票款行为。当车辆在运营过程中发生车辆刮擦或者碰撞等交通事故时，辅助事后辨别事故责任，摆脱公交车辆运营处于"看不见、听不着"的落后现状。

（4）建设 GPS 监控系统。实现对"两客一危"车辆的档案管理、定位监控、实时调度等多方面综合信息的管理，有效地遏制车辆超速、绕道行驶、应急响应慢等问题，充分实现车辆综合信息的动态管理，进一步提高车辆的动态监控和应急指挥调度能力，提高车辆管理水平和管理效率，为车辆的安全行驶和科学管理提供保障。

（5）建设道路交通流量、交通态势分析系统、交通诱导发布系统。通过交通流量分析和态势分析系统，实时分析当前城市道路拥堵情况，并通过诱导发布系统，发布道路实时状况。民众在了解道路拥堵状况后可以合理地选择出行线路，减轻局部拥堵严重的情况。配合交通诱导发布系统，还可以实时提醒车辆前方路段的异常情况，提前绕行。

（6）建设城市停车诱导管理系统。将路边停车资源和非路边停车资源通过智能化和网络化等技术手段进行有序管理，提高驾驶者的使用方便性，规范收费流程、简化收费员工作。通过路边车位诱导屏或手机 App，向驾车者实时提供停车场位置、剩余车位和诱导路径等信息，引导驾车者停车，减少驾驶员寻找停车场所和车位的时间消耗，降低车辆行驶所引起的尾气排放、道路拥挤、噪声等污染，使停车不再困难（图 6-10）。

图 6-10　智能交通应用

6.3.4　智能交通的相关产品

6.3.4.1　公交 Wi-Fi

公交 Wi-Fi 是一个无线 Wi-Fi 热点覆盖和管理系统，通过一台 Wi-Fi 路由器，为用户带来安全上网、用户资源搜集、精准广告推送、客户营销、多样化媒体应用等一系列的服务。是面向公交这类公共交通工具推出的 Wi-Fi 上网设备，Wi-Fi 终端通过将 3G/4G 信号转换成 Wi-Fi 信号供乘客接入互联网获取信息、娱乐或移动办公的业务模式。

公交 Wi-Fi 热点与普通的 Wi-Fi 热点使用方法相同，只要个人电脑、手持设备（如 Pad、手机）等终端设备支持 Wi-Fi 功能，打开无线网络连接，在车上搜到相应的车载 Wi-Fi 信号并连接 Wi-Fi 网络，就可以开启无线上网体验。现在全国已有十几个城市配备了公交 Wi-Fi，如北京、长沙等地（图 6-11）。

图 6-11　公交 Wi-Fi

6.3.4.2　无人驾驶汽车

无人驾驶汽车是智能汽车的一种，也称为轮式移动机器人，主要依靠车内的以计算机系统为主的智能驾驶仪来实现无人驾驶的目的。

从 20 世纪 70 年代开始，美国、英国、德国等发达国家开始进行无人驾驶汽车的研究，在可行性和实用化方面都取得了突破性的进展。中国从 80 年代开始进行无人驾驶汽车的研究，国防科技大学在 1992 年成功研制出中国第一辆真正意义上的无人驾驶汽车。

2005 年，首辆城市无人驾驶汽车在上海交通大学研制成功。安全稳定和自动泊车是无人驾驶汽车中重要的特点，也是不断研发无人驾驶汽车的初衷（图 6-12）。

图 6-12　无人驾驶

6.3.4.3　掌上公交

　　智慧公交是将智能机、公交车与移动互联理念相融合的全新产品，将公交服务拓展到用户的手机。用户可以通过自己的手机，随时随地查询各公交车辆的实时位置、上下行方向等信息，方便用户适时安排自己的乘车计划，不用在公交站耗时间，也不用为赶不上最近的一班车而懊恼，或者因此耽误行程，从而大大提高出行效率，充分享受城市信息化带来的智慧化城市生活。

　　掌上公交是一款手机公交查询软件，支持路线查询、站点查询、站到站查询。它可查询全国 300 多个地级市的公交路线，所有支持 java 的手机均可使用。该软件使用完全免费，但查询过程需要流量。

　　在掌上公交上可以按路线查询，也可以按站点查询。同时，也可以查询公交车车牌，也可以进行手机地图实时导航，方便快捷，是人们出行的不二选择（图 6-13）。

图 6-13　掌上公交

6.3.4.4　车辆远程诊断

　　汽车远程故障诊断系统是指汽车在启动时，获知汽车的故障信息，并把故障码上传至数据处理中心。系统在不打扰车主的情况下复检故障信息。在确定故障后，并实施远程自动消除故障，无法消除的故障以短信方式发送给车主，使车主提前获知车辆存在的故障信息，防患于未然。

　　同时 4S 店的应用平台也会及时显示车辆的故障信息，及时联系客户安排时间维修车辆。2012 年由上海艾闵信息科技有限公司推出众浩汽车远程故障诊断系统，开启了车联网的基本定义。

　　汽车远程故障诊断系统常常包括在线检测、远程诊断、专家会诊、信息检索服务和远程学习等主要部分。首先，用户使用包括 EMIT（Embedded Micro Internetworking Technology，嵌入式微型因特网互联技术）的检测设备进行数据采集，获取汽车故障信息和征兆，然后将该检测设备接入互联网，通过 Internet 与远程故障诊断中心实现双向交互，最终得到诊断结果和维修向导（图 6-14）。

图 6-14　车辆远程诊断

6.3.5　智能交通的现状及问题

（1）设备问题

随着系统规模扩大，前端设备点位增加，设备故障点也呈几何级数增长，管理人员仅忙于应付设备故障，无暇其他方面。目前一线、二线城市基本都实现了电警设备在重点路口、路段的全覆盖，建设规模均有上千台摄像机及相应的控制设备，由于各厂商产品质量良莠不齐，前端设备实际完好率不高，给业主造成了大量的投资浪费。

（2）系统可靠性与稳定性

智能交通系统复杂度和整合程度越来越高，而系统的健壮性却没有同步提高，往往有牵一发而动全身的问题出现。

（3）数据源的质量

智能交通应用需要高质量的数据源，而目前设备长时间运行的性能得不到保证，数据质量不高限制了智能交通业务高水平的扩展应用。现代化的交通诱导和交通信号控制需要实时准确的交通流量数据以供交通状态判断以及短时交通预测使用。由于目前系统健壮性不足，难以自行判断数据质量，从而使得交通诱导和信号控制系统不能发挥预期效用，从而影响了整体智能交通系统的投资价值。

（4）信息安全问题

由于智能交通兼具交通工具带来的移动特性和通信传输所使用的无线通信两方面的特点，它也就集成了无线网和移动网两大类型网络的安全问题。然而，当前针对智能交通的研究还只是偏重于其功能的实现，忽略了其信息安全问题。实际上，在信息的收集、信息的传输、信息的处理各个环节，智能交通都存在严重的信息泄露、伪造、网络攻击、容忍性等安全问题，亟须得到人们的关注和重视。

6.4　智能家居

6.4.1　什么是智能家居

（1）智能家居的定义

智能家居（smart home，home automation）是以住宅为平台，利用综合布线技术、网络通信技术、安全防范技术、自动控制技术、音视频技术将家居生活有关的设施集成，构建高效的住宅设施与家庭日程事务的管理系统，提升家居安全性、便利性、舒适性、艺术性，并实现环保节能的居住环境（图 6-15）。

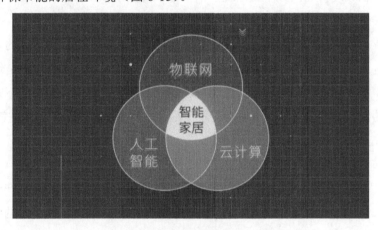

图 6-15　智能家居

（2）智能家居的起源与发展

智能家居的概念起源很早，但一直未有具体的建筑案例出现，直到 1984 年美国联合科技公司将建筑设备信息化、整合化概念应用于美国康涅狄格州（Connecticut）哈特佛市（Hartford）的 CityPlaceBuilding 时，才出现了首栋"智能型建筑"，从此揭开了全世界争相建造智能家居派的序幕。

智能家居作为一个新生产业，处于一个导入期与成长期的临界点，市场消费观念还未形成，但随着智能家居市场推广普及的进一步落实，培育起消费者的使用习惯，智能家居市场的消费潜力必然是巨大的，产业前景光明。智能家居在中国的发展经历四个阶段，分别是萌芽期、开创期、徘徊期、融合演变期。

①萌芽期（1994—1999 年）

这是智能家居第一个发展阶段，整个行业还处在一个概念熟悉、产品认知的阶段，这时没有出现专业的智能家居生产厂商，只有深圳有一两家从事美国 X-10 智能家居代理销售的公司从事进口零售业务，产品多销售给居住在国内的欧美用户。

②开创期（2000—2005 年）

我国先后成立了 50 多家智能家居研发生产企业，主要集中在深圳、上海、天津、北京、杭州、厦门等地。智能家居的市场营销、技术培训体系逐渐完善起来，其间，国外智能家居产品基本没有进入国内市场。

③徘徊期（2006—2010 年）

2005 年以后，由于上一阶段智能家居企业的野蛮成长和恶性竞争，给智能家居行业带来了极大的负面影响：包括过分夸大智能家居的功能而实际上无法达到这个效果、厂商只顾发展代理商却忽略了对代理商的培训和扶持导致代理商经营困难、产品不稳定导致用户高投诉率。行业用户、媒体开始质疑智能家居的实际效果，由原来的鼓吹变得谨慎，市场销售也出现增长减缓甚至部分区域出现了销售额下降的现象。2005—2007 年，有 20 多家智能家居生产企业退出了这一市场，各地代理商结业转行的也不在少数。许多坚持下来的智能家居企业，在这几年也经历了缩减规模的痛苦。正在这一时期，国外的智能家居品牌却暗中布局进入了中国市场，而活跃在市场上的国外主要智能家居品牌都是这一时期进入中国市场的，如罗格朗、霍尼韦尔、施耐德、Control4 等。国内部分存活下来的企业也逐渐找到自己的发展方向，例如天津瑞朗、青岛爱尔豪斯、海尔、科道等做了空调远程控制，成为工业智控的厂家。

④融合演变期（2011—2020 年）

2011 年以来，市场明显看到了增长的势头，而且大的行业背景是房地产受到调控。智能家居的增长说明智能家居行业进入了一个拐点，由徘徊期进入了新一轮的融合演变期。接下来的 3～5 年，智能家居一方面进入一个相对快速的发展阶段，另一方面协议与技术标准开始主动互通和融合，行业并购现象开始出来甚至成为主流。

接下来的 5～10 年，将是智能家居行业发展极为快速，但也是最不可捉摸的时期，由于住宅家庭成为各行业争夺的焦点市场，智能家居作为一个承接平台成为各方力量首先争夺的目标。但不管如何发展，这个阶段国内会诞生多家年销售额上百亿元的智能家居企业。

⑤爆发期（2020 年以后）

各大厂商已开始密集布局智能家居，尽管从产业来看，还没有特别成功、能代表整个行业的案例显现，这预示着行业发展仍处于探索阶段，但越来越多的厂商开始介入和参与已使得外界意识到，智能家居未来已不可逆转，智能家居企业如何发展自身优势和其他领域的资源整合，成为企业乃至行业的"站稳"要素。

（3）智能家居的特点

智能家居网络随着集成技术、通信技术、互操作能力和布线标准的实现而不断改进。它涉及对家庭网络内所有的智能家具、设备和系统的操作、管理以及集成技术的应用。其技术特点表现如下述。

①通过家庭网关及其系统软件建立智能家居平台系统

家庭网关是智能家居局域网的核心部分，主要完成家庭内部网络各种不同通信协议之间的转换和信息共享，以及与外部通信网络之间的数据交换功能，同时网关还负责家庭智能设备的管理和控制。

②统一的平台

用计算机技术、微电子技术、通信技术，家庭智能终端将家庭智能化的所有功能集成起来，使智能家居建立在一个统一的平台之上。首先，实现家庭内部网络与外部网络之间的数据交互；其次，还要保证能够识别通过网络传输的指令是合法的指令，而不是"黑客"的非法入侵。因此，家庭智能终端既是家庭信息的交通枢纽，又是信息化家庭的"保护神"。

③通过外部扩展模块实现与家电的互联

为实现家用电器的集中控制和远程控制功能，家庭智能网关通过有线或无线的方式，按照特定的通信协议，借助外部扩展模块控制家电或照明设备。

④嵌入式系统的应用

以往的家庭智能终端绝大多数是由单片机控制的。随着新功能的增加和性能的提升，将处理能力大大增强的具有网络功能的嵌入式操作系统和单片机的控制软件程序做了相应的调整，使之有机地结合成完整的嵌入式系统。

6.4.2　智能家居的功能

（1）遥控控制

可以使用遥控器来控制家中灯光、热水器、电动窗帘、饮水机、空调等设备的开启和关闭（图6-16）。

图6-16　遥控控制

（2）电话控制

主人不在家时，可以通过手机或固定电话来自动给花草浇水、宠物喂食等。控制卧室的柜橱对衣物、鞋子、被褥等进行杀菌、晾晒等。

（3）定时控制

可以提前设定某些产品的自动开启关闭时间，如电热水器每天 20:30 自动开启加热，23:30 自动断电关闭，保证您在享受热水洗浴的同时，也带来省电、舒适和时尚的感受。当然电动窗帘的自动开启关闭时间更不在话下。

（4）集中控制

可以在进门的玄关处就同时打开客厅、餐厅和厨房的灯光、厨宝等电器，尤其是在夜晚可以在卧室控制客厅和卫生间的灯光电器，既方便又安全，还可以查询它们的工作状态。

（5）场景控制

轻轻触动一个按键，数种灯光、电器在使用者的"意念"中自动执行，感受和领略科技时尚生活的完美和简捷、高效。

（6）网络控制

在出差的外地，只要是有网络的地方，都可以通过网络登录到家中，在网络世界中通过一个固定的智能家居控制界面来控制家中的电器，提供一个免费动态域名。主要用于远程网络控制和电器工作状态信息查询。例如，出差在外地，利用外地网络计算机，登录相关的 IP 地址，就可以控制远在千里之外自家的灯光、电器，在返回住宅上飞机之前，将家中的空调或是热水器打开等。

（7）监控功能

视频监控功能在任何时间、任何地点直接透过局域网络或宽带网络，使用浏览器（如IE），进行远程影像监控、语音通话。另外还支持远程 PC 机、本地 SD 卡存储，移动侦测邮件传输、FTP 传输，对于家庭用远程影音摄像与拍照更可达成专业的安全防护与乐趣。

（8）报警功能

当有警情发生时，能自动拨打电话，并联动相关电器做报警处理。

（9）共享功能

家庭影音控制系统包括家庭影视交换中心（视频共享）和背景音乐系统（音频共享），是家庭娱乐的多媒体平台。它运用先进的微电脑技术、无线遥控技术和红外遥控技术，在程序指令的精确控制下，能够根据用户的需要，把机顶盒、卫星接收机、DVD、电脑、影音服务器、高清播放器等多路信号源，发送到每一个房间的电视机、音响等终端设备上，实现一机共享客厅的多种视听设备。家庭就是一个独特设计的 AV 影视交换中心。

（10）音乐系统

简单地说，就是在任何一间房子里，包括客厅、卧室、厨房或卫生间，均可布上背景音乐线，通过 1 个或多个音源，（CD/TV/FM/MP3 音源）可以让每个房间都能听到美妙的背景音乐。配合 AV 影视交换产品，可以用最低的成本，不仅实现了每个房间音频和视频信号的共享，而且各房间可以独立的遥控选择背景音乐信号源，可以远程开机、关机、换台、快进、快退等，是音视频、背景音乐共享和远程控制的最佳的性价比设计方案。

（11）布线系统

布线系统是通过一个总管理箱将电话线、有线电视线、宽带网络线、音响线等被称为弱电的各种线统一规划在一个有序的状态下，以统一管理居室内的电话、传真、电脑、电视、影碟机、安防监控设备和其他的网络信息家电，使之功能更强大、使用更方便、维护更容易、更易扩展新用途，实现电话分机、局域网组建、有线电视共享等。

（12）指纹锁

世界顶尖生物识别，指纹技术与密码技术的完美结合，三项独立开门方式：指纹、密码和机械钥匙，安全方便。

（13）空气调节

这种设备既不用整天去开窗（有的卫生间是密闭的），又可以定时更换经过过滤的新鲜空气（外面的空气经过过滤进来，同时将屋内的浊气排出）。

（14）智能安防

智能安防具有室内防盗、防劫、防火、防燃气泄漏以及紧急救助等功能，全面集成语音电话远程控制、定时控制、场景控制、无线转发等智能灯光和家电控制功能；无须重新布线，即插即用，轻松实现家庭智能安防；预设防盗报警电话；质量可靠，性能稳定，无须再担心家的安全、财产的安全、生命的安全（图 6-17）。

图 6-17 智能安防

6.4.3　国外智能家居的案例

近年来，随着物联网、云计算的发展，智能家居也随之飞速发展，各个国家也有自己特色的智能家居，以下举例说明。

澳大利亚房屋：百分百自动化。澳大利亚智能家居的特点是让房屋做到百分之百的自动化，而且不会看到任何手动的开关。如一个用于推门的按钮，在内部装上一个模拟手指来自动激活；泳池与浴室的供水系统相通，自动加水或者排水。同时安全问题也是考验智能家居的标准之一，澳大利亚智能家居保安系统里的传感器数量更多，所以即使飞过一只小虫，系统都可以探测出来。

韩国智能家居：随时随地享受服务。韩国电信用 4A 描述他们的数字化家庭系统（HDS）的特征，即 AnyDevice，AnyService，AnyWhere，AnyTime，以此表示这套系统能让主人在任何时间、任何地点操作家里的任何用具、获得任何服务。如客厅里，录像设备可以按照要求将电视节目录制到硬盘上，电视机、个人电脑、PAD 都会有电视节目指南，预先录制好的节目可在电视、个人电脑和 PAD 上随时播放欣赏；厨房里，始终处于开启状态并联网的电冰箱成了其他智能家电的控制中心，冰箱可以提供美味食谱，也可上网、看电视；卧室内设有家庭保健检查系统，可以监控病人的脉搏、体温、呼吸频率和各种症状，以便医生提供及时的保健服务，通过与卧室的电视机相连，病人则可以向医生"面对面"咨询（图 6-18）。

图 6-18　智能家居场景

西班牙数字家居：充满艺术气息。西班牙是一个艺术氛围浓厚的国家，住宅楼的外观大多是典型的欧洲传统风格。但当你走进它的时候，才会发现智能化家居的设计的确与众不同。室内自然光充足的时候，带有感应功能的日光灯会自动熄灭，减少能源消耗；安放在屋顶上的天气感应器能够随时得到气候、温度的数据，在下雨的时候它会自动关闭草地洒水喷头、关闭水池；而当太阳光很强的时候，它会自动张开房间和院子里的遮阳篷。地板上不均匀分布着的黑孔是自动除尘器，只需要轻松遥控，它们就会在瞬间清除地板上的所有灰尘、垃圾……这一切都充满了柔和的艺术气息。

6.4.4 相关智能家居的设计原则

衡量一个智能家居系统的成功与否，并非仅仅取决于智能化系统的多少、系统的先进性或集成度，而是取决于系统的设计和配置是否经济合理并且系统能否成功运行，系统的使用、管理和维护是否方便，系统或产品的技术是否成熟适用。换句话说，就是如何以最少的投入、最简便的实现途径来换取最大的功效，实现便捷高质量的生活。为了实现上述目标，智能家居系统设计时要遵循以下原则。

（1）实用便利

智能家居最基本的目标是为人们提供一个舒适、安全、方便和高效的生活环境。对智能家居产品来说，最重要的是以实用为核心，摒弃掉那些华而不实，只能充作摆设的功能，产品以实用性、易用性和人性化为主。

在设计智能家居系统时，应根据用户对智能家居功能的需求，整合以下最实用、最基本的家居控制功能：包括智能家电控制、智能灯光控制、电动窗帘控制、防盗报警、门禁对讲、煤气泄漏等，同时还可以拓展诸如三表抄送、视频点播等服务增值功能。对很多个性化智能家居的控制方式很丰富多样，如本地控制、遥控控制、集中控制、手机远程控制、感应控制、网络控制、定时控制等，其本意是让人们摆脱烦琐的事务，提高效率，如果操作过程和程序设置过于烦琐，容易让用户产生排斥心理。所以，在对智能家居的设计时一定要充分考虑到用户体验，注重操作的便利化和直观性，最好能采用图形图像化的控制界面，让操作所见即所得。

（2）标准性

智能家居系统方案的设计应依照国家和地区的有关标准进行，确保系统的扩充性和扩展性，在系统传输上采用标准的 TCP/IP 协议网络技术，保证不同厂商之间的系统可以兼容与互联。系统的前端设备是多功能的、开放的、可以扩展的设备。如系统主机、终端与模块采用标准化接口设计，为家居智能系统外部厂商提供集成的平台，而且其功能可以扩展，当需要增加功能时，不必再开挖管网，简单可靠、方便节约。设计选用的系统和产品能够使本系统与未来不断发展的第三方受控设备进行互联互通。

（3）方便性

家庭智能化有一个显著的特点，就是安装、调试与维护的工作量非常大，需要大量的人力、物力投入，成为制约行业发展的瓶颈。针对这个问题，系统在设计时，就应考虑安装与维护的方便性，比如系统可以通过网络远程调试与维护。通过网络，不仅使住户能够实现家庭智能化系统的控制功能，还允许工程人员在远程检查系统的工作状况，对系统出现的故障进行诊断。这样，系统设置与版本更新可以在异地进行，从而大大方便了系统的应用与维护，提高了响应速度，降低了维护成本。

（4）轻巧型

"轻巧"型智能家居产品顾名思义是一种轻量级的智能家居系统。"简单""实用""灵巧"是它最主要的特点，也是其与传统智能家居系统最大的区别。所以我们一般把无须施工部署，功能可自由搭配组合且价格相对便宜可直接面对最终消费者销售的智能家居产品称为"轻巧"型智能家居产品。

6.4.5 智能家居的产业发展

智能家居产业规模迅速壮大，但渗透率仍然较低。Statista 数据显示，美国 2016 年智能家居市场规模已达 97 亿美元，引领全球智能家居市场发展。中国智能家居市场规模由 2015 年的 403.4 亿元迅速增长至 2018 年的 1 300 亿元（预计），未来一段时间年均复合增长率高达 48%。我国智能家居产业规模迅速增长的同时，市场渗透率却仍不足 5%，远远落后于美国（25%）与英国（18%）。我国智能家居产业仍有巨大发展空间。

智能家居产业生态日趋丰富，但尚未形成发展合力。目前，随着地产商、互联网巨头、ICT 企业、创新创业团队纷纷入局，智能家居产业形成了由元器件供应商、软件与技术服务商、智能家居厂商、系统平台/云服务提供商、营销及渠道商构成的产业生态。各类企业依托自身软件技术、硬件产品、营销渠道等方面的优势开展业务布局，打造智能家居生态圈，以谋求掌握行业话语权。与此同时，互联网科技公司、传统家电企业、地产商之间的跨界合作不断涌现，但商业模式尚未成熟。

智能家居不乏爆款单品，但体系化产品凤毛麟角。自 2014 年亚马逊推出搭载智能语音助手 Alexa 的智能音箱以来，以智能音箱为代表的智能家居单品迅速渗透至美国家庭。2017 年谷歌公司秋季发布会上推出了围绕谷歌助手的一系列智能家居硬件产品，在智能家居体系化进程中迈出了坚实步伐。反观国内，智能插座、智能门锁、智能音箱、智能摄像头、智能扫地机器人等智能单品也取得了不俗的销量，但受智能硬件交互标准不统一等因素制约，这些智能家居单品难以连接成相互协作的统一整体，无法面向用户提供完整的沉浸式智能家居体验。

总体来看，当前智能家居产业正蓬勃发展，但标准不统一、阵营林立、各自为政的现象制约了产业的健康发展。产业标准化、提升智能家居产品核心竞争力、增强用户黏性是当前智能家居行业首先要解决的问题。

6.5　智慧旅游

6.5.1　什么是智慧旅游

（1）智慧旅游的定义

智慧旅游是一种旅游形态，它利用云计算、互联网等新技术，高度系统化整合旅游物理资源和信息资源，使旅游管理者和游客能够借助便携的终端上网设备，主动感知旅游相关信息，实现旅游体验、行程规划、网上结算、行业监管和安全保障等多功能的一种全新旅游形态。智慧旅游的四大应用对象为：旅游者、旅游企业、以政府为代表的旅游公共管理与服务部门以及当地居民。通过智慧旅游，旅游者可以获取全程信息服务，提高旅游体验程度，实现信息查询、线路设计、预订、导览、优惠券获取、紧急救援、投保理赔等价值；旅游企业可以获取旅游电子商务及营销、满意度调查、游客行为追踪、数据统计等价值；政府可以获取旅游市场监管、旅游信息与其他公共服务信息共享与协同运作、旅游目的地营销等价值，实现指挥决策、实时反应、协调运作，可以更合理地利用资源，做出最优的城市发展和管理决策，及时预测和应对突发事件和灾害，形成产业发展与社会管理的新模式；当地居民可以享受交通、设施、休闲等多种系统信息共享的价值。

（2）智慧旅游的起源及发展

随着智慧城市的兴起，南京、成都、杭州、上海、深圳等城市也相继启动了智慧城市建设，在此基础上"智慧旅游"应运而生。

2006 年，美国在宾夕法尼亚州一个叫 Pocono 山脉的度假区首次引入射频识别（RFID）手腕带系统进行了智慧旅游的尝试，其结果显示：佩戴 RFID 手腕带的游客可不必携带人们日常旅游时必须携带的必需品（如现金、钥匙等）就可顺利而方便地进出房门、购买旅游商品、参与各种游戏或活动等。此外，RFID 手腕带还可作为游客在景区的身份证明等。

欧洲在开发与应用远程信息技术过程中，首先建立了能贯通全欧洲的无线数据通信网，并利用智慧交通网络来达到导航、电子收费和交通管理等功能，其中主要包括不停车收费系统（ETC）、车辆控制系统（AVCS）、旅行信息系统（ATIS）和商业车辆运行系统（ACVO）等。

韩国首都（首尔）在智能手机平台的基础上，开发了类似于"I Tour Seoul"之类的应用软件（系统），是专门为来访的游客提供的移动旅游信息掌上服务平台，以便于游客随时获取所需的相关旅游信息，如用餐、住宿、景点等；同时也包括语言服务、道路和交通工具的选择等。

江苏省镇江市 2010 年率先在全国提出了"智慧旅游"的概念，并立即实施了"智慧旅游"建设项目，即开辟了网络"感知镇江、智慧旅游"的时空栏目，让游客耳目一新。

在 2010 年召开的第六届海峡两岸旅游博览会上，福建省旅游局提出了"智能旅游"概念，并率先在网上建立了相应的"管理系统"，从而在国内抢到了"智能旅游"优先发展的先机。之后福建省启动了相应的工程建设（主要为"三个一"工程："一线"是指海峡旅游呼叫中心，包括公益服务和商务服务热线；"一卡"是指海峡旅游卡，包括银行卡、储值卡、"飞信卡"及其目的地专项卡等；"一网"是指海峡旅游网上超市），并在当年就面向省内外游客发行海峡旅游银行卡。2011 年春，在南京市"智慧旅游"建设启动会上，南京市旅游园林局针对体量庞大的旅游产品和激烈竞争的旅游市场，提出应该并能够依靠现代科技，采取低成本、高效率、智能化的旅游服务模式，为广大的旅游企业搭建营销平台，展示现实或潜在的客源市场。从 2012 年开始，南京市政府及相关部门加快了"智慧旅游"平台建设的步伐，并展示了建成后的愿景：当携带智能手机的旅游者来到南京后，就会收到一条温馨的欢迎短信，之后游客可根据需要，下载"助手"平台，然后针对平台中的九大板块（餐饮、酒店、线路、交通、导航、景区、购物、休闲和资讯），结合各自的要求、爱好、安排等，实现智慧服务。2012 年年底，南京市玄武区已经率先在本区的主要景点内利用手机终端实现了"智慧旅游"服务。

2015 年 4 月 4 日，黄山市强化"智慧旅游"营销方案。解点经纬度实地勘测，真正做到移步换景，人到声起，让您深入了解景点的人文历史、传说故事。

更实现了 Google 离线地图，你可以用 Wi-Fi 先下载好景点数据，然后只需要打开 GPS，不需要任何数据流量就可以自助语音导游了，零流量更省电。还有经典餐饮、娱乐、购物场所推荐。

（3）智慧旅游带来的发展机会

随着旅游信息化程度的加深和智慧城市的不断建设，智慧旅游逐渐成为我国旅游研究中的热点问题。

智慧旅游发展的基本点是对旅游业发展形势的清醒认识，着眼点是形成可持续发展和更加依靠旅游信息资源发展的坚实基础、内生动力和新机制，着力点是加快基础建设，推动旅游信息服务体系协调发展，建立旅游信息应用服务标准规范。

作为旅游信息化的延伸与发展，智慧旅游是以提升旅游服务水平为中心，以物联网、云计算、下一代通信网络、高性能信息处理、智能数据挖掘等技术为支撑的智能旅游信息化。

智慧旅游将新技术应用于旅游体验、产业发展、行政管理等诸多方面，使游客、企业、机构与自然、社会相互感知，在感知中产生智慧的服务，提升游客在旅游活动中的主动性、互动性，为游客带来超出预期的旅游体验，为旅游管理部门提供高效、便捷的服务，为旅游企业创造更大的价值。智慧旅游的核心是游客为本、网络支撑、感知互动和高效服务。

①智慧旅游已经成为旅游业发展的必然选择

《国务院关于加快发展旅游业的意见》提出"到 2015 年，旅游业总收入年均增长 12%

以上，旅游业增加值占全国 GDP 的比重提高到 4.5%，力争到 2020 年我国旅游产业规模、质量、效益基本达到世界旅游强国水平。"从旅游业的目的地品牌效应、旅游资源整合能力、旅游行业管理水平、旅游相关产业发展的目前水平来看，还有较大的提升空间，"智慧旅游"的建设将是完成这些提升的关键手段之一。

2011 年全国旅游工作会议明确"要抓住三网融合快速推进、移动互联网快速发展等机遇，推动旅游业广泛运用现代信息技术，以信息化带动旅游业向现代服务业转变。要大力发展旅游电子商务，鼓励和支持旅游部门和旅游企业开展网络营销、网上预订、网上支付，发展在线旅游业务，鼓励各类旅游信息化发展模式创新。选择一批有条件的旅游城市，开展'智慧旅游城市'试点，大力推进宾馆饭店、景区景点和各类旅游接待单位信息化建设。" 2011 年 5 月，国家旅游局正式函复江苏省人民政府，同意江苏在镇江建设"国家智慧旅游服务中心"。"推进中国智慧旅游发展"整体战略迎来了重要机遇期和关键期。

智慧旅游作为新事物，对整个旅游产业有着重要的意义。第一，对旅游者而言，智慧旅游可以让游客不出家门，全面了解目的地旅游信息，预订产品并支付，旅游行程中也可以动态地了解所需信息并发出救援及接受帮助信息；游程结束后亦可进行有效的信息反馈。第二，对旅游企业而言，智慧旅游的系统是充分展示企业形象和提供产品的平台，并将节约企业的运营成本。第三，对旅游管理部门而言，通过目标定位、数据统计、安全和反馈等系统，全面了解游客需求、旅游目的地动态、投诉建议等内容，帮助实现科学决策和管理。总之，智慧旅游体系的建成，将改变游客的行为模式、企业的经营模式和行政部门的管理模式，从而逐渐改变整个产业的运营模式，是旅游业强化现代服务业特征，提高现代服务业水平的重要途径，将引领旅游进入智慧时代。

②"十二五"是推动智慧旅游建设的重要机遇期

智慧旅游发展的基本点是对旅游业发展形势的清醒认识，着眼点是形成可持续发展和更加依靠旅游信息资源发展的坚实基础、内生动力和新机制，着力点是加快基础建设，推动旅游信息服务体系协调发展，建立旅游信息应用服务标准规范，这样智慧旅游才能把旅游业培育成现代支柱产业而做出贡献。旅游进入智慧时代，将随着"十二五"时期旅游产业的发展逐步呈现。

一是推动智慧旅游建设的工作空间正在进一步扩大。

首先，信息技术对旅游业的影响已不再局限于旅游电子商务等内容，其范围将持续扩大并延伸到整个旅游产业链。尤其是新兴技术的普遍成熟，将彻底改变原先"录入—查询"的信息生产消费模式，造就更广泛、更智能的、人与社会互相感知的旅游信息服务环境。其次，智慧旅游从一个新的概念转变成了可感可触的新体验。江苏省把"智慧旅游"作为旅游业打造成现代服务业的重要切入点和突破口，2011 年以来，特别是"国家智慧旅游服务中心"成立以来，智慧旅游的建设开始试点探索并在江苏全面推进和深入发展。最后，在基于物联网技术的智慧旅游城市建设中，突出在旅游休闲者关注的"食、住、行、游、娱、购"六个方面进行全方位技术创新。如国内大多智慧城市的建设过程中，加大了对智慧旅游的投入，建设数字化平台、数字化导游、景区智能监控、车辆追踪方案、停车场管理方案、交通一卡通、酒店、餐饮一卡通系统等，新技术与智慧旅游融合发展的新模式在进一步发展形成。

旅游业从信息化、数字化再到智能化，经历了长期的发展过程。建设智慧旅游，需要社会各界树立不断发展的正确观念。智慧旅游不是一个阶段可以完成的，而是政府、企业和社会各界持续性的长期努力，是随着科学技术的发展、人类社会的发展以及人民生活水平的发展而发展的。

二是"十一五"期间的成果形成"十二五"期间智慧旅游发展的基础及条件。

智慧旅游在我国是一项全新的工作，江苏省镇江"国家智慧旅游服务中心"的建设是"推进中国智慧旅游发展"整体战略的一个重要组成部分。首先，"十一五"期间江苏省是全国名列前茅的旅游大省、科技大省，发展智慧旅游有科技的支撑。江苏省 2011 年科技进步贡献率达 54%。南京是首个"中国软件名城"和首批全国科技创新试点城市；无锡是中国传感信息中心和全国首批云计算产业试点城市，这些都是强大的技术支撑。其次，"十一五"期间江苏省旅游网络体系已经形成。有多语种旅游网站集群及手机网站，导游、统计等业务平台及 12301 旅游服务热线和旅游咨询中心网点。最后，"十一五"期间江苏省旅游网络经济发展迅速。江苏省 5 000 多家旅游企业中，自主建设网站或在国内著名网站开设网页的占 42%。

"十一五"期间，"智慧广东"开工建设；北京智慧旅游项目已经形成基本雏形，这些关系到旅游行业全局、极具促进意义的发展战略，对"十二五"期间智慧旅游的发展具有非常重要的作用。

三是随着新技术影响的进一步深化，企业对智慧旅游的关注进一步提升。

以"国家智慧旅游服务中心"为例，作为国家级、服务全国范围的智慧旅游产业的平台和窗口，它负责整个智慧旅游项目的管理、运营和服务。镇江"智慧旅游"的核心，概括起来就是"三个一、三个化"，即构建一个国家智慧旅游服务中心、一个中国智慧旅游云计算平台、一个中国智慧旅游感知网络体系，实现旅游管理数字化、服务智能化、体验个性化。2011 年 5 月镇江市在上海举行相关招商活动，活动吸引了 IBM（中国）有限公司、中国惠普、甲骨文（中国）软件系统有限公司、携程等 IT 域精英和重点旅游客商。以"智慧旅游"为主题的产业招商，这在全国尚属首次。招商会向全国发布了镇江确定的"智慧旅游"的目标定位、产业规划等信息。企业在招商见面会上表达了到镇江投资的意愿。中国惠普、中国电信就智慧旅游和镇江市政府签订了战略合作协议。镇江"智慧旅游"产业谷主要以镇江科技城为主载体，未来五年的营业收入将突破 1 000 亿元。目前，科技城集聚了物联网、新兴信息技术等产业类相关企业 100 多家，正在搭建总投资 1.5 亿元、建筑面积 1 万多 m^2 的中国智慧旅游云计算平台，可以为全国智慧旅游提供服务。

鼓励企业开展相关技术的研发，促进企业智能化创新；鼓励企业正确推进智能旅游的发展，将智能化元素应用于旅游业务中；鼓励企业运用行政管理部门的重要旅游政策作为工作突破口和抓手，开辟发展空间，这些将充分调动企业的积极性，发挥企业在智慧旅游建设过程中的技术、资金、人才等优势。

四是"国家智慧旅游服务中心"的示范和引领作用将进一步显现。

根据"国家智慧旅游服务中心"的发展规划，智慧旅游将包括五个示范工程：智慧旅游示范城市、IT 上市企业、数字景区示范工程、智慧酒店示范工程和智慧旅游购物示范点。

镇江"国家智慧旅游服务中心"建设批复后，南京、苏州、常州、无锡、镇江、扬州和南通 7 市建立了"智慧旅游联盟"，并联合其他各兄弟城市从城市智慧旅游逐步向城市群、区域性智慧旅游发展，形成点、线、面、网的连接和结合。南京市智慧旅游规划通过评审并开始实施《"智慧旅游"总体设计方案》；无锡市按照中央关于建设旅游与现代服务城要求，发挥物联网和互联网"两网"优势，提出"感知中国中心"理念，并制订了智慧旅游示范方案；作为全国智慧城市试点城市的扬州，《"智慧扬州"行动计划》已经完成初稿，智慧旅游总体规划正在抓紧编制。

2011 年，全国各地建设智慧旅游的热情高涨，7 月，湖南省将着力创建"智慧旅游城市"和"智慧旅游景区"。8 月，中国智慧城市（镇）发展指数新闻发布会在京举行，提出发展智慧城市，是"十二五"提高城镇化质量、推进城市生产、生活和管理方式创新的重要举措。9 月，牡丹江市工信委组织有关专家编写了《基于物联网技术的"智慧旅游城市"创意方案》。

6.5.2 智慧旅游发展现状

（1）信息技术与智慧旅游关联性

技术是智慧旅游功能实现的基础，技术与旅游的发展因此较早地进入研究者的视野。技术进步和旅游协作相伴多年。信息通信技术亦改变全球旅游，既减少不确定性和感知的风险，又提高了旅行质量。

信息和通信技术的发展，改变了旅游业常规战略以及产业结构。旅游信息化的新途径，以满足不断变化的消费行为，并达到新的细分市场，利用不同策略创造价值，从而提升旅游整体价值链。技术作为旅游机构、目的地以及行业竞争力之一，越来越多的发挥关键作用，搜索引擎、承载能力和网速的发展影响了世界各地使用的技术规划与体验旅行的旅客量。旅游组织的效率和效益，企业行为，以及消费者与组织的互动等发生了根本性变化，彻底改变了旅游组织的有效性。利玛窦强调整个旅游价值链日益增加的"信息化"，技术已成为在旅游业生成战略的基本要素，导致旅游行为和需求以及旅游业的功能和结构的根本性转变。技术和旅游业之间的强相互作用，为旅游企业在市场营销规划和目标、广告等方面带来了根本变化，创造了新的机会。刘俊梅等讨论了智慧旅游对旅游产业结构升级的影响。这些研究成果为智慧旅游的诞生提供了可能和基础。近年来，国内学者也提出感知体系构建、云解决方案。更有学者先后从大数据技术、北斗、云计算、物联网等不同的技术层面分析智慧旅游，为智慧旅游发展提供技术支撑。

从文献分析发现，科技尤其是信息技术的进步极大地改变了旅游行为和需求，也导致了旅游业的功能和结构的根本性转变，为旅游业发展带来新的契机。但我们也要注意到，信息技术对旅游业发展绝不是单向的，两者是相互促进、相互制约的关系。因此，信息技术服务于智慧旅游，要始终围绕促进旅游业的可持续发展和旅游者满意度的提升这一终极目的进行。

（2）智慧旅游系统开发

国外从 20 世纪初就开始智慧旅游系统相关研究，系统涉及旅游业全方位的改进。一是针对游客信息搜集和传递方面的改进，贝尔兹等分析 CRUMPET 系统，跨越固定和移动网络，快速创建稳定、可扩展、无缝访问旅游服务代理技术，评价用户需要什么样的有效信息服务。帕特雷提出旅游迈向智能无线网络服务和旅游移动通信。图里尼·利玛窦通过完全自主的旅游顾问或管理者，有能力从他们的用户收到的反馈意见建议的基础上，确定并评估用户的偏好和需求。马哈茂德和利玛窦认为，推荐系统不仅需要能够与用户交互对话，也要适应会话策略。旅游产品和服务相关信息传递相对充分，但反馈信息提供的研究仍然很少，缺乏对游客真实需求信息的掌握。二是针对旅游经营者和导游的功能开发，克雷默·哈根系统提供传统上由旅游经营者和导游提供的功能，如旅游规划调度的任务、导航和导游。克罗地亚学者埃德娜·罗伯特利用智慧系统提供更好的信息、改善交通和旅游流、货物运输，并在欧洲 IST 项目应用产生较大影响，并促进与 LBS 的 2.5/3G 蜂窝网络的使用。三是从提升旅游目的地的便利性角度相关研究，如 Fesenmaier、Werthner、Wober 等情景感知的移动通信系统和马丁等的推荐系统。埃德娜·罗伯特从提升旅游目的地的交通流角度，探讨智能交通系统的建设。安琪·闵讨论了在智慧系统背景下的旅游产品开发应用程序。福克斯和利玛窦认为，基于全球定位服务和 Web2.0 等方面的技术创新驱动价值的产生和变化，影响旅游信息创建、交换和评估，形成更为便利的旅游模式。约旦学者 Owaied 等提出了引导智慧旅游系统框架模型。乌尔丽克尝试系统在旅游体验的技术应用。

国内旅游信息系统的研究主要集中在：旅游的多媒体信息、管理、规划、解说、目的地信息、网站和电子商务、预警、专家等系统。杨忠振较早提出了智能旅游公交环线系统。王凌等拟为旅游交通运输提供解决方案。宋晓冰等构建了城市圈智能旅游公路交通系统。张晗等提出"旅游电子超市"方案，阐述了个性化服务和支付系统设计。赵宇茹通过智能旅游信息系统建模与功能实现，为用户提供个性化需求解决方案，邱松泽引入了智能化流程模式，姚海涛构建智能旅游信息系统的整体框架，考虑到旅游者及用户行为，王伟等向用户推荐旅游景点；金卫东围绕为游客服务、为管理服务的角度，探讨了南京智慧旅游公共服务体系建设。有学者以旅游市场、建设难点、定位着手探讨智慧旅游。

国内外学者就智慧旅游系统的研究取得了可喜成果，针对改善旅游者信息搜集和信息反馈，提升旅游企业和旅游服务人员的服务质量以及旅游目的地自身建设等方面有针对性地开发相关系统，为实践应用提供了一定的理论支撑。

（3）智慧旅游评价体系

随着智慧旅游研究的深入，评价体系也进入一些学者的视野。张晗等针对用户需求提出了智能化旅游电子超市系统，为满足用户的个性化服务需求提供了智能化的商务平台；刘军林、张凌云等学者先后就智慧旅游技术层面、价值、公共服务体系及趋势等方面展开研究。聂雷刚、李咏梅、余元辉将智能导游引入旅游规划中，在地图软件的基础上插入厦门的旅游景点数据进行二次开发，拟为游客提供一个最优的旅游规划。张国丽推广智慧旅游从而完善了旅游公共信息服务建设。有学者从智慧景区评价标准体系角度，展开研究；也有学者侧重智慧旅游的表现形式、建设框架的研究。总体而言，认知偏颇，部分学者对其认知不够全面，一部分人将智慧旅游"狭义化""纯粹化"，导致智慧旅游成为部分领域的专用产品，主要基于智慧城市和智慧景区的打造居多，对乡村地区智慧旅游关注度极低；也有部分学者将智慧旅游"泛化""标签化"，等同"旅游信息化"，在实践中误导旅游开发与经营行为，出现了智慧旅游产品不智慧，旅游要素智慧化程度低，呈松散状态，碎片化，缺乏理论支撑，未能形成完善体系。

6.5.3 智慧旅游的功能

从使用者的角度出发，智慧旅游主要包括导航、导游、导览和导购（简称"四导"）四个基本功能。

（1）导航

将位置服务（LBS）加入旅游信息中，让旅游者随时知道自己的位置。确定位置有许多种方法，如 GPS 导航、基站定位、Wi-Fi 定位、RFID 定位、地标定位等，未来还有图像识别定位。其中，GPS 导航和 RFID 定位能获得精确的位置。但 RFID 定位需要布设很多识别器，也需要在移动终端上（如手机）安装 RFID 芯片，离实际应用还有很大的距离。GPS 导航应用则要简单得多。一般智能手机上都有 GPS 导航模块，如果用外接的蓝牙、USB 接口的 GPS 导航模块，就可以让笔记本电脑、上网本和平板电脑具备导航功能，个别电脑甚至内置有 GPS 导航模块。GPS 导航模块接入电脑，可以将互联网和 GPS 导航完美地结合起来，进行移动互联网导航。

传统的导航仪无法做到及时更新，更无法查找大量的最新信息；而互联网则信息量大，但无法导航。高端的智能手机有导航，也可以上互联网，但二者没有结合起来，需要在导航和互联网之间不断地切换，不甚方便。

智慧旅游将导航和互联网整合在一个界面上，地图来源于互联网，而不是存储在终端上，无须经常对地图进行更新。当GPS确定位置后，最新信息将通过互联网主动地弹出，如交通拥堵状况、交通管制、交通事故、限行、停车场及车位状况等，并可查找其他相关信息。与互联网相结合是导航产业未来的发展趋势。通过内置或外接的GPS设备/模块，用已经连上互联网的平板电脑，在运动中的汽车上进行导航，位置信息、地图信息和网络信息都很好地显示在一个界面上。随着位置的变化，各种信息也及时更新，并主动显示在网页上和地图上。体现了直接、主动、及时和方便的特征。

（2）导游

在确定了位置的同时，在网页上和地图上会主动显示周边的旅游信息，包括景点、酒店、餐馆、娱乐、车站、活动（地点）、朋友/旅游团友等的位置和大概信息，如景点的级别、主要描述等，酒店的星级、价格范围、剩余房间数等，活动（演唱会、体育运动、电影）的地点、时间、价格范围等，餐馆的口味、人均消费水平、优惠等。

智慧旅游还支持在非导航状态下查找任意位置的周边信息，拖动地图即可在地图上看到这些信息。周边的范围大小可以随地图窗口的大小自动调节，也可以根据自己的兴趣点（如景点、某个朋友的位置）规划行走路线。

（3）导览

点击（触摸）感兴趣的对象（景点、酒店、餐馆、娱乐、车站、活动等），可以获得关于兴趣点的位置、文字、图片、视频、使用者的评价等信息，深入了解兴趣点的详细情况，供旅游者决定是否需要它。

导览相当于一个导游员。我国许多旅游景点规定不许导游员高声讲解，而采用数字导览设备，如故宫，需要游客租用这种设备。智慧旅游则像是一个自助导游员，有比导游员更多的信息来源，如文字、图片、视频和3D虚拟现实，戴上耳机就能让手机/平板电脑替代数字导览设备，无须再租用这类设备了。

导览功能还将建设一个虚拟旅行模块，只要提交起点和终点的位置，即可获得最佳路线建议（也可以自己选择路线），推荐景点和酒店，提供沿途主要的景点、酒店、餐馆、娱乐、车站、活动等资料。如果认可某条线路，则可以将资料打印出来，或储存在系统里随时调用。

（4）导购

经过全面而深入的在线了解和分析，已经知道自己需要什么了，那么可以直接在线预订（客房/票务）。只需在网页上自己感兴趣的对象旁点击"预订"按钮，即可进入预订模块，预订不同档次和数量的该对象。

由于是利用移动互联网，游客可以随时随地进行预订。加上安全的网上支付平台，就可以随时随地改变和制定下一步的旅游行程，而不浪费时间和精力，也不会错过一些精彩的景点与活动，甚至能够在某地邂逅特别的人，如久未谋面的老朋友。

6.5.4　智慧旅游的经典案例

旅游集散中心是一个集旅游咨询、旅游交通、旅游休闲、旅游购物、智慧服务等多功能为一体的一站式、综合性公共服务平台。旅游集散中心最早源于对散客咨询和出游的集中服务，随着旅游市场的迅猛发展和出游方式的转变，后来逐渐演变为旅游目的地综合性服务平台。其核心是通过整合相关旅游环节从而达到整合地区旅游资源，并进行有效市场供给，实现全域统筹、服务优化、产品提升、末端带动，成为地方旅游产品体系化建设与公共服务品质提升的重要抓手。

旅游集散中心是对零散游客进行"集聚—扩散"的枢纽。

（1）杭州

杭州旅游集散中心地处杭州黄龙商圈黄金地段，坐落于杭州规模最大、功能最齐全的体育场馆——黄龙体育中心内，是长三角地区规模最大的集散客自助旅游、单位团队旅游、旅游信息咨询、旅游集散换乘、景点大型活动、客房预订、票务预订等多种功能为一体的"旅游超市"。

运营模式为政府主导型，由杭州旅游集团和杭州市政府共同投资兴建，由杭州旅游集团公司控股，杭州市公交集团有限公司和杭州市外事旅游汽车有限公司参股。其中，政府主要对集散中心发展前期的支持、正常运营后对公益性服务的资金补助以及大项目的专项资金投入，还有国土、旅游等相关部门间的协调。

杭州旅游集散中心以"咨询服务点、呼叫中心和网上咨询"为主线，打造三位一体的旅游咨询公共服务平台。

公共服务：以旅游服务热线"96123"为纽带，以遍布全市机场、车站、广场、景点（区）等 11 处旅游咨询网点为实体操作，以电子商务为网络载体，同时以便民、利民为服务宗旨而形成的一个多功能、全方位的杭州旅游咨询、宣传、服务网络，为游客提供全方位的旅游信息咨询服务和公共服务。

旅游集散：依托体育馆配备停车场，开通长三角区域重点城市班车以及杭州市内及周边区域的旅游直通车，为游客提供旅游集散服务。

旅游换乘：打造由黄龙、省人民大会堂、紫金港、之江四个换乘点和武林广场、吴山广场两个短驳区间站组成城市换乘系统，把主要景区和核心商贸圈以四个换乘点和两个短驳区间站、13 条观光巴士和公交线路有效地贯穿起来，组成了一个换乘网络，兼顾游客"游"与"购"两个主要需求。

旅游定制：凭借集散中心散客自助旅游电子商务平台，为游客提供一站式服务：在线订票、在线付款、免费送票以及网站会员优惠折扣等服务，协助定制个性化旅游行程。

行业服务：常年定期推出自助游、全程导游、团队旅游、社区旅游、专题旅游、旅游直通车以及周末平价旅游等特色行业服务，并将特价活动常态化。

商业配套：内设候车大厅、售票窗、公用电话、自行车租赁、小卖场、停车场、茶水室、公共洗手间等配套设施；提供免费资料取阅、现场旅游线路咨询及预订销售、现场公益咨询服务、机票代订服务、客房代订服务等。

智慧旅游：推进智慧旅游建设，设置手机官方网站，可通过中心手机官网，直接预订各类旅游产品、自助游产品及客运班车产品。同时，在咨询点、旅游大巴上均有免费 Wi-Fi，丰富游客体验。

区域联动：中心与周边城市合作，涵盖长三角区域所有景区，创建长三角无障碍旅游区。目前，中心已通过网络化交易平台，与上海、南京、苏州、无锡等城市联网，实现了实时出票，游客在杭州旅游集散中心可以购买到区域内任何一个景点门票，亦可从杭州旅游集散中心的各客运站直抵长三角所有景区，真正实现"一票到底"。

（2）贵阳

公共服务：以贵阳市旅游信息服务平台、"非遗贵州"的旅游发展平台以及线下服务点为载体，为游客提供全方位的车辆、酒店、景区门票、餐饮及旅游线路预订等公共服务。

旅游集散：配套有景区巴士停车场和游客车辆蓄车池，开通贵阳市至贵州省内其他城市班车，开通黄果树景区的专线长途大巴等旅游巴士。其中，旅游巴士采用定制方式，可以根据游客量的大小确定巴士的调度，进一步降低散客交通成本。

旅游定制：提供航班、高铁、酒店预订等服务，为游客的不同需求提供各类定制旅游服务。除了开往景区的直通车，集散中心将根据不同季节、不同需求，开通特定旅游定制服务直通车，如贵安的樱花节、贵定音寨的油菜花节等。

宣传推介：通过"非遗贵州"的旅游发展平台，推出"农文旅"新型旅游产品，用"互联网+旅游+人文+农业"，开通旅游、文化、农业为主要内容的旅游线路，打造"农文旅"新型旅游品牌，让游客在旅游过程中了解贵州各个少数民族的生活习俗、民族文化传承。

商业配套：内设信息咨询、售票、旅行社接待及产品销售、土特展示、VR 体验、贵州非遗文化展示等多种商业配套区。

信息预警：通过 LED 屏发布贵阳乃至全省各景区旅游信息、视频监控等，游客能及时获知各景区门票销售、乘车信息、服务电话等讯息。

智慧旅游：通过触摸屏自助服务终端机，游客可自助实现对全省景区、景点及旅游线路等的查询，并实现在线预订等。LED 大屏幕装修时融入了诸多贵州元素，其边框采用大型苗族银项圈设计，不间断播放贵州、贵阳及各景区的形象宣传片。

（3）成都

为游客提供多样化服务，以"客运+旅游"的模式开通了 13 条班车自助游线路及 41 条旅游线路，并开启了"线上一键、线下一站"的新模式。

自助旅游：打造成都景区直通车系统，区别于传统一日游、多日游，以菜单式碎片化的服务，自主式透明化的价格面向游客，游客可根据自己的时间和喜好，任意选择前往景区游览的顺序和在各个景区游览的时间，充分满足游客个性化需求。

旅游定制：利用"互联网+"打通全域成都，开启"线上一键、线下一站"的新模式，实现车站与成都市各大景区无缝对接，极大地方便各地游客的出行规划需求和实时定制需求。

智慧旅游：结合成都市打造"世界旅游目的地"及发展智慧旅游的要求，打造成都市唯一一处集 AR&VR（实景体验和虚拟体验）为一体的智慧高端"旅游咨询体验中心"，建立旅游信息咨询服务平台。

（4）武汉

旅游集散中心是集旅游经营、公共服务、行政管理三大功能于一体的综合性旅游机构。

针对武汉市民，集散中心在常青花园、钢花社区、江心苑、百步亭社区四大社区，专门设置了报名点和上车点。武汉本地市民想参与一日游项目，直接可以通过社区终端渠道随时报名，从指定地点乘车前往目的地，满足无车一族和老人们的出行需求。目的地除一些武汉有名的固定景区外，集散中心更拓展了多种渠道，如农业基地：东西湖葡萄采摘游，价位每人不超过 68 元即可玩个够；还有赏花基地，如江夏鑫龙湖赏荷花一日游，不到 70 元就能游。这些项目都能实现全程社区接送，消费还包含中餐，甚至还有礼品可以带回家。

而面对外地游客，集散中心推出了三大品牌：大江大湖品牌，以船游东湖、两江游船和长江三峡游船为突出亮点；新花城产品，以四季赏花为亮点，以木兰、江夏等地赏花为目的地带动新游客；文化旅游产品，打造武汉辛亥文化、码头文化和饮食文化的主题旅游产品。开通"酒店直通车"，大巴与酒店门对门接送订单旅客。

智慧旅游，也被称为智能旅游。就是利用云计算、物联网等新技术，通过互联网/移动互联网，借助便携的终端上网设备，主动感知旅游资源、旅游经济、旅游活动、旅游者等方面的信息，及时发布，让人们能够及时了解这些信息，及时安排和调整工作与旅游计划，从而达到对各类旅游信息的智能感知、方便利用的效果。

智慧旅游的建设与发展最终将体现在旅游体验、旅游管理、旅游服务和旅游营销的四个层面。

从使用者的角度出发，智慧旅游主要包括导航、导游、导览和导购（简称"四导"）四个基本功能。

（5）烟台

2015 年，烟台市成为国家"智慧城市"试点。大力发展智慧旅游，建设旅游大数据产业运行监测管理服务平台和旅游电子地图系统，18 家 4A 级景区视频信号接入旅游应急指挥平台。印发了《关于加强全市旅游公共服务中心建设的意见》，新改建旅游咨询集散中心 9 处并投入使用，在高速公路和国省道新设置 19 处旅游景区交通标志。持续推进旅游厕所革命，5A 级景区完成第三卫生间建设，印发了《关于推进机关企事业单位厕所免费对外开放的意见》，300 家单位加入旅游厕所开放联盟。

（6）石家庄

游客到达鹿泉区后都会收到一条"鹿泉欢迎您"的短信，通过短信里的官网、微信、App 链接入口，就可使用无线 Wi-Fi 免费下载"一部手机游鹿泉"App 或关注"鹿泉智慧旅游"微信公众号，住酒店、游景区、选线路、买特产，通过手机动动手指就能搞定。

鹿泉区在建设智慧城市中，坚持数字旅游和实地旅游同步实施，与鼎游智旅合作，建设鹿泉智慧旅游平台。该平台集智慧旅游、智慧交通、智慧医疗、智慧政务等多功能为一体，兼有数据收集存储和智能分析决策中枢作用。通过将景区、道路、驿站、厕所、停车场、住宿、餐饮等信息全部编入"城市大脑"，让游客一机在手，轻松搞定吃、住、行、游、购、娱各项需求。

"一部手机游鹿泉"作为智慧旅游平台的重要组成部分，通过智慧鹿泉网站、App、鹿泉智慧旅游微信公众号，构建起鹿泉的旅游资源展示公共服务中心，资源交易中心。在旅游前，游客可通过"鹿泉智慧旅游"公众号平台提前熟悉景点情况，选择出行路线，提前智能推荐游玩景区和酒店等。游客出发前可通过平台提前了解景区实时的道路交通状况和剩余停车位情况。

（7）云南全域旅游智慧平台

云南省与腾讯公司联合打造了全域智慧旅游项目"一部手机游云南"，依托"互联网+旅游服务"，提供智能规划旅行、人脸识别、智能订车位、智能导览、无现金支付、电子发票、诚信体系等多项智慧旅游服务。

为方便游客使用，平台推出官方 App、微信公众号和小程序。应用程序首页分为"行在云南、住在云南、吃在云南、游在云南、购在云南、云南攻略、在线咨询、我要投诉"八大板块，全面覆盖游客在云南的"吃住行游娱购"及游前、游中、游后的各项需求。

在旅游前，游客可通过 VR 看云南、全景直播等平台功能提前熟悉景点情况，提前智能规划好旅游线路。同时，智能客服还围绕精品线路为游客提供一站式咨询服务。

在旅游中，游客可通过扫码、人脸识别直接入住酒店。游览时，平台将为游客推送最准确的目的地线路及导航服务，游客不仅可以通过扫码乘坐公交和景区直通车，进景区时还可通过扫二维码实现 30 s 购票，并通过人脸识别系统进入景区，实现 1 s "刷脸"入园，告别之前排队拥挤、购票难、等待时间长的状况。同时，游客可以通过小程序享受智能查找停车位、找厕所、智能语音讲解等服务。在看到喜欢的特产时，也能直接扫码支付并通过手机快递回家，平台对游客所购买的商品全面承诺质量保障及投诉处理。游客在旅行过程中遇到任何问题，还能通过手机平台及时向政府相关部门寻求帮助。

在旅游后，游客依然可以享受购物、申请电子发票、投诉、信用评价、无条件退款等服务，得到诚信体系的保障，并尽情分享自己在云南的美好感受。

"我们的目的是让游客实现一部手机就可以完成在云南旅游的吃、住、行、游、购、娱、养等全方位的智能服务,极大增强游客在云南旅游的舒适度、体验感、便捷性和自主性。"云南省旅游发展委员会工作人员介绍说。同时,平台的"一键投诉"功能和后台管理系统,使游客在手机上便能有效投诉。

(8)敦煌

2014 年,敦煌市政府控股出资成立敦煌智慧旅游有限责任公司(以下简称"敦煌智旅"),牵头负责智慧敦煌整体建设运营工作,并引入国开行资金、国家文博会专项资金,同时与敦煌广电公司紧密合作,建设云计算中心、城市网络和视频监控等服务,加大加快敦煌智慧旅游建设工作,实现产业转型。

此外,敦煌市政府还签约华为展开战略合作,华为为敦煌智慧城市的建设提供了顶层设计,紧扣敦煌"以文化为魂、以旅游为体"的战略布局,从应用建设、架构搭建、生态体系等方面开展统筹设计,成为指导后续智慧城市建设工作的重要依据。

敦煌的智慧城市建设并不局限于旅游,而是以智慧旅游为切入点,带动经济发展、产业升级,最终使政府城市管理和老百姓、游客同时获益,这也是敦煌建设产业型智慧城市的初衷。

敦煌智慧城市建设摆脱了"依靠政府、依靠财政"的老思路,探索创新出"公司化、社会化运营"的新模式,积极引入社会资本,盘活了城市资源。在华为统一的顶层设计框架下,多家生态合作伙伴共同参与智慧敦煌的投资、建设、运营和服务。同时,华为集中的底层平台为政府治理、民生惠及、产业促进等方面的各种上层应用提供了统一支撑。可以说,华为提供的"地基+房梁"为智慧敦煌整体生态体系的构建提供了充足保障。

依托华为云计算技术构建的飞天云数据中心,敦煌搭建了智慧敦煌统一基础平台(包括数据共享平台、视频共享平台、地理信息平台、大数据分析平台),统一承载智慧旅游、智慧家庭、智慧交通、政务服务等智慧应用,助力智慧敦煌的管理信息化、服务智能化、体验个性化。

(9)江西省抚州市

抚州市打造了集产业监测、智慧出行、智能体验三大功能于一体的抚州智慧旅游体验馆。走进体验馆,首先看到的就是抚州旅游大数据中心数据监测屏。据了解,该数据监测屏由 44 块全彩 P3 LED 拼接屏组成,主要有抚州旅游宣传片播放、景区实时监控录像、抚州旅游大数据分析三大功能。其中数据分析主要包括景区客流分析、媒体舆情监测、游客群体画像、客源城市分析、游客轨迹分析、游客口碑分析、环境指数监测、游客流量统计等。抚州智慧旅游体验馆负责人告诉记者:"这些大数据不仅可以方便游客了解抚州旅游的最新动态,方便游客的出行,还便于我们对抚州旅游的监管。"

从体验馆入口右边走,进入右边的房间,在这里可以体验 AR 换衣镜。据了解,该换衣镜利用 AR 换装功能,游客可以直接换装成《牡丹亭》中的各种角色,如杜丽娘、柳梦梅等;换装后,可以在大屏幕中看到相关人物的介绍,在观看 AR《牡丹亭》前对人物加深了解。换装后，还可以利用社交媒体软件，如微博、微信等分享自己所装扮的人物，让更多的人了解《牡丹亭》，了解抚州。

二楼 9D VR 体验馆通过模拟资溪大觉山漂流场景，让游客身临其境感受大觉山漂流。

抚州智慧旅游体验馆还为游客提供全景抚州、会说话的 AR 地图、U 型影院、互动地砖、VR 戏曲影院、9D 动感影院等体验，为游客提供出行前、出行中以及出行后一条龙服务。

6.5.5　智慧旅游的标准

智慧旅游标准体系是在智慧旅游范围内的标准按其内在联系形成的有机整体，也可以说是一种由智慧旅游标准组成的系统。智慧旅游标准体系涵盖信息化类标准和旅游类标准。信息技术是智慧旅游的重要环节，包含的标准由 GB/T 28448—2012《信息系统安全测评规范》、YD/T 2437—2012《物联网总体框架与技术要求》等。在旅游专业领域方面，文化和旅游部对标准化的发展和研究都非常重视并有一定的成果，在各地都相继出台了有关旅游信息化的一系列国家标准、行业标准和地方标准，例如 GB/T 26354—2010《旅游信息咨询中心设置与服务规范》、LB/T 021—2013《旅游企业信息化服务指南》、DB46/T 207—2011《旅游信息采集管理规范》等，这些标准都为智慧旅游的发展提供了更好的指引。尽管如此，我国旅游业信息化建设的进度相对滞后，智慧旅游相关的标准化工作进程缓慢，专业性的标准并不多而且运作的模式不够合理化和完善。系统基础化的标准体系建设的缺失、信息交换的滞后、运营管理模式的混乱使发展智慧旅游面临重重障碍。综上所述，建立智慧旅游标准体系是发展智慧旅游不可欠缺的必要环节。

健全战略性旅游标准体系，合理规划标准化体系布局，有效地提升旅游业的服务质量和行业水平。在我国，旅游标准化工作的推动主要是依据各地的管理方针和各级旅游行政部门执行。所以，两者需要相互配合，并从行政手段和商业形式互为补充。

在 2009 年出台的《旅游业标准体系表》从旅游业的食、住、行、游、购、娱六大要素进行编制，然后根据基础标准、设施标准、服务标准、产品标准和方法标准 5 个方面架起结构，产业结构系统化特点十分突出。《服务业组织标准化工作指南》中，规范了服务业建立标准体系是从服务通用基础标准、服务保障标准、服务提供标准构成，是组织服务业工作，实现服务业标准化，评价服务良好程度的重要资料。可根据这个规则，在通用基础标准的条件下，根据智慧旅游的特征和共性，从保障标准和提供标准这几个具体的领域构建智慧旅游的标准体系。

6.5.6　智慧旅游的产业发展

许多地方都在开展智慧城市建设，并取得了很好的效果。基于地方智慧城市建设的实践和推进旅游业发展成为现代服务业的目标，国家旅游局对"智慧旅游城市"试点工作进行了部署，正式确定江苏镇江的"国家智慧旅游服务中心"。我国还将积极推进有条件的城市开展试点工作。此外还将在认真总结一些成功数字景区经验的基础上，逐步提高精品旅游景区的数字化水平；同时鼓励旅游酒店、旅游车船公司、旅游购物公司在信息化建设方面大胆探索，不断提高对旅客服务的智能化水平，从而推动国内旅游者在中国大地上实现"智慧旅游"。

2011 年 7 月 15 日，国家旅游局局长邵琪伟正式提出，旅游业要落实国务院关于加快发展旅游业的战略部署，走在我国现代服务业信息化进程的前沿，争取用 10 年时间，在我国初步实现"智慧旅游"。

从社会的现代化进程看，技术变革特别是信息技术的飞速发展正在对人们的生产生活产生深刻影响。2010 年，我国移动电话用户达到 8.59 亿户，其中 3G 移动电话用户达到 4 705 万户；互联网上网人数 4.57 亿人，成为世界上互联网使用人数最多的国家。未来随着每秒数据传输速度达到 2.5G 的超高速网络的建设和普及，人民的生产生活方式还将有更深刻地变革。

旅游活动作为人们生活方式的延伸，旅游业作为服务业的龙头产业，必然会因为信息技术发生革命性的变化而变革。此外，随着生产生活的发展，在线旅游、邮轮游艇旅游、房车旅游、自驾车旅游等新的旅游方式正在快速发展，旅游业如何去满足这部分新兴需求，同样离不开自身的现代化，从技术层面说，这里面最重要的就是实现"智慧旅游"。

智慧旅游将是从传统的旅游消费方式向现代的旅游消费方式转变的"推手"。虽然旅游消费的内容还是传统的吃、住、行、游、购、娱，但是我们可以通过信息技术的广泛运用实现消费方式的现代化。

（1）安全监管

通过信息技术，可以及时准确地掌握游客的旅游活动信息，实现行业监管的动态化、适时化。通过与公安、工商、卫生、质检等部门的信息共享与协作，实现对旅游投诉以及旅游质量问题的有效处理，维护旅游市场秩序。

一些地方在通过信息化提高行业管理能力方面进行了大胆的尝试。张家界通过"一诚通"信息系统、云南省旅游运输公司运用 GPS 定位系统，将旅行社、旅游购物商店、旅游客车等信息、结算和管理集合起来，实现了即时动态化监管，对规范旅游市场秩序发挥了积极作用。

（2）鲇鱼效应

互联网已经被看作继报刊、广播、电视之后的第四媒体，互联网也将因此在未来的旅游营销中扮演更为重要的角色。面对信息时代，网络视频营销、博客营销、互联网社区营销、短信平台营销、甚至线上虚拟旅游的体验式营销等营销方式，正在被一些有前瞻性的旅游目的地和旅游企业所采用。

总体来看，在我们的旅游营销中对信息技术的运用还远远不够，与旅游发达国家还有很大的差距。要鼓励和支持旅游企业更好地利用新兴媒体开展营销，提高营销的针对性和有效性。例如，中国的入境旅游增长困难。其中有世界经济形势总体低迷等客观原因，但旅游营销方式创新不够也是一个不容忽视的因素。我们驻外办事处很大的精力放在参加几十场旅游交易会上，但可能忽略了，互联网是一个永不落幕的旅游交易会。

旅游业是否实现了现代化，很重要的一条是旅游企业现代化。为此要推动传统的旅行社、旅游饭店、旅游景区广泛采用信息技术。一些旅游企业已经有自己的网站，一些旅游企业也在尝试在线商务运营。信息技术在传统旅游企业中的运用还很不够，需要我们下大力气加以推动。我们要特别注意鼓励新型旅游电子商务企业的发展，因为这些企业不仅可以创造一种新型经营模式，还可以产生"鲇鱼效应"，逼迫传统企业改造提升，包括老牌旅游企业携程以及朋游风景网等在内的新型企业正在重塑旅游市场竞争格局。

进入休闲时代，旅游者的需求将向个性化需求方向发展，而科技会继续推动旅游业向前发展，并使其更加多元化，自驾车旅游、在线旅游、房车旅游等新的旅游方式正在快速发展，旅游业为满足这部分新兴需求，从技术层面说，就要实现"智慧旅游"，通过信息化，还可以及时监测各种突发事件，预防旅游安全事故，提高我们的应急管理能力，有效处理安全事故；新型旅游电子商务企业的发展，不仅可以创造一种新型经营模式，还可以产生"鲇鱼效应"，逼迫传统企业改造提升，推动旅游企业现代化，实现旅游服务的智慧、旅游管理的智慧、旅游营销的智慧。从而实现以人为本的服务基础上，体现体验的科学性及高效性。

6.6　智慧农业

6.6.1　什么是智慧农业

（1）智慧农业概念

随着物联网技术的快速发展，物联网技术与农业相结合的智慧农业也在不断地进步和成熟，而对于智慧农业的发展来说，无论是从生产经营，还是管理服务方面，都需要不断融合当前快速发展的物联网等信息技术，以便能够使智慧农业得以快速发展。对传统农业进行升级改造，实现农业的智能控制、精细管理和科学种植，达到农业产品的高产、高效、优质是智慧农业发展的目标。2014年我国提出了"智慧农业"这一新概念。智慧农业是指采用一系列信息技术，包括无线传感器网络技术（WSN）、互联网技术、自动控制技术、计算机技术、人工智能技术等，实现对农业环境参数的采集，对采集的数据进行传输、分析、处理后，根据这些数据实现对农业的科学指导，最终实现农业的增产增收。

（2）智慧农业体系结构

智慧农业是物联网技术在农业领域广泛应用的产物，智慧农业体系划分可以参照物联网体系划分的标准。对于农业环境参数信息，首先要进行参数的采集和传输，然后是对数据采用计算机等相关技术进行处理，最后对处理的数据应用到不同的场合，即采集、传输、处理和应用四个过程。智慧农业体系结构如图 6-19 所示。

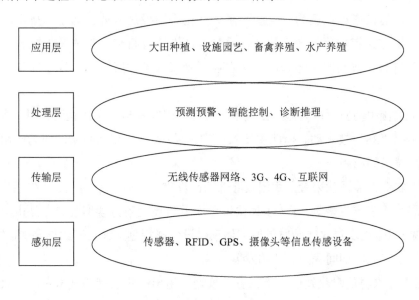

图 6-19 智慧农业体系结构

感知层作为智慧农业体系结构的最底层，主要采用传感器、RFID、GPS、摄像头等传感设备，对农业环境参数进行采集和农作物生长状况进行实时监控，实现各种环境数据的获取。

传输层主要是将所获取的农业环境数据传送到处理层进行处理，实现感知层的无线传感器网络（WSN）与互联网的深度融合，以此实现农业信息的快速、准确传输，使感知到的物理信息在较大的范围内进行传输。

处理层采用最前沿的信息技术，实现对所采集的农业环境数据进行处理，包括云计算、数据挖掘、预测预警等信息处理技术。通过对数据进行处理后，将所处理的数据交给应用层进行不同需求和场合的应用研究。

应用层是智慧农业体系结构的最高层，可根据用户的不同需求来实现不同的应用。应用层主要功能是实现对所采集的农业环境信息进行显示，根据所显示的信息对农业生产进行科学指导和精细调控，还可以对农业现场的突发状况进行实时监控，做到对农作物生长状况的实时掌握，从而实现农业效益的最大化。

6.6.2 智慧农业发展现状

我国政府部门高度重视现代农业的发展，按照《全国农业农村信息化发展"十三五"规划》要求，今后 5 年，农业农村信息化总体水平将从现在的 35% 提高到 50%，基本完成农业农村信息化从起步阶段向快速推进阶段的过渡。具体指标包括：农业生产信息化整体水平翻两番，达到 12%；农业经营信息化整体水平翻两番，达到 24%；农业管理信息化整体水平达到 60%；农业服务信息化整体水平达到 50%以上等。

目前，发达国家如以色列、美国和澳大利亚等国设施农业已具备了技术成套、设施设备完善、生产比较规范、产量稳定、质量保证性强等特点，形成了设施制造、环境调节、生产资材为一体的产业体系，使得农业不受气候条件影响，实现了周年生产、均衡上市。

在温室大棚中的应用：大棚温控技术的应用、田间种植信息化建设应用、农业用水灌溉应用；利用"3S"技术动态监测主要农作物产量；"5S"集成技术的成功应用；物联网及其他信息技术的应用。

从智慧农业发展现状来看，我国政府部门高度重视现代农业的发展，先后出台了《农业科技发展"十三五"规划》《关于加快推进农业科技创新持续增强农产品供给保障能力的若干意见》《全国农垦农产品质量追溯体系建设发展规划（2011—2015）》等政策文件，全力支持"十三五"期间我国农业的发展。

《全国农业农村信息化发展"十三五"规划》指出，物联网等技术有望在农业部确定的 200 多个国家级现代农业示范区获得农业部和财政部资金补贴，并先行先试重点开展 3G、物联网、传感网、机器人等现代信息技术在该区域的先行先试，推进资源管理、农情监测预警、农机调度及无人机监测等信息化的试验示范工作，完善运营机制与模式。

通过对智慧农业发展现状分析还发现，随着物联网技术的不断发展，越来越多的技术应用到农业生产中。目前，RFID 电子标签、远程监控系统、无线传感器监测、二维码等技术日趋成熟，并逐步应用到了智慧农业建设中，提高了农业生产的管理效率，提升了农产品的附加值，加快了我国智慧农业的建设步伐。运用智慧农业思想开发出来的计算机温室监测系统和生产技术，也被广泛应用到生产实际中。通过无线传感器，网络系统的构建，对作物的生长环境信息、生长状况进行实时的监测。

从某种意义上来讲，智慧农业的发展，非常顺应现代农业的发展趋势，可以有效地缓解当前农业中面临的问题。而且智慧农业利用当前最新最热的物联网技术，可以实现智能灌溉、智能施肥与智能喷药等自动控制方式，改变了以往传统的生产方式，对于农业成本控制和效益提高都有明显的作用。

2017—2022 年中国智慧农业行业发展前景分析及发展策略研究报告表示，目前，智慧农业不仅在我们中国农业发展中成为潮流，在国外现代化农业已经普遍实施。传统的农业耕作模式已经不能满足信息化时代步伐，环境恶化、产品质量问题突出、市场产品多样化需求和农业资源不足等诸多问题，滞留了农业发展步伐，因此，发展智慧农业是目前农业发展势不可挡的明智选择。

6.6.3　智慧农业系统技术特点

智慧农业是物联网技术在现代农业领域的应用，主要有监控功能系统、监测功能系统、实时图像与视频监控功能。

（1）监控功能系统。根据无线网络获取的植物生长环境信息，如监测土壤水分、土壤温度、空气温度、空气湿度、光照强度、植物养分含量等参数。其他参数也可以选配，如土壤中的 pH、电导率等。信息收集、负责接收无线传感汇聚节点发来的数据、存储、显示和数据管理，实现所有基地测试点信息的获取、管理、动态显示和分析处理以直观的图表和曲线的方式显示给用户，并根据以上各类信息的反馈对农业园区进行自动灌溉、自动降温、自动卷膜、自动进行液体肥料施肥、自动喷药等自动控制。

（2）监测功能系统。在农业园区内实现自动信息检测与控制，通过配备无线传感节点、太阳能供电系统、信息采集和信息路由设备配备无线传感传输系统，每个基点配置无线传感节点，每个无线传感节点可监测土壤水分、土壤温度、空气温度、空气湿度、光照强度、植物养分含量等参数。根据种植作物的需求提供各种声光报警信息和短信报警信息（图 6-20）。

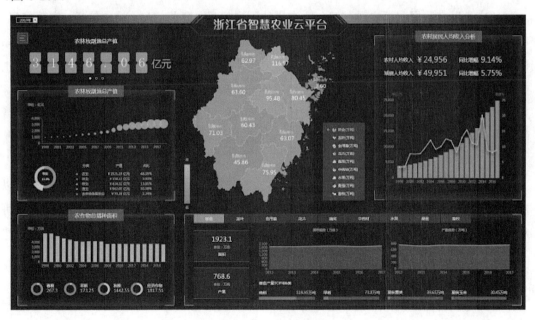

图 6-20　智慧农业系统

（3）实时图像与视频监控功能。农业物联网的基本概念是实现农业上作物与环境、土壤及肥力间的物物相联的关系网络，通过多维信息与多层次处理实现农作物的最佳生长环境调理及施肥管理。但是作为管理农业生产的人员而言，仅仅数值化的物物相联并不能完全营造作物最佳生长条件。视频与图像监控为物与物之间的关联提供了更直观的表达方式。如哪块地缺水了，在物联网单层数据上看仅仅能看到水分数据偏低。应该灌溉到什么程度也不能死搬硬套地仅仅根据这一个数据来做决策。因为农业生产环境的不均匀性决定了农业信息获取上的先天性弊端，而很难从单纯的技术手段上进行突破。视频监控的引用，直观地反映了农作物生产的实时状态，引入视频图像与图像处理，既可从直观反映出一些作物的生长长势，也可以从侧面反映出作物生长的整体状态及营养水平。可以从整体上给农户提供更加科学的种植决策理论依据。

6.6.4　智慧农业应用领域

（1）规划

应用农业大数据技术及信息，进行产业分析和行业预测，明确政府、市场、产业的相关信息，赢得商机。通过对自然环境数据分析梳理，选择生产项目并与当地环境相适应，降低风险；分析市场信息，动态调整供需关系以增加收益；分析政策信息，把握政府对行业发展的指向，把脉行业动向从而有的放矢顺应社会化发展；根据消费者信息及需求情况反馈，分析消费行为并在农事生产之前做出科学决策。

（2）生产

种植业生产数据包括良种信息、地块耕种历史信息、育苗信息、播种信息、农药信息、化肥信息、农膜信息、灌溉信息、农机信息和农情信息。养殖业生产数据主要包括个体系谱信息、个体特征信息、饲料结构信息、圈舍环境信息、疫病情况等。依托部署在农业生产现场的各种传感器节点（环境温湿度传感器、土壤水分传感器、二氧化碳浓度传感器、光照度传感器等）和无线传感器实现农业生产环境的智能感知、智能预警、智能决策、智能分析、专家在线指导，为农业生产提供精准化干预、可视化管理、智能化决策。

（3）流通

在仓储、物流、流通等各个环节，利用物联网等技术，实现仓储环境条件智能调控以满足不同农产品对环境条件的不同要求。通过仓储过程多维度可视化，保证品质的真实可靠。根据不同产品特性，建立智能仓储、物流数据模型，不断更新和完善信息化系统，建立标准化仓储物流体系，连通智慧农业产业链闭环。

（4）溯源

目前追溯管理系统已经被广泛应用于农产品质量安全追溯、畜禽疫病电子出证等监管领域。通过 RFID 技术、智能二维码等可实现农产品生产全过程追溯。将视频监控系统与种植养殖监管、病虫害预警预报防治、加工控制等系统结合，实现对农业生产、加工、流通环节的可视化跟踪，便于技术人员观察并及时采取有效措施，确保生产、加工、流通的顺利进行。建立溯源信息服务平台，采集覆盖植物种子采购、播种（养殖）、施肥用药、收获、加工、运输、进入超市等各个环节信息，方便第三方监管。强化对农产品生产过程的质量管理，配合有效的法律法规，保障生态环境安全、农资安全、农产品安全。

（5）监管

利用物联网技术对农业土壤进行监测，确定该地块适于种植的作物，发现土壤问题及时进行土壤改良。物联网技术还可以对水环境进行检测，保证灌溉和畜禽用水的微生物和重金属离子含量不超标；对大气环境进行检测，及时检测出二氧化硫、二氧化氮等有毒气体含量，以便及时采取措施达到保证农作物健康生长的环境要求。农业生态环境是影响农产品质量安全的基础，通过物联网技术对农业环境进行监测，从源头控制动植物生产、加工、流通等环节的环境条件安全以保障农产品质量安全。

6.6.5　智慧农业解决方案

基于 ZigBee 技术的智慧农业解决方案，成本低廉，是一般人都能负担的价格；控制更简单，让每一位刚接触的人都能轻松使用；功耗更低、组网更方便、网络更健壮，给使用者带来高科技的全新感受。温室大棚规模越大，基于 ZigBee 技术的智慧农业解决方案在使用中，要准确及时地操控所有设备，最值得关注的应该就是网络信号的稳定性。鉴于温室大棚的网络覆盖区域比较广泛，可以使用物联无线中继器。智慧农业能有效连接物联 Internet 通信网关和超出物联 Internet 通信网关有效控制区域的其他 ZigBee 网络设备，实现中继组网，扩大覆盖区域，并传输网关的控制命令到相关网络设备，达到预期传输和控制的效果。基于先进的 ZigBee 技术，物联无线中继器无须接入网线，就可自行中继组网，扩散网络信号，让网络灵活顺畅运行，保障所有设备正常运行。

6.6.6　智慧农业未来趋势

智慧农业通过生产领域的智能化、经营领域的差异性以及服务领域的全方位信息服务，推动农业产业链改造升级；实现农业精细化、高效化与绿色化，保障农产品安全、农业竞争力提升和农业可持续发展。因此，智慧农业是我国农业现代化发展的必然趋势，需要从培育社会共识、突破关键技术和做好规划引领等方面入手，促进智慧农业发展。

改革开放以来，我国农业发展取得了显著成绩，粮食产量"十二连增"，蔬菜、水果、肉类、禽蛋、水产品的人均占有量也排在世界前列，但代价不菲。一是化肥农药滥用、地下水资源超采以及过度消耗土壤肥力，导致生态环境恶化，食品安全问题凸显；二是粗放经营，导致农业竞争力不强，出现农业增产、进口增加与库存增量的"三量齐增"现象，越来越多低端农产品滞销。解决这些问题就需要大力发展以运用智能设备、物联网、云计算与大数据等先进技术为主要手段的智慧农业。

（1）智慧农业推动农业产业链改造升级

升级生产领域，由人工走向智能。在种植、养殖生产作业环节，摆脱人力依赖，构建集环境生理监控、作物模型分析和精准调节于一体的农业生产自动化系统和平台，根据自然生态条件改进农业生产工艺，进行农产品差异化生产；在食品安全环节，构建农产品溯源系统，将农产品生产、加工等过程的各种相关信息进行记录并存储，并能通过食品识别号在网络上对农产品进行查询认证，追溯全程信息；在生产管理环节，特别是一些农垦区、现代农业产业园、大型农场等单位，智能设施与互联网广泛应用于农业测土配方、茬口作业计划以及农场生产资料管理等生产计划系统，提高效能。

升级经营领域，突出个性化与差异性营销方式。物联网、云计算等技术的应用，打破农业市场的时空地理限制，农资采购和农产品流通等数据将会得到实时监测和传递，有效解决信息不对称问题。目前一些地区特色品牌农产品开始在主流电商平台开辟专区，拓展农产品销售渠道，有实力的龙头企业通过自营基地、自建网站、自主配送的方式打造一体化农产品经营体系，促进农产品市场化营销和品牌化运营，预示农业经营将向订单化、流程化、网络化转变，个性化与差异性的定制农业营销方式将广泛兴起。所谓定制农业，就是根据市场和消费者特定需求而专门生产农产品，满足有特别偏好的消费者需求。此外，近年来各地兴起农业休闲旅游、农家乐热潮，旨在通过网站、线上宣传等渠道推广、销售休闲旅游产品，并为旅客提供个性化旅游服务，成为农民增收新途径和农村经济新业态。

升级服务领域，提供精确、动态、科学的全方位信息服务。在黑龙江等地区，已经试点应用基于北斗的农机调度服务系统；一些地区通过室外大屏幕、手机终端等这些灵活便捷的信息传播形式向农户提供气象、灾害预警和公共社会信息服务，有效地解决"信息服务最后一公里"问题。面向"三农"的信息服务为农业经营者传播先进的农业科学技术知识、生产管理信息以及农业科技咨询服务，引导龙头企业、农业专业合作社和农户经营好自己的农业生产系统与营销活动，提高农业生产管理决策水平，增强市场抗风险能力，做好节本增效、提高收益。同时，云计算、大数据等技术也推进农业管理数字化和现代化，促进农业管理高效和透明，提高农业部门的行政效能。

（2）智慧农业实现农业精细化、高效化、绿色化发展

实现精细化，保障资源节约、产品安全。一方面，借助科技手段对不同的农业生产对象实施精确化操作，在满足作物生长需要的同时，保障资源节约又避免环境污染。另一方面，实施农业生产环境、生产过程及生产产品的标准化，保障产品安全。生产环境标准化是指通过智能化设备对土壤、大气环境、水环境状况实时动态监控，使之符合农业生产环境标准；生产过程标准化是指生产的各个环节按照一定技术经济标准和规范要求通过智能化设备进行生产，保障农产品品质统一；生产产品标准化是指通过智能化设备实时精准地检测农产品品质，保障最终农产品符合相应的质量标准。

实现高效化，提高农业效率，提升农业竞争力。云计算、农业大数据让农业经营者便捷灵活地掌握天气变化数据、市场供需数据、农作物生长数据等，准确判断农作物是否该施肥、浇水或打药，避免了因自然因素造成的产量下降，提高了农业生产对自然环境风险的应对能力；通过智能设施合理安排用工用时用地，减少劳动和土地使用成本，促进农业生产组织化，提高劳动生产效率。互联网与农业的深度融合，使得诸如农产品电商、土地

流转平台、农业大数据、农业物联网等农业市场创新商业模式持续涌现,大大降低信息搜索、经营管理的成本。引导和支持专业大户、家庭农场、农民专业合作社、龙头企业等新型农业经营主体发展壮大和联合,促进农产品生产、流通、加工、储运、销售、服务等农业相关产业紧密连接,农业土地、劳动、资本、技术等要素资源得到有效组织和配置,使产业、要素集聚从量的集合到质的激变,从而再造整个农业产业链,实现农业与第二、第三产业交叉渗透、融合发展,提升农业竞争力。

实现绿色化,推动资源永续利用和农业可持续发展。2016 年中央一号文件指出,必须确立发展绿色农业就是保护生态的观念。智慧农业作为集保护生态、发展生产为一体的农业生产模式,通过对农业精细化生产,实施测土配方施肥、农药精准科学施用、农业节水灌溉,推动农业废弃物资源化利用,达到合理利用农业资源、减少污染、改善生态环境,既保护好青山绿水,又实现产品绿色安全优质。借助互联网及二维码等技术,建立全程可追溯、互联共享的农产品质量和食品安全信息平台,健全从农田到餐桌的农产品质量安全过程监管体系,保障人民群众"舌尖上的绿色与安全"。利用卫星搭载高精度感知设备,构建农业生态环境监测网络,精细获取土壤、墒情、水文等农业资源信息,匹配农业资源调度专家系统,实现农业环境综合治理、全国水土保持规划、农业生态保护和修复的科学决策,加快形成资源利用高效、生态系统稳定、产地环境良好、产品质量安全的农业发展新格局。

(3)促进智慧农业大发展的思路

美国、日本等发达国家的农业实践表明,智慧农业是农业发展进程中的必然趋势。据美国农业部统计,2012 年已有 69.6%的美国农场使用互联网进行农业有关的生产经营活动,有 38.5%、23.7%农场分别使用 DSL(数字用户线路)服务和卫星遥感服务。日本人均耕地仅有 0.7 亩,但通过农业信息网络、农业数据库系统、精准农业、生物信息、电子商务等现代信息技术,实现了播种、控制与质量安全及农产品物流等方面的智慧化,农业安全生产和农产品流通效率位居世界前列。目前我国智慧农业呈现良好发展势头,但整体上还属于现代农业发展的新理念、新模式和新业态,处于概念导入期和产业链逐步形成阶段,在关键技术环节方面和制度机制建设层面面临支撑不足问题,且缺乏统一、明确的顶层规划,资源共享困难和重复建设现象突出,一定程度上滞后于信息化整体发展水平。

(4)作为新理念,需要培育共识,抢抓机遇

社会各界,特别是各级政府、科研院所、农业从业人员要认真学习、深刻领会近年来党的中央一号文件精神以及习近平总书记"以科技为支撑走内涵式现代农业发展道路"的讲话精神,认识到目前我国农业发展正处于由传统农业向现代农业转变的拐点上,智慧农业将改变数千年传统农业生产方式,是现代农业发展的必经阶段。因此,社会各界一定要达成大力发展智慧农业的共识,牢牢抓住新一轮科技革命和产业变革为农业转型升级带来的强劲驱动力和"互联网+"现代农业战略机遇期,加快农业技术创新和深入推动互联网

与农业生产、经营、管理和服务的融合。

（5）作为新模式，需要政府支持，重点突破

智慧农业具有一次性投入大、受益面广和公益性强等特点，需要政府的支持和引导，实施一批有重大影响的智慧农业应用示范工程和建设一批国家级智慧农业示范基地。智慧农业发展需要依托的关键技术（如智能传感、作物生长模型、溯源标准体、云计算大数据等）还存在可靠性差、成本居高不下、适应性不强等难题，需要加强研发，攻关克难。同时，智慧农业发展要求农业生产的规模化和集约化，必须在坚持家庭承包经营基础上，积极推进土地经营权流转，因地制宜发展多种形式规模经营。与传统农业相比，智慧农业对人才有更高的要求，因此要将职业农民培育纳入国家教育培训发展规划，形成职业农民教育培训体系。另外，要重视相关法规和政策的制定和实施，为农业资金投入和技术知识产权保驾护航，维护智慧农业参与主体的权益。

（6）作为新业态，需要规划引领，资源聚合

智慧农业发展必然经过一个培育、发展和成熟的过程，因此，当前要科学谋划，制定出符合中国国情的智慧农业发展规划及地方配套推进办法，为智慧农业发展描绘总体发展框架，制定目标和路线图，从而打破我国智慧农业虽然发展多年但却各自为政所形成的资源、信息孤岛局面，将农业生产单位、物联网和系统集成企业、运营商和科研院所相关人才、知识科技等优势资源互通，形成高流动性的资源池，形成区域智慧农业乃至全国智慧农业发展一盘棋局面。

7 计算机等级考试

7.1 等级考试简介

全国计算机等级考试（National Computer Rank Examination，NCRE），是经原国家教育委员会（现教育部）批准，由教育部考试中心主办，面向社会，用于考查应试人员计算机应用知识与技能的全国性计算机水平考试体系。

计算机技术的应用在我国各个领域发展迅速，为了适应知识经济和信息社会发展的需要，操作和应用计算机已成为人们必须掌握的一种基本技能。许多单位、部门已把掌握一定的计算机知识和应用技能作为人员聘用、职务晋升、职称评定、上岗资格的重要依据之一。鉴于社会的客观需求，经原国家教委批准，原国家教委考试中心于 1994 年面向社会推出了 NCRE，其目的在于以考促学，向社会推广和普及计算机知识，也为用人部门录用和考核工作人员时提供一个统一、客观、公正的标准。

7.1.1 报名时间

NCRE 所有科目每年开考两次。一般为每年 3 月倒数第二个周六和 9 月倒数第二个周六，考试持续 1～3 天。考生具体考试日期时间和考场地点，由考务系统编排考场时随机确定。

报名时间一般在每年的 6 月和 12 月，具体报名时间可登录"北京市全国计算机等级考试网上报名网站"（网址：http://ncre.bjeea.cn）查询；也可登录"北京教育考试院网站"（网址：http://www.bjeea.cn）"非学历考试"栏目，点击"NCRE 报考"进入报名网站后查询。

7.1.2 考试形式

NCRE 考试采用全国统一命题，统一考试时间的形式，所有级别/科目全部实行无纸化考试。考试时间：一级、四级为 90 分钟；二级、三级为 120 分钟。考生不受年龄、职业、民族、种族和受教育程度等的限制，均可根据自己学习情况和实际能力选考相应的级别和科目。

2018 版考试体系下，考生可以根据自己的实际情况选择一个考点，报名参加该考点组织实施的一个或多个级别/科目的考试，但不能重复报考某个科目。各考点根据设备情况等设定本考点的考试科目及限报科次（即在本考点每位考生最多可以报考的科目数），考生在报名前需要查询考点相关信息，根据本人情况选择考点报考。

一级、二级、三级科目获证条件为该科目成绩合格，即可获得相应科目证书。

四级科目获证条件为四级科目成绩合格，并已经（或同时）获得相应三级科目证书。三级软件测试技术（代码 37）证书，以及考生 2013 年 3 月及以前获得的三级各科目证书，可以作为四级任一科目的获证条件。

四级考试成绩，自考试结束之日起可保留半年（按月计算）。如考生同时报考了三级网络技术、四级网络工程师两个科目，结果通过了四级网络工程师考试，但没有通过三级网络技术考试，将不颁发任何证书，四级网络工程师成绩保留半年。半年内参加考试，考生报考三级网络技术并通过，将一次获得三级网络技术、四级网络工程师两个科目的证书；若没有通过三级网络技术，将不能获得任何证书。超过时限，四级网络工程师成绩自动失效。

7.1.3　教材大纲

全国计算机等级考试教材目录（2020 年版）和考试大纲可以在以下网址中获取，详见 http://ncre.neea.edu.cn/html1/category/1507/899-1.htm，通过免费下载对应科目的教材目录和教材大纲。

7.1.4　成绩核算

NCRE 考试实行百分制计分，以等第成绩通知考生。等第成绩分为不及格、及格、良好、优秀四等。0～59 分为不及格，60～79 分为及格，80～89 分为良好，90～100 分为优秀。考试成绩在及格以上者，由教育部考试中心印发合格证书。考试成绩为及格的，合格证书上标注"合格"字样；考试成绩为良好的，合格证书上标注"良好"字样；考试成绩为优秀的，合格证书上标注"优秀"字样。NCRE 所有级别证书均无时效限制。

7.2　相关考试题目

1．下列叙述中正确的是（　　）
A．循环队列是线性结构　　　　B．循环队列是线性逻辑结构
C．循环队列是链式存储结构　　D．循环队列是非线性存储结构

2．设某棵树的度为 3，其中度为 3，2，1 的节点个数分别为 3，0，4。则该树中的叶子的节点数为（　　）
A．6　　　　　　B．7　　　　　　C．8　　　　　　D．不可能有这样的树

3. 设有一个栈与一个队列的初始状态均为空。现有一个序列 A，B，C，D，E，F，G，H，先分别将序列中的前 4 个元素依次入栈，后 4 个元素依次入队；然后分别将栈中的元素依次退栈，再将队列中的元素依次退队。最后得到的序列为（   ）

A．A，B，C，D，H，G，F，E   B．D，C，B，A，H，G，F，E

C．A，B，C，D，E，F，G，H   D．D，C，B，A，E，F，G，H

4. 下列叙述中错误的是（   ）

A．具有两个根节点的数据结构一定属于非线性结构

B．具有两个以上叶子节点的数据结构一定属于非线性结构

C．具有两个以上指针域的链式结构一定属于非线性结构

D．具有一个根节点且只有一个叶子节点的数据结构也可能是非线性结构

5. 下面不属于结构化程序设计原则的是（   ）

A．模块化   B．自顶向下   C．可继承性   D．逐步求精

6. 下面不属于软件需求规格说明书内容的是（   ）

A．软件的可验证性   B．软件的功能需求

C．软件的性能需求   D．软件的外部接口

7. 代码编写阶段可进行的软件测试是（   ）

A．集成测试   B．单元测试   C．确认测试   D．系统测试

8. 数据库管理系统（DBMS）是（   ）

A．系统软件   B．硬件系统

C．一个完整的数据库应用系统   D．既包括硬件也包括软件的系统

9. 公司的开发人员可以同时参加多个项目的开发，则实体开发人员和实体项目间的联系是（   ）

A．一对一   B．一对多   C．多对一   D．多对多

10. 设有课程关系模式如下：

R（C#，Cn，T，Ta）（其中 C#为课程号，Cn 为课程名，T 为教师名，Ta 为教师地址）并且假定不同课程号可以有相同的课程名，每个课程号下只有一位任课教师，但每位教师可以有多门课程。关系 R 中对主属性的传递依赖为（   ）

A．C#→Tn   B．C#→T，T→Ta

C．（C#，T）→Ta   D．C#→Cn，Cn→Ta

11. 字长是计算机的一个重要指标，在工作频率不变和 CPU 体系结构相似的前提下，字长与计算机性能的关系是（   ）

A．字长越长，计算机的数据处理速度越快

B．字长越短，计算机的数据处理速度越快

C．字长表示计算机的存储容量大小，字长越长计算机的读取速度越快

D. 字长越短，表示计算机的并行能力越强

12. 一台计算机的硬盘容量标为 800GB，其存储容量是（　　）

A. 800×2^10 B　　B. 800×2^20 B　　C. 800×2^30 B　　D. 800×2^40 B

13. 计算机中的字符包括西文字符和中文字符，关于字符编码，下列说法错误的是（　　）

A. 在计算机中，西文字符和中文字符采用相同的二进制字符编码进行处理

B. 计算机中最常用的西文字符编码是 ASCII，被国际标准化组织指定为国际标准

C. 在计算机中，对于西文与中文字符，由于形式的不同，使用不同的编码

D. 国标码是一种汉字的编码，一个国标码用两个字节来表示一个汉字

14. 作为现代计算机理论基础的冯·诺依曼原理和思想是（　　）

A. 十进制和存储程序概念　　　　　　B. 十六进制和存储程序概念

C. 二进制和存储程序概念　　　　　　D. 自然语言和存储器概念

15. 小马在一篇 Word 文档中创建了一个漂亮的页眉，她希望在其他文档中还可以直接使用该页眉格式，最优的操作方法是（　　）

A. 下次创建新文档时，直接从该文档中将页眉复制到新文档中

B. 将该文档保存为模板，下次可以在该模板的基础上创建新文档

C. 将该页眉保存在页眉文档部件库中，以备下次调用

D. 将该文档另存为新文档，并在此基础上修改即可

16. 小江需要在 Word 中插入一个利用 Excel 制作好的表格，并希望 Word 文档中的表格内容随 Excel 源文件的数据变化而自动变化，最快捷的操作方法是（　　）

A. 在 Word 中通过"插入"→"对象"功能插入一个可以链接到原文件的 Excel 表格

B. 复制 Excel 数据源，然后在 Word 中通过"开始"→"粘贴"→"选择性粘贴"命令进行粘贴链接

C. 复制 Excel 数据源，然后在 Word 右键快捷菜单上选择带有链接功能的粘贴选项

D. 在 Word 中通过"插入"→"表格"→"Excel 电子表格"命令链接 Excel 表格

17. 赵老师在 Excel 中为 400 位学生每人制作了一个成绩条，每个成绩条之间有一个空行分隔。他希望同时选中所有成绩条及分隔空行，最快捷的操作方法是（　　）

A. 直接在成绩条区域中拖动鼠标进行选择

B. 单击成绩条区域的某一个单元格，然后按 Ctrl+A 组合键两次

C. 单击成绩条区域的第一个单元格，然后按 Ctrl+Shift+End 组合键

D. 单击成绩条区域的第一个单元格，按下 Shift 键不放再单击该区域的最后一个单元格

18. 小曾希望对 Excel 工作表的 D、E、F 三列设置相同的格式，同时选中这三列的最快捷操作方法是（　　）

A. 用鼠标直接在 D、E、F 三列的列标上拖动完成选择

B. 在名称框中输入地址"D：F"，按回车键完成选择

C．在名称框中输入地址"D，E，F"，按回车键完成选择

D．按下 Ctrl 键不放，依次单击 D、E、F 三列的列标

19．小李利用 PowerPoint 制作一份学校简介的演示文稿，他希望将学校外景图片铺满每张幻灯片，最优的操作方法是（　　）

A．在幻灯片母版中插入该图片，并调整大小及排列方式

B．将该图片文件作为对象插入全部幻灯片中

C．将该图片作为背景插入并应用到全部幻灯片中

D．在一张幻灯片中插入该图片，调整大小及排列方式，然后复制到其他幻灯片

20．小明利用 PowerPoint 制作一份考试培训的演示文稿，他希望在每张幻灯片中添加包含"样例"文字的水印效果，最优的操作方法是（　　）

A．通过"插入"选项卡上的"插入水印"功能输入文字并设定版式

B．在幻灯片母版中插入包含"样例"二字的文本框，并调整其格式及排列方式

C．将"样例"二字制作成图片，再将该图片作为背景插入并应用到全部幻灯片中

D．在一张幻灯片中插入包含"样例"二字的文本框，然后复制到其他幻灯片

参考答案：1～5 ABDCC　6～10 ABADB　11～15 ACACC　16～20 CCACB

8 教学策略

本书是为了配合本科通识课教学而编写的，目前很多高校都开设了本科通识课，通识教育课程是实现通识教育理念和目标的关键因素。其教学目的是完善除专业教育之外的基础教育课程。通过知识的基础性、整体性、综合性、广博性，使学生拓宽视野、避免偏狭，培养独立思考与判断能力、社会责任感和健全人格等方面的能力。面向物联网的无线传感网正是为着这样的目标而开设，其中很多内容随着科技的发展，不定时的就会有新的技术和方法的产生，因此在教学过程中要紧跟时代的发展，跟踪前沿，更新教学内容，同时又要注重基本理论和方法的讲解；注重密切联系生产生活、理论联系实际。具体分章节来进一步阐述：

第 1 章 物联网。重点在基本理论和概念的介绍上，6 学时。

第 2 章 无线传感器网络技术。重点在基本理论和概念的介绍上，在这一章学生们要明确无线传感器网络技术与物联网的关系，前者是后者的一部分是关键技术，6 学时。

第 3 章 计算机网络。重点在基本理论和概念的介绍上，因为是通识课不必讲过于深入的知识，4 学时。

第 4 章 传感器技术。一般性介绍，与实际生活相联系，2 学时。

第 5 章 关键技术。这是单独提出来的部分，有些与前面重合的可以略过不讲，将最新的科技动向放在这个部分，4 学时。

第 6 章 典型应用。建议这个部分同学们根据自身专业和兴趣选择一个应用准备 PPT，在课程上进行汇报，然后进行讨论。10 学时。

第 7 章 计算机等级考试。准备相关等级考试题目，在每次课前 10 分钟做一下，强化计算机的相关知识。

参考文献

[1] 金锐. 浅谈全国计算机等级考试二级 MS OFFICE [J]. 电子世界，2019，21：105.

[2] 孙志国. 区块链、物联网与智慧农业[J]. 农业展望，2017，13（12）：72-74.

[3] 袁小平，徐江，侯攀峰. 基于物联网的智慧农业监控系统[J]. 江苏农业科学，2015，43（3）：376-378.

[4] 顿文涛，赵玉成，袁帅，等. 基于物联网的智慧农业发展与应用[J]. 农业网络信息，2014，12：9-12.

[5] 彭程. 基于物联网技术的智慧农业发展策略研究[J]. 西安邮电学院学报，2012，17（2）：94-98.

[6] 李道亮. 物联网与智慧农业[J]. 农业工程，2012，2（1）：1-7.

[7] 罗成奎. 大数据技术在智慧旅游中的应用[J]. 旅游纵览，2013，8：59-60.

[8] 付业勤，郑向敏. 我国智慧旅游的发展现状及对策研究[J]. 开发研究，2013，4：62-65.

[9] 朱珠，张欣. 浅谈智慧旅游感知体系和管理平台的构建[J]. 江苏大学学报（社会科学版），2011，13（6）：97-100.

[10] 朱艳萍，林炜铃."互联网+"时代智慧旅游景区供应链结构要素创新[J]. 智能建筑与智慧城市，2019，11：36-38.

[11] 景区智慧旅游综合管理平台[J]. 无线电工程，2020，50（2）：171.

[12] 叶瑶，杨喆曦. 基于智慧旅游的创新服务研究[J]. 广西质量监督导报，2019，12：155-156.

[13] 钟小容. 生态环境监测网络建设在环境监测中的应用[J]. 住宅与房地产，2016，24：265.

[14] 何正源，段田田，张颖，等. 物联网中区块链技术的应用与挑战[J]. 应用科学学报，2020，38（1）：22-33.

[15] 杨子江. 无线通讯技术热点及发展趋势[J]. 赤峰学院学报（自然科学版），2015，31（21）：66-67.

[16] 张鹏，管增安，张强. 互联网背景下移动通讯技术的发展趋势[J]. 科技资讯，2018，16（6）：49-50.

[17] 刘白冰. 现代无线通讯技术发展现状和发展趋势研究[J]. 通讯世界，2017，5：29-30.

[18] 王亚文，王丹，刘佳. 浅谈 5G 通讯技术及其发展趋势[J]. 电子制作，2019，18：73-74.

[19] 谷雨. MEMS 技术现状与发展前景[J]. 电子工业专用设备，2013，42（8）：1-8，49.

[20] 毕绒超. 浅谈传感器技术的研究现状与发展趋势[J]. 无线互联科技，2015，20：28-29.

[21] 姚金霞，王利，郭鹏，等. 传感器在农业领域的应用现状及发展趋势[J]. 四川农业与农机，2019，1：26-27.

[22] 白彦飞. 对我国红外线传感器应用现状及发展趋势的认识[J]. 海峡科技与产业，2017，4：95-96.

[23] 彭静，刘光祜，谢世欢. 无线传感器网络路由协议研究现状与趋势[J]. 计算机应用研究，2007，2：4-9.

[24] 卢一鑫，杨璐娜. 光纤传感器的应用现状及未来发展趋势[J]. 科技信息，2011，3：113-114.

[25] 李景丽，陈瑞球. 我国传感器现状及其发展趋势[J]. 仪表技术，2003，5：39-40.

[26] 杨珂. 浅谈网络信息安全现状[J]. 数字技术与应用，2013，2：172.

[27] 肖世清. 基于计算机网络技术的计算机网络信息安全及其防护策略探讨[J]. 轻纺工业与技术，2020，49（1）：153，60.

[28] 王红梅，宗慧娟，王爱民. 计算机网络信息安全及防护策略研究[J]. 价值工程，2015，34（1）：209-210.

[29] Intel 推出面向无线与 Internet 基础设施应用的微处理器架构[J]. 电子产品世界，2000，9：58.

[30] 陶亮. 浅析计算机广域网络的设计实施[J]. 电子技术与软件工程，2013，15：164.

[31] 李双林. 局域网环境下计算机网络安全防护技术应用研究[J]. 网络安全技术与应用，2019，10：7-8.

[32] 胡友树. 计算机网络系统的组成[J]. 电脑知识与技术，2005，6：43-44.

[33] 白天毅. 大数据时代人工智能在计算机网络技术中的应用[J]. 科技创新与应用，2020，2：169-170.

[34] 司海飞，杨忠，王珺. 无线传感器网络研究现状与应用[J]. 机电工程，2011，28（1）：16-20，37.

[35] 陆鹏. 无线传感器网络技术在航空领域的应用[J]. 装备维修技术，2019，4：139，74.

[36] 王可心. 无线传感器网络在环境监测中的应用探析[J]. 环境与发展，2019，31（9）：162-163.

[37] 张白艳. 基于 LoRaWAN 协议的无线传感器网络开发与数据采集算法研究[D]. 杭州：浙江农林大学，2018.

[38] 易月娥. 面向物联网的无线传感器网络关键技术研究[J]. 长沙民政职业技术学院学报，2017，24（4）：118-121.

[39] 刘龙庚. 大数据环境下无线传感器网络关键技术研究[D]. 成都：电子科技大学，2017.

[40] 陈卓，马原. 无线传感器网络的关键技术及其在物联网中的应用[J]. 信息与电脑（理论版），2019，7：163-164.

[41] 李蔚. 基于 ZigBee 的无线传感器网络通信协议栈设计与实现[D]. 成都：电子科技大学，2012.

[42] 赵继军，刘云飞，赵欣. 无线传感器网络数据融合体系结构综述[J]. 传感器与微系统，2009，28（10）：1-4.

[43] 高承志. 无线传感器网络通信协议及专用实验平台研究[D]. 南京：东南大学，2015.

[44] 王刚，何世华，郭静静，等. 基于无线传感器网络的室内监控系统探究[J]. 卫星电视与宽带多媒体，2019，22：41-42.

[45] 姜丽秋，曾祥成. 无线传感器网络在精准农业中的能效分析[J]. 农家参谋，2019，23：34.

[46] 张超. 无线传感器网络时间同步技术进展[J]. 重庆工商大学学报（自然科学版），2019，36（6）：88-94.

[47] 龙俊. 浅析无线传感器网络技术的特点与应用[J]. 广东职业技术教育与研究，2019，6：181-184.

[48] 钱志鸿，王义君. 面向物联网的无线传感器网络综述[J]. 电子与信息学报，2013，35（1）：215-227.

[49] 张毅军，白文华. M2M 技术在物联网中的发展及应用[J]. 通讯世界，2015，8：49-50.

[50] 彭改丽. 物联网在智能农业中的应用研究[D]. 郑州：郑州大学，2012.

[51] 温荣丽. 物联网工程中 M2M 技术研究[J]. 电子制作，2019，20：66-67.

[52] 唐嘉麒. 浅析 5G 无线通信技术及对物联网产业链发展的意义[J]. 中国新通信，2019，21（18）：1-2.

[53] 李金瑶. 物联网产业发展现状及瓶颈研究[J]. 现代商业，2019，18：61-62.

[54] 杜博. 物联网产业发展趋势及我国物联网产业发展[J]. 电子技术与软件工程，2019，24：1-2.

[55] 章玮. 我国农业物联网发展存在的问题及对策[J]. 现代农业科技，2019，12：250-253.

[56] 方璐. 基于 5G 通信技术的物联网产业链发展[J]. 电子技术与软件工程，2020，1：9-10.

[57] 尹春林，杨莉，杨政，等. 物联网体系架构综述[J]. 云南电力技术，2019，47（4）：68-70+9.

[58] 李晓维，徐勇军，任丰原. 无线传感器网络技术[M]. 北京：北京理工大学出版社，2007.

[59] 谭励. 无线传感器网络理论与技术应用[M]. 北京：机械工业出版社，2011.

[60] 冯启言，肖昕，李红艺，等. 环境监测（第六章 生物、生态监测 第五节）[M]. 徐州：中国矿业大学出版社，2007.

[61] 庄雷，赵成国. 区块链技术创新下数字货币的演化研究：理论与框架[J]. 经济学家，2017，5：76-83.

[62] 王建中. 区块链、数字货币与金融安全[N]. 第一财经日报，2020-01-22.

[63] 张育玮. 对基于区块链的数字货币风险管理问题的几点探讨[J]. 现代经济信息，2019，22：244-245.

[64] 王大亮. 物联网技术应用及主要特点[J]. 现代物业（中旬刊），2018，3：30.

[65] 王雅志. 基于蓝牙技术的嵌入式家庭网关的研究与实现[D]. 长沙：湖南大学，2010.

[66] 程茵. 概说物联网的起源和现况[J]. 无线互联科技，2014，5：28.

[67] 童腾飞，宋刚，刘惠刚. 欧洲智慧城市发展及其启示[J]. 办公自动化，2015，7：6-13.

[68] 宋刚，邬伦. 创新 2.0 视野下的智慧城市[J]. 城市发展研究，2012，19（9）：53-60.

[69] 赵阳，姚正言. 智慧城市建设发展现状分析[J]. 智能建筑与智慧城市，2019，8：26-7，30.

[70] 李海晏. 我国智慧城市标准化现状及面临的挑战与对策[J]. 中国标准化，2019，12：193-197.

[71] 张红卫，刘棠丽. ISO/IEC JTC1/WG 11 伦敦会议智慧城市国际标准化动态[J]. 信息技术与标准化，2019，8：9-12.

[72] 王惠莅. 我国智慧城市网络安全标准化进展[J]. 信息技术与标准化，2019，8：25-29.

[73] 何遥. AI 和智慧城市标准化与新技术[J]. 中国公共安全，2019，10：46-51.

[74] 田茜. 云计算、大数据和生物识别技术将打造未来机场[J]. 计算机与网络，2019，45（17）：46-47.

[75] 钟书华. 物联网演义（一）——物联网概念的起源和演进[J]. 物联网技术，2012，2（5）：87-89.

[76] 唐明双. 无线传感器网络应用技术综述[J]. 科技资讯，2018，16（36）：42-43.

[77] 郭志鹏，李娟，赵友刚，等. 物联网中的无线传感器网络技术综述[J]. 计算机与应用化学，2019，36（1）：72-83.

[78] 杜建强，杨琴. 大学计算机基础及应用[M]. 北京：高等教育出版社，2010.

[79] 刁树民，陈玉林，马传志，等. 大学计算机基础（第三版）[M]. 北京：清华大学出版社，2009.

[80] 陈永华. 基于嵌入式系统的网络化智能传感器研究与开发[D]. 武汉：华中科技大学，2007.

[81] 夏长林，孟庆勋. 无线传感器网络中移动目标的定位与跟踪技术研究[J]. 电脑知识与技术，2018，14（31）：249-250.

[82] 闫雷兵. 基于无线传感器网络的目标定位与跟踪技术研究[D]. 南京：南京邮电大学，2017.

[83] 方小白. 传感器网络[J]. 应用层. 2016（4）.

[84] 许子明，田杨锋. 云计算的发展历史及其应用[J]. 信息记录材料，2018，19（8）：72-73.

[85] 曹成. 嵌入式实时操作系统 RT-Thread 原理分析与应用[D]. 济南：山东科技大学，2011.

[86] 《电子产品世界》编辑部. 2008 年度嵌入式应用调查报告[J]. 电子产品世界，2009（1）：11-14.

[87] 张齐，劳炽元. 轻量级协议栈 LWIP 的分析与改进[J]. 计算机工程与设计，2010，31（10）：2169-2671，256.

[88] 朱迪. FreeRTOS 实时操作系统任务调度优化的研究与实现[D]. 南京：南京邮电大学，2015.

[89] 邹昌伟，王林. 面向嵌入式的协程与脚本化机制[J]. 计算机应用，2014，34（5）：188-192.

[90] 郑志来. 基于大数据视角的社会治理模式创新[J]. 电子政务，2016（9）：55-60.

[91] 罗晓慧. 浅谈云计算的发展[J]. 电子世界，2019，566（8）：106.

[92] 赵斌. 云计算安全风险与安全技术研究[J]. 电脑知识与技术，2019，15（2）：33-34.

[93] 孙杰. 浅谈计算机云计算及实现技术分析[J]. 计算机光盘软件与应用，2014（24）：39.

[94] 李文军. 计算机云计算及其实现技术分析[J]. 军民两用技术与产品，2018（22）.

[95] 王雄. 云计算的历史和优势[J]. 计算机与网络，2019，45（2）：50.

[96] 王德铭. 计算机网络云计算技术应用[J]. 电脑知识与技术，2019，15（12）：280-281.

[97] 黄文斌. 新时期计算机网络云计算技术研究[J]. 电脑知识与技术，2019，15（3）：47-48.

[98] 宋刚，朱慧，童云海. 钱学森大成智慧理论视角下的创新 2.0 和智慧城市[J]. 办公自动化，2014，17：7-13.

[99] 王殊，阎毓杰，胡富平. 无线传感器网络的理论和应用[M]. 北京：北京航空航天大学出版社，2007.

[100] 沈萍，舒卫英. 期待"智慧城市"助力智慧旅游[J]. 浙江经济，2012，1：48-49.

[101] 滑楠. 无线传感器网络相关理论与应用研究[D]. 西安：西北工业大学，2007.

[102] 付珊珊. 基于 ARM 的智能家居管理终端的研究与实现[D]. 淮南：安徽理工大学，2014.

[103] 阮星，蔡闯华. 一个基于 ZigBee 协议的智能照明应用实例的实现[J]. 赤峰学院学报（自然版），2011，27（8）：44-46.

[104] 刘凌云. 智能家居控制系统[D]. 呼和浩特：内蒙古大学，2014.

[105] 王坤. 基于蓝牙技术的嵌入式家庭网关研究与实现[J]. 电脑知识与技术，2007，20：368-369.

[106] 王岩. 智能家居发展现状及未来发展建议[J]. 电信网技术，2018，285（3）：22-27.

[107] 王晓燕. 智能化项目建设过程中的几个关键环节[J]. 电子世界，2013，14：175.

[108] 张树. 智能家居遇到物联网[J]. 中国公共安全：学术版，2013.

[109] 袁荣亮. 嵌入式智能家居网关的研究与实现[D]. 杭州：浙江工业大学，2013.

[110] 曾珍英. 生态环境监测技术[J]. 科技与企业，2012，14：373.

[111] 杨焕军. 生态监测的技术及在我国的应用[J]. 中国新技术新产品，2009（2）.

[112] 孙巧明. 试论生态环境监测指标体系[J]. 生物学杂志，2004，4：13-14，6.

[113] 叶磊. 物联网与无线传感器网络[J]. 商情，2014，46.

[114] 钱志鸿，王义君. 面向物联网的无线传感器网络综述[J]. 电子与信息学报，2013，35（1）：215-227.

[115] 计建洪. 生物监测与生态监测的比较分析[J]. 四川化工，2006，5：48-51.

[116] 陈慧，李伟. 智能交通中物联网技术的应用[J]. 江西通信科技，2015，132（4）：42-45.

[117] 顾兆旭，崔鹏，焦战. 物联网技术在智能交通中的应用[J]. 信息与电脑（理论版），2018，418（24）：166-167.

[118] 乔美昀，廖文清. 汽车远程故障诊断系统研究[J]. 企业科技与发展，2012，11（6）：46-49.

[119] 盛军. 对物联网在智能交通中的应用探讨[J]. 计算机光盘软件与应用，2013，1：168-178.

[120] 李天祥. Android 物联网开发细致入门与最佳实践[M]. 北京：中国铁道出版社，2016.

[121] 谢希仁. 计算机网络，7 版[M]. 北京：电子工业出版社，2017.

[122] 孙利民，张书钦，李志，等. 无线传感器网络：理论及应用[M]. 北京：清华大学出版社，2018.

[123] 余成波，李洪兵，陶红艳. 无线传感器网络实用教程[M]. 北京：清华大学出版社，2012.

[124] 刘伟荣，何云. 物联网与无线传感器网络[M]. 北京：电子工业出版社，2013.

[125] SOHRABY，K，MINOLI，D，ZNATI，等. 无线传感器网络：技术、协议与应用[M]. 北京：电子工业出版社，2019.

[126] 曾园园. 物联网导论[M]. 北京：中国铁道出版社，2012.

[127] 威廉·斯托林斯. 现代网络技术：SDN、NFV、QoE、物联网和云计算[M]. 北京：机械工业出版社，2018.

[128] KAMAL. 物联网导论[M]. 北京：机械工业出版社，2019.

[129] 余成波，李洪兵，陶红艳. 无线传感器网络实用教程[M]. 北京：清华大学出版社，2012.

[130] 博客园，https://www.cnblogs.com/fangyz/p/5472345.html.

[131] 360 百科，https://baike.so.com/doc/302986-320742.html.

[132] 电子工程世界，http://www.eeworld.com.cn/tags/%C2%B5Clinux.

[133] CSDN 博客，https://blog.csdn.net/uuZC66688/article/details/77854762.

[134] 360 问答，https://wenda.so.com/q/1373014855069962.

[135] 360 百科，https://baike.so.com/doc/838338-886557.html.

[136] 360 百科，https://baike.so.com/doc/5912261-6125169.html.

[137] 中国传感器市场近几年总体呈上升趋势，http://www.eepw.com.cn/article/203313.htm.

[138] 盘点：工业用传感器，https://gongkong.ofweek.com/2015-12/ART-310018-8500-29033946.html.

[139] 我国传感器产业八大优势分析，http://news.rfidworld.com.cn/2013_12/c5403c0b18d78a37.html.

[140] 仪表技术与传感器，http://www.i-s.com.cn.

[141] 传感器世界，http://www.sensorworld.com.cn.

[142] 中国传感器，http://www.sensor.com.cn.

[143] 传感器技术，http://www.sensor-tech.com.cn.

[144] 传感技术学报网，http://www.cgjs.chinajournal.net.cn.

[145] 传感器资讯网，http://www.globalsensors.com.cn.

[146] CSDN 博客，https://blog.csdn.net/LEON1741/article/details/77200220.

[147] 博客园，http://www.cnblogs.com/bigben0123/p/9399753.html.

[148] 搜狐，https://www.sohu.com/a/287161977_100058214.

[149] 前瞻网，https://t.qianzhan.com/ind/detail/151010-77b95476.html.

[150] 搜狐，https://www.sohu.com/a/127967286_574041.

[151] CSDN 博客，https://blog.csdn.net/xinshucredit/article/details/88121638.

[152] 新华网，http://www.xinhuanet.com/politics/2017-12/12/c_1122094339.htm.

[153] CSDN 博客，https://blog.csdn.net/duozhishidai/article/details/89280558.

[154] 360 百科，https://www.zhihu.com/question/51020471/answer/126057071.

[155] 好居网，http://www.haoliv.com/s/114407.

[156] 多智时代，http://www.duozhishidai.com/article-7007-1.html.

[157] CSDN 博客，https://blog.csdn.net/i6448038/article/details/80184525.

[158] 微 信 ， https://mp.weixin.qq.com/s?__biz=MjM5OTI4NDMyNg==&mid=2649953588&idx=2&sn=7df0d0af978baffe9d99b677d8aed86b&chksm=bf3a6e3d884de72ba993f6b1413b0bf6b2d3437f512bbc8cfa5f9a044a356f6244d124fff4b6&mpshare=1&scene=23&srcid=10260gglyXmnyPtaEzLigzXb&sharer_sharetime=1572224795345&sharer_shareid=7e02e947a33ea3470d7377eef2df440c#rd.

[159] 百度文库，https://wenku.baidu.com/view/290feba54793daef5ef7ba0d4a7302768e996faa.html?from=search.

[160] 360 百科，https://baike.so.com/doc/3430033-3609895.html.

[161] 千家网，http://www.qianjia.com/html/2019-05/31_339123.html.

[162] 百度文库，https://wenku.baidu.com/view/2779eb83f342336c1eb91a37f111f18582d00c10.html.

[163] 百度百科，https://baike.baidu.com/item/%E6%99%BA%E8%83%BD%E4%BA%A4%E9%80%9A%E7%B3%BB%E7%BB%9F/1188149?fromtitle=%E6%99%BA%E8%83%BD%E4%BA%A4%E9%80%9A&fromid=10510091&fr=aladdin.

[164] 百度文库，https://wenku.baidu.com/view/65f49f8b5b8102d276a20029bd64783e08127d1b.html.

[165] 百度文库，https://wenku.baidu.com/view/8f1f86c3bf23482fb4daa58da0116c175e0e1e31.html.

[166] 百度文库，https://wenku.baidu.com/view/c31a43c83868011ca300a6c30c2259010302f374.html.

[167] 百度文库，https://wenku.baidu.com/view/5b372b6e5afb770bf78a6529647d27284b733795.html.

[168] 百度文库，https://wenku.baidu.com/view/f49d1fd09989680203d8ce2f0066f5335a81676a.html?fr=search.

[169] 百度文库，https://wenku.baidu.com/view/14a51e8b0a4c2e3f5727a5e9856a561253d32129.html?rec_flag=default&fr=pc_oldview_relate-1001_1-4.

[170] 百度文库，https://wenku.baidu.com/view/e716f05b393567ec102de2bd960590c69ec3d832.html.

[171] Jin，Jiang，无线网络技术教程：原理、应用与仿真实验[M]. 北京：清华大学出版社，2017.

[172] 百度文库，https://wenku.baidu.com/view/925f75a7d3f34693daef5ef7ba0d4a7302766cee.html.

[173] 百度文库，https://wenku.baidu.com/view/0b3baec0dbef5ef7ba0d4a7302768e9950e76e4d.html.

[174] 百度文库，https://wenku.baidu.com/view/d5e72a44524de518964b7de6.html.

[175] 吴功宜，著. 物联网工程专业规划教材：物联网工程导论[M]. 北京：机械工业出版社，2012.

[176] 百度文库，https://wenku.baidu.com/view/ffcd806d65ce05087732138b.html.

[177] 百度文库，https://wenku.baidu.com/view/bc7dab00dcccda38376baf1ffc4ffe473368fdee.html.

[178] 桂小林，安健，何欣，等. 物联网技术导论[M]. 北京：清华大学出版社，2019.

[179] 百度文库，https://wenku.baidu.com/view/363ebb1842323968011ca300a6c30c225901f0a0.html.

[180] 百度文库，https://wenku.baidu.com/view/12b4446bb107e87101f69e3143323968011cf495.html.

[181] 百度文库，https://wenku.baidu.com/view/872bd6b278563c1ec5da50e2524de518974bd319.html.